中文社会科学引文索引(CSSCI)收录集刊

第33辑

外国美学

International Aesthetics

主编 高建平

中华美学学会外国美学学术委员会
中国社会科学院文学研究所文学理论研究室 编
扬州大学文学院

江苏凤凰教育出版社

图书在版编目（CIP）数据

外国美学.第33辑/高建平主编.—南京：江苏凤凰教育出版社,2020.12
ISBN 978-7-5499-9139-6

Ⅰ.①外… Ⅱ.①高… Ⅲ.①美学－国外－丛刊
Ⅳ.①B83-55

中国版本图书馆 CIP 数据核字（2020）第 263846 号

书　　名	外国美学（第33辑）
主　　编	高建平
责任编辑	徐念一
出版发行	江苏凤凰教育出版社（南京市湖南路1号A楼　邮编210009）
苏教网址	http：//www.1088.com.cn
照　　排	南京前锦排版服务有限公司
印　　刷	江苏中山印务有限公司（电话：0511-86917816　86917818）
厂　　址	丹阳市朝阳路1-3号
开　　本	787毫米×1092毫米　1/16
印　　张	15
版　　次	2021年5月第1版
印　　次	2021年5月第1次印刷
书　　号	ISBN 978-7-5499-9139-6
定　　价	58.00元
网店地址	http：//jsfhjycbs.tmall.com
公 众 号	苏教服务（微信号：jsfhjyfw）
邮购电话	025-85406265,025-85400774,短信02585420909
盗版举报	025-83658579

苏教版图书若有印装错误可向承印厂调换
提供盗版线索者给予重奖

名誉主编　汝　信
顾　　问　叶　朗　朱立元　陈中梅　钱中文　徐恒醇　曾繁仁
　　　　　滕守尧

主　　编　高建平
副 主 编　姚文放

编　　委　丁　方　丁国旗　王一川　王　杰　王柯平　王瑞书
　　　　　尤西林　牛宏宝　史忠义　刘方喜　李心峰　沈语冰
　　　　　宋　瑾　张　法　陆　扬　陈　军　陈定家　易　英
　　　　　金惠敏　周启超　周　宪　姚文放　顾华明　徐碧辉
　　　　　高建平　曹卫东　章俊弟　梁艳萍　彭　锋

国际编委　佐佐木健一　　日本东京大学荣休教授，国际美学协会前主席
　　　　　阿列西·艾尔雅维奇(Aleš Erjavec)　斯洛文尼亚科学与人文研
　　　　　　　　　　　　　　　　　　　　　究院研究员，国际美学协
　　　　　　　　　　　　　　　　　　　　　会前主席
　　　　　阿诺德·贝林特(Arnold Berleant)　原美国长岛大学教授，国
　　　　　　　　　　　　　　　　　　　　　际美学协会前主席
　　　　　柯提斯·卡特(Curtis Carter)　美国威斯康星麦魁特大学教
　　　　　　　　　　　　　　　　　　　授，国际美学协会前主席
　　　　　理查德·舒斯特曼(Richard Shusterman)　美国佛罗里达亚特
　　　　　　　　　　　　　　　　　　　　　　　　兰大学教授
　　　　　斯蒂凡·马耶夏克(Stefan Majetschak)　德国卡塞尔大学教授
　　　　　沃尔夫冈·韦尔施(Wolfgang Welsch)　德国耶拿大学荣休教授

执行编辑　赵彦芳

目 录

经典选译　　1　艺术的运用
　　　　　　　　　　［英］约翰·罗斯金　著
　　　　　　　　　　董志刚　译

　　　　　　　　17　论风格问题
　　　　　　　　　　［德］格奥尔格·西美尔　著
　　　　　　　　　　何珏菡　译　罗璇　校

希腊诗学与　　25　亚里士多德的诗学（上）
希腊主义　　　　　［英］斯蒂芬·哈利维尔　著
　　　　　　　　　　王柯平　译

　　　　　　　　44　荷尔德林的尺度与祖国赞歌
　　　　　　　　　　［德］贺伯特·博德　著
　　　　　　　　　　戴晖译

　　　　　　　　61　史诗：薇依与布鲁姆的歧义和共识
　　　　　　　　　　赵彦芳

　　　　　　　　75　黑格尔的诗性希腊
　　　　　　　　　　余明锋

"后理论"诗学　89　走向后乌托邦诗学——科幻叙事对政
　　　　　　　　　　治乌托邦的解放
　　　　　　　　　　王　峰

　　　　　　　　108　论赛博格理论的生成与发展
　　　　　　　　　　江玉琴

124　西方后女性主义话语的悖论
　　　都岚岚

当代理论前沿　137　信念的泛滥——结合宗教经验与审美经验所进行的考察
　　　[英]大卫·库珀　文
　　　阮成纯　译

150　巴什拉,一种空间性的现象学——巴什拉的空间诗学及其舞台装置效果
　　　[法]让-雅克·乌南布热　著
　　　张尧均　译

164　图像学的挑衅(上篇)——文本和图像中的意义是如何产生的?
　　　[德]安德里亚斯·卡布里茨
　　　孙　纯　译

阅读与评论　189　读杜威《艺术即经验》(六)
　　　高建平

201　审美主义批判：尼古拉斯·沃尔特斯托夫的艺术社会学及其难题
　　　章　辉

218　艺术真理：存在的扩充与主体性反思
　　　梁晓萍　姚福康

Contents

Translation of Classics	1	The Applications of Art John Ruskin Translated by Dong Zhigang
	17	The Problem of Style Georg Simmel Translated by He Juehan & Luo Xuan
Greek Poetics and Hellenism	25	Aristotle's Poetics (Part I) Stephen Halliwell Translated by Wang Keping
	44	Hölderlins Maßgabe in Bezug auf die vaterländischen Gesänge Heribert Boeder Translated by Dai Hui
	61	Epic: The Conflict and Consensus Between Simone Weil and Harold Bloom Zhao Yanfang
	75	Hegel's Poetic Greece Yu Mingfeng
Post-theoretical Poetics	89	Toward a Post-Utopian Poetics: Science Fiction Narratives and the Transformation of Political Utopia Wang Feng

108 On the Emergence and Development of Cyborg Theory
Jiang Yuqin

124 The Paradoxes of Post-feminist Discourses in the West
Du Lanlan

Frontiers of Contemporary Theories

137 The Promiscuity of Belief: From the Perspectives of Religious and Aesthetic Experiences
David E. Cooper
Translated by Yuan Chengchun

150 Bachelard, une phénoménologie de la spatialité——La poétique de l'espace de Bachelard et ses effets scénographiques
Jean-Jacque Wunenburger
Translated by Zhang Yaojun

164 The Provocation of Bildwissenschaft (Part I)——How Does Meaning Arise in Text and Image?
Andreas Kablitz
Translated by Sun Chun

Review & Criticism

189 On John Dewey's *Art as Experience* (Ⅵ)
Gao Jianping

201 A Critique of Aestheticism: Nicholas Wolterstorff's Sociology of Art and Some Related Issues
Zhang Hui

218 Artistic Truth: The Expansion of Existence
and the Subjective Reflection

Liang Xiaoping and Yao Fukang

经典选译

艺术的运用

[英] 约翰·罗斯金 著
董志刚 译

译者导言

在罗斯金(John Ruskin, 1819—1900)的著述生涯中,1857年在曼彻斯特的两场演讲意义重大,标志着他进一步拓展自己的思想领域,从艺术批评转入社会批评。这两场演讲的题目为"艺术的政治经济学"(The Political Economy of Art),1880年再版更名为"'永久的欢乐'及其在市场中的价格"("A Joy for Ever"and its Price in the Market),后来被收录到图书馆版《罗斯金全集》的第 16 卷(The Works of John Ruskin, Library Edition, Vol. 16, ed. E. T. Cook, Alexander Wedderburn, London: George Allen, 1905, pp,1-169.)。

在罗斯金看来,现代社会的本质就是对财富的追求,这必然引出一个问题:什么是真正的财富?财富包括满足人基本需要的物质,但也必须包括能使人快乐的东西,因而创造美的艺术也是财富。所谓经济,无论是家庭的还是国家的,不仅指节约和省钱,而且还指如何花钱,让人去创造美的东西,总之,是要谨慎地管理劳动,在两种财富之间取得完美的平衡。创造美的艺术的政治经济学,展开来说有四个方面的问题:首先,如何得到具有天才的人;其次,如何雇佣他们;其三,如何积累和保存他们的作品;其四,如何分配他们的作品以给国家带来最大的好处。总括起来,好的艺术绝不是来自所谓"自由放任"的经济原则,而是需要国家和政府发挥作用;罗斯金倡导国家应该建立公立学校发现和培养艺术天才,应该兴办国有工厂生产精良的材料,应该鼓励人们把艺术作品运用到公共建筑上,还应该设立免费向大众开放的公共博物馆。

下面这段译文选自演讲的第二部分,即如何雇佣艺术天才,或曰如何运用艺术,也就是如何才能最充分地利用艺术天才,让他们生产出更多也更好的艺术作品。罗斯金直截了当给出三点答案：给他们多样的工作、轻松的工作、持久的工作。多样的工作就是避免机械的重复，让艺术家充分发挥自己的想象，使劳动过程充满热情，因而提高工作效率。所谓轻松的工作，就是合理的工作，不要把劳动浪费在艰苦而无用的事情上，尤其是制造为了炫耀的奢侈品上，因为炫耀是与正确而健康的快乐背道而驰的。

罗斯金着重讨论第三点，即为什么需要持久的工作。从通常的经济角度看，这个问题并不难回答，廉价而低劣的作品总是很快被人抛弃，实际上等于浪费，而优秀的作品则让人爱不释手，虽然昂贵却得以永久保存。罗斯金借此抨击流行文化，其低廉的价格诱使人们习惯于享受短暂而低劣的快乐，最终败坏了审美趣味。但他进一步看到，流行文化的泛滥导致艺术天才的习惯发生改变，使他们不再愿意追求具有伟大而永恒的价值的作品，久而久之，他们的天才就得不到充分的发挥，这便是艺术天才的浪费，是作为人的生命的情感和想象的枯萎。更进一步说，当人们越来越醉心于用来炫耀的艺术作品，例如流行服饰，就必然逼迫越来越多人从事机械的、枯燥的重复工作，劳动者在劳动过程中无法施展自己的想象力和创造性，因而也无法得到劳动的满足和快乐，他们的生活无论如何也不是健康的、活泼的。故此，追求物质财富或金钱的经济的发展，并没有，或者也不能给人们带来幸福，只能将越来越多的人推入灾难之中。

回到最初的问题上来，什么是财富？罗斯金在同一时期的《给那后来的》(Unto This Last)一书中给出这样的答案："唯有生命是财富。这个生命，包括其所有的爱、喜悦和赞美的力量。"

在这里，有三个要点是经济学家必须要注意的。
第一，安排给人们多样的工作。
第二，轻松的工作。
第三，持久的工作。
前两点，我只点到为止，因为我想请你们关注最后一点。
首先，多样的工作。假如有两个人在风景画方面能力不分高下——他们都有一小时听你差遣，这时你不会让他们画同一处风景，因为当然，你宁可拥有两幅题材不同的画，而不是重复一个题材。
或者，假设他们都是雕塑家，同样的法则还成立吗？你们自然会下结论说，当然成立，但是，你们得费工夫去说服现代建筑家们。他们会让二十个人去工作，雕刻二十个柱顶，而且都是一样的柱顶。如果我现在能给你们看看英国建筑家们建造的院子，全部都公开，你们也许会看到，有一千个聪明的人都被雇来雕刻同样的图案。这个国家的艺术知识分子的堕落和毁灭，就源于这个习惯，此前我已经提过一点，①但目前为止我还没有指明这一点必定会导致作品本身价格的上涨。如果人被雇佣反复雕刻同样的装饰，就会形成一种单调而刻板的劳动习惯——与切割石块或粉刷墙壁的劳动一般无二。当然，他们一直就这样做，也就变得很轻松；而且，如果现在增加工资，让他们干劲十足，他们就可以在短时间内完成很多工作。但是，只有由于这样刺激，他们才被迫这样单调地努力工作——因为人类天性的规律，他们必须工作——不过工作效率却不会太高，不可能在规定时间内得到最大的产量。但是，如果你们允许他们采用不同设计，从而将双手和头脑都调动起来，你会发现，他们变得热情高涨，首先会急切表达自身想法，然后又急切地完成这些想法；因而，与主题相关的道德能量最大程度上加快了生产，降低了成本。在我来这里路过牛津的时候，负责建造牛津新博物馆的托马斯·迪恩爵士②告诉我，他发现，仅仅是因为这个原因，多样化设计的柱头比类同设计的柱头（二者所需的手工劳动量相同），在成本上能便宜百分之三十。

那么，好，这就是你可以有效利用理解力的第一种方式。仅仅是遵守政治经济学的这个简单法则，就会在你的建筑中掀起一场伟大的革命，尽管目前你们还无法设想有多么伟大。而我们防止浪费的第二种方式是，安排我们的工人去做能够实现目的的最轻松、因而也是最快速的工作。例如大理石，像花岗岩一样持久，但比后者柔软得多，容易加工，因而如果找到一个好的雕刻师，就让他雕刻大理石，而非花岗岩。

你会说，这是显而易见的。是的，但不太显见的是，你们本应该让

---

① See, for instance, *Seven Lamps* (Vol. VIII. pp. 214, 218), and *Stones of Venice*, vol. ii. (Vol. X. pp. 204–207). ——编者注。见《建筑的七盏明灯》(《约翰·罗斯金全集》图书馆版，第8卷，第214、218页)和《威尼斯的石头》(《约翰·罗斯金全集》第10卷，第204—207页)。——译注

② 托马斯·迪恩爵士(Sir Thomas Deane, 1792—1871)，爱尔兰建筑家，出生于爱尔兰科克郡，并曾任科克郡郡长和爱尔兰皇家学会的主席。——译注

工人们在玻璃柔软时塑形，却偏要等到它变硬，这样每年让他们浪费了多少时间呢？同样不太显见的是，你们让工人们把钻石和红宝石这些最硬的东西切割成毫无意义的形状，而他们本可以把砂岩和毛石雕刻成有意义的形状。这方面又浪费了多少成本呢？还有不太显见的是，你们不计成本强迫意大利的艺术家们把石屑黏合成低劣的图样，而他们本可以用十分之一的时间，用水彩画出优秀而高贵的画作。这方面又浪费了多少时间呢？

如果不怕你们感到厌倦和困惑，我还可以举出无数个例子，说明这种巨大的商业上的错误。因此我请你们自己思考这个主题，进入最后一点，烦请各位今晚耐心一些。你们知道，我们现在考虑的是如何运用天才，而刚才提到，我们准备像经济学家采取以下三种方式：

多样的工作；

轻松的工作；

持久的工作。

那么，我们的最后一个问题就是，工作的持久性。

你们很多人也许还记得，米开朗基罗曾受皮耶罗·德·美第奇之命，用雪做一尊雕像，并且照办了。①② 我很高兴，我们也没有理由不高兴，这个卑劣的国君曾有过这样一个怪念头：彼时的皮耶罗在艺术领域有着至高无上的权力，让天才的能力服从他的领导，这是一个君主和国家能犯的最大错误——真是个完美绝伦的错误。这里你能看到，最伟大的天才却最为顺从，如钢铁般坚毅，却全心全意服从恩主的意志；他最有才华，最有创造力，简直无所不能。而他的统治者，他的指导者，他的恩主却让他用雪做一尊雕像——让他服务于毁灭的事业——让他做一片云，从地球上消失。

这完完全全就是皮耶罗·德·美第奇所做的事情，也是我们所有人正在做的事情，我们就是这样指导自己资助的天才，加工这种几乎是转瞬即逝的材料。目前，我们是在诱导画家用渐淡的色彩作画，让建筑师用残损的材料建造，或者在制造东西时只想着怎么轻松又便

---

① 见《圭迪宫的窗子》(*Casa Guidi Windows*)对这个传说的绝妙叙述。——作者注

② 瓦萨里是这个故事的作者："据说洛伦佐的继承人皮耶罗·德·美第奇历来与米开朗基罗关系亲密，经常派他购买浮雕或其他古董；有一年冬天，佛罗伦萨下了大雪，他让米开朗基罗在庭院中用雪做一尊雕像，雕像做得非常漂亮。"(*Lives*, vol. v. p. 235, in Bohn's ed.)——编者注

宜，绝不谨慎考虑其永久性和在未来的用处；现在我们一直在强迫我们时代的米开朗基罗们用雪雕刻。但艺术领域的经济学家的第一职责就是要确保，知识分子都不只是像白霜那样一闪而过，而是应该结晶成玻璃，就像彩绘窗户那样，应该被置于石塔尖顶和铁质带饰之间，让阳光照射其上，穿过其中，经久不衰。

然而，我能想到，有些政治经济学家在这里会打断我，说："如果艺术保存得太好，那你的作品很快就会过多，也就用不着让你的艺术家们工作了。允许艺术慢慢消失，这是有好处的——是有益的毁灭：让每个时代都为自己提供艺术吧，否则我们很快就有太多优秀的绘画，不知道该如何处理了。"

我亲爱的听众们，想想谁才会有这样的想法，认为政治经济学，和其他学科一样，如果试图同时解决两个问题，那就哪个问题也解决不好。如何得到许多事物，这是一个问题；得到许多事物是否对我们有好处，这是另一个问题。请把两个问题分开思考；绝不要把它们纠缠在一起，把自己搞糊涂。如何耕作土地以获得好收成，这和你是否愿意有个好收成，或者宁愿维持玉米的价格，是两码事。怎么嫁接树木以收获最多苹果，这与怎么把这堆苹果存在仓库并且腐烂，是两码事。

因此，我们现在只是讨论嫁接和栽培的事情，请别因为思考怎么处理苹果种子而烦恼。拥有许多艺术，或者几乎没有，可能都能接受——我待会儿就考察这个事情。现在，先让我们考虑一个简单问题，如果想要，那么该如何得到许多好的艺术。也许正好，一个中等收入的人应该能买得起一幅好画，一幅真正有价值的作品应该值五百或一千镑；无论如何，政治经济学的一个分支就是确定，（如果愿意的话）我们如何能获得大量的某物，例如许多谷物、许多葡萄酒、许多金子，或者许多绘画。

刚刚说过，第一个重要的秘诀是产出持久的作品。而实现持久有两个条件：不光是物质上的持久，还有一种品质的恒久——它必须好到能经得起时间的考验。如果不够好，我们很快就厌倦，把它扔在一边，收集它不会有什么乐趣。所以，一个优秀的艺术经济学家遇到的关于任何作品的第一个问题就是，持有的这件作品是否会越来越没有味道？当下它也许很有趣，看起来很像是天才之作。但一百年以后，它的价值又如何呢？

这一点并非总能确定。你或许能得到你想象中质量最好的作品，却很惊奇地发现，它的美并不持久。但你能确定的一件事就是，匆忙创作的作品很快就腐朽，而你现在认为是最廉价的作品，到最后可能却最昂贵。

我要很遗憾地说，这个时代的大趋势就是把天才浪费在这种容易腐朽的艺术上，好像把他的思想投到篝火里就算胜利。每年都有大量的才智和劳动被我们耗费在那些廉价的画报里。在这里，你胜利了；你觉得，花一个便士就能得到那么多木刻，真是天大的奇迹啊。木刻、便士等等东西，对于你都是损失，就像把钱投资到蛛丝上一样。实际上，你们的损失比这还要多，因为薄纱只是让你们容光焕发，让你们目眩神迷；但不会缠住你们的脚，把你们绊倒；但是坏的艺术却能，而且事实确实如此；因为如果长时间地看糟糕的木刻，就无法再喜欢好的木刻了。如果我们此刻偶然遇到提香或丢勒的木刻，我们应该不会喜欢——至少我们当中已经见惯了当今廉价作品的人是不会喜欢的。我们不会喜欢，也无法喜欢，也无法长久地喜欢；但是，如果厌倦了一个低劣廉价的东西，我们把它扔在一旁，接着又去买另一件低劣廉价的东西，这样，我们一辈子都在看这种东西。如今，这些制作快捷而低劣作品的人，是有能力创作完美作品的。只是完美的作品不能操之过急，因而也不可能太便宜。但是，假设你花了十二倍于现在价格的钱得到了仅值一先令而非十二先令的木刻，那么这件仅值一先令的木刻，却是最好的艺术作品，你也绝不会厌倦，还会用好墨水印在好纸张上面，这样就不会磨损。相反，你们一个星期就会开始讨厌价值一便士的木刻，也许还会磨掉一半儿。难道这一先令，你们花得最值吗？

然而，并不是在购买最好的版画或木刻时，你才会运用经济学。原创的绘画有一定的品质是你们在木刻里面无法得到的。许多人最好的那部分天赋，无论工具是钢笔、水笔，还是色彩，只能通过原创作品表现出来。当然总有例外，但从总体上说，最出色的人会在纸张和帆布上表达自己。因而从长期来看，去买原创作品吧，这样你花的钱最值得。照前面确定的原理，乍看最好的作品，到最后可能是最廉价的。当然这不是说，花多少钱就一定能创作出原创作品来。如果让一个人给你画一幅画，要用六天时间，你无论如何得让他在这六天里有吃有喝，有穿有住。这是他为你工作需要的最低成本，但这花不了什么钱。老实说，在艺术领域最好的买卖，也就是购买者花钱最少的买卖，是名家需要多少天，就给他需要多少天的面包和水，让他创作出原创作品来，要不然也可以给他些洋葱，让他一直心情舒畅。这样你们肯定是拿最少的钱，买到了最多的东西；任何机械的复制或精打细算的商业计划，都不会带给你更划算的艺术作品。

然而，无需如此极端严格的计算，我们也可以将其确定为艺术经济的一条法则，即总体上说，原创作品是最便宜的，也是最值得拥有的。但是，恰恰与它作为一种产品的价值相称，其重要性在于，用永久性材料去生产。因此，这里我们便看到当今时代的第二个错误，即，不仅要求工人制作糟糕的艺术，而且还让他们用劣质的材料制作。例如，在过去二十年里，我们已经让一大批天才创作水彩画，一点也不注意所用的颜料和纸张是否能持久。其实在多数情况下，这些都不能持久。我们只是偶尔碰到某幅画所用颜料质量尚可，纸张也没有因化学因素而损坏。但是，你保证不了这一点，我本人见过水彩画完成后的二十年中就遭遇了最严重的毁坏；在我收集的所有画作当中，也看到现代纸张的粗制滥造。我相信，你们仍然在把玩阿尔伯特·丢勒的木刻画，尽管它们已经过去两百年了，你们也不必小心翼翼，但是现代的水彩画，却连一百年都到不了就会褪色成白色或棕色的破纸。而你们的后代，就会轻蔑地用两个手指把它们扯成碎片，带着些许鄙视和气愤抱怨："19世纪的那些人真是太可怜了！他们把整个世界搞得乌烟瘴气，做着所谓的生意，却连一张耐用的纸也造不出来。"

请注意，这并非这个时代艺术经济中毫不重要的一部分。你们的水彩画家天天在进步，能够表达越来越伟大和高尚的事物，而他们使用的材料也能跟得上你们最好艺术家的思想气质。在这种作品中你们能积累起来的价值，很快就会变成国家艺术财富中最重要的那一项，只要你们能付出一点点必要的努力，确保它的永恒。我自己倾向于认为，水彩完全不应该用在普通的纸上，而只应该用在牛皮纸上。这样的话，如果保存适当，画作几乎是不会腐朽的。纸张这种材料对于快速创作来说，仍然便利得多。如果能轻而易举就做到，我们就没有道理不保证其上乘质量。我请求得到我们父权制政府（paternal government）的帮助，如果能够得到这些帮助，那么其中一项就是给孩子们提供好的纸张。无需其他，你们只要让政府建一个造纸厂便可，让我们一流的化学家予以监督，他们应该为所有生产流程的安全和完整性负责。政府在做工完美的画纸一角盖上印戳，只需多花上你一个先令，而且这还可以为财政多增加些收入。在花费五十或一百畿尼买一幅水彩画的时候,你们只需要检验一下纸角上的印戳,你多花上一先令,保证你们的那一百畿尼真正花到了画上面,而不是一张花花绿绿的破布上。在这件事情上用不着垄断或者管制,就让纸张生产商与政府竞争。如果人们愿意省下一先令试试运气,就让他们去吧。只不过,如果艺术家和买家愿意,就可以保证有好的材料。但现在他们还不能保证。

我也希望政府建一个颜料厂,虽然不是非常必要,因为艺术家有能力通过试验控制颜料的质量,而且我也毫不怀疑,如果选择的话,任何画家都可以从正派的厂家那里得到色泽持久的颜料。我这里无意详细探究建筑以及我们现代的建筑方法,对此之前已经说过一些了。

但是,我应该简要提及我们的习惯——在我看来,这种习惯日益顽固——也就是每年都要把大量的思想和工作,花费在那些本质上就容易衰朽的事物上,例如衣物;或者花费到其他一些迎合当今时尚、也不一定容易衰朽的东西上,例如餐具。我猜测,每一对在伦敦安家的富有的年轻夫妻,第一个想法就是,必须有一套新餐具。他们父辈的餐具可能也很漂亮,但已跟不上时尚。他们会从一流的厂商那里购买餐具,而那些旧餐具,除非是一些刻有使徒像的汤匙,或者是查理二世喂他母亲喝药的茶杯,则被熔掉重铸,刻上新花样,打磨得更光亮。现在,只要这样的事情还在发生——请注意,只要餐具制造业还受到时尚的影响——你们在这个国家就不可能拥有金匠的艺术。你们真地以为,可以称得上金匠的任何工人知道自己制作的茶杯或茶壶过不了十年都会被熔掉,还会花心思制作吗?他不会,你们也不会要求或指望他这样做。你们只会请他做一些应景的小工艺品——这儿做一个精致的旋钮把手,那儿加个转角,最新设计流派的一个旋花,兰西尔① 游戏卡牌上的一只锦鸡②;给吊带袜上做一对可爱小人——就像保险公司招牌那个样子,在镜子或果盘上刻点碎花,你们羡慕婚宴上的侍者,喜爱得不到对面漂亮女孩垂青的那个不幸男孩的伤心模样。

但是,你们该不会认为那就是金匠的工作吧?他的工作是让事物永恒,把人类的全部精神和灵魂融入其中。真正的金匠的工作,如果存在的话,通常就是培养一个时代最伟大画家和雕塑家的手段。弗朗

---

① 兰西尔(Sir Edwin Landseer,1802—1873),学院派画家、雕刻家。——译注
② 1825年,兰西尔为沃本修道院绘制了两套游戏卡牌,后来蚀刻并出版。——编者注

西亚①是一个金匠；弗朗西亚不是他自己的名字，而是身为珠宝商的师父的名字；他总是在自己的画作签上"金匠弗朗西亚"，以表示对师父的爱。吉兰达约②也是一个金匠，是米开朗基罗的师父；韦罗基奥③也是一个金匠，是列奥纳多·达·芬奇的师父。吉贝尔蒂④是一个金匠，米开朗基罗说，他打造的青铜大门能作为通往天堂之门。⑤但是，如果你想要自己的作品跟他们的作品一样，就必须保存起来（尽管很不幸它会过时）。你绝不能打碎它，也不会把它熔化。因为这样做不经济，而且是对知识分子最严重的浪费。只要愿意，大自然可以在每个日落时分，熔掉她的金匠的作品，又在第二天伴着朝霞把它锻造成螺纹金条，但你肯定做不到。要想让餐盘提供真正的高贵服务，就必须给它添些东西，而不是把它熔掉。如果愿意，每一场婚礼，每一个孩子的出生，你都可以购买一套新的金质或银质餐具，但上面要凝聚着高超的手艺，能被当作一件珍宝，永远保存下去。这就是金子的主要用途之一，即被用于不朽的目的，也就是制成不朽之物。如果多懂得一点政治经济学，我们就会发现，只有某些尚未开化的国家，才需要把金子强制作为通货。但是，我们拥有了金子，可以让它那永恒的光辉，映照优美的作品，而且那些拥有旺盛想象力的艺术家们，也终于可以有一种材料把自己的梦想尽情呈露出来。这种材料还会把自己与想象的东西凝结在一起，无论它被用以制作多么稀有和精致的事物。

  所以，这是装饰艺术的一个分支，富有的人忘我沉迷其中。如果他们从中索求优秀的艺术，他们肯定会购买金银餐具，并督促年轻艺术家从中学习有用的东西。但还有另一种装饰艺术，我很遗憾地说，

---

  ① 弗朗西亚（Francesco Raibolini，1450—1517），意大利博洛尼亚画家，也是位金匠和徽章设计制作者，还负责铸币厂。——译注

  ② 吉兰达约（Domenico Ghirlandajo，1449—1494），意大利画家，代表作品是在圣玛丽亚诺韦拉教堂绘制的壁画《圣母诞生》。——译注

  ③ 韦罗基奥（Andrea del Verrocchio，1435—1488），意大利雕刻家、画家和金首饰匠，代表作有雕塑《大卫》《巴特罗梅奥·科雷奥尼》《基督受洗》和《圣母玛利亚与圣子》等。——译注

  ④ 吉贝尔蒂（Lorenzo Ghiberti，1378？—1455），意大利雕刻家，代表作是佛罗伦萨洗礼堂的《天堂之门》。——译注

  ⑤ 金匠的工作有益于年轻的艺术家，有以下几点理由，其一，它让手在处理一些坚硬的材料时变得稳定；同时，它让人变得谨慎而坚定——一个男孩拿着粉笔和纸，想都不想就往上面画，并随意摆弄这些东西，但他不敢在金子上面胡写乱画，随便摆弄。最后，它让人在珍贵材料上面表现丰富细节和完整画面时，笔触极其精巧而准确。——作者注

至少是在现在这样的环境中,我们不会沉迷其中,也不能指望它为任何人带去好处。我所指的是伟大而精妙的服装艺术。

在这里,我必须岔开一两句,以便说明政治经济学的一条原理。我相信,尽管科学的一流大师们现在都充分理解和坚持这条原理,但说起来却让人伤心,因为许多管理财富的人并未将其付诸实施。任何时候我们花钱,自然是让人们去工作,这是花钱的意义所在。确实,如果不是雇人工作,就等于把钱丢掉了。但是,任何时候我们花钱,都是让一定数量的人工作。当然,人数的多与少是根据工资而定的。但长远来看,这个数量是与我们所花的钱成比例的。那些浅薄的人们,因为发现无论怎么花钱,总是要雇佣某些人,因而也是做好事,所以就想(他们对自己也是这样说的),怎么花钱都是一样的,而且他们所有那些明显自私的奢侈品实际上都是无私的,既是正义也是高尚的,好像把所有钱财都施舍了出去,抑或是做了更多善事。我听到有愚蠢的人甚至声称,无论谁发明一种新的需要都为社会带来一种好处,这是一条政治经济学原理。我实在是找不到足够严厉的词语——至少我不能用,否则会让你们震惊——来表达这种流行谬见的荒唐和恶俗。所以,我还是努力克制一下,不用严厉的词语,只试着阐述其本质及其影响程度。

假设我们无论何时为了何种目的花钱,都安排人们工作(当下先不说我们让他们做的是否都是对他们健康的和有利的工作),我们都会认为,不管什么时候花一个畿尼,我们都在一定时间内,为同等数量的人提供健康的生活资料。无论如何,我们是通过花钱的方式,在一定时间内指导这些人的劳动。我们成为他们的主人,并强制他们在一段时间内生产一件特定的物品。现在,这件物品可能有用且持久,或者无用且易朽——它可能对整个社会有用,或者只对我们自己有用。而我们的自私和愚蠢,或者高尚和谨慎,不仅通过我们花钱的行为,也通过我们用这些钱购买错误或正确的东西体现出来。我们的明智和友善,不是体现在为一定数量的人提供一定时间的生活所需,而是体现在要求他们在这段时间内生产东西。这些东西应该是对社会有用的,而不仅仅是对我们自己有用。

因此,例如,如果你是一位年轻女士,雇佣一定数量的裁缝在一定时间内缝制简单而实用的衣服。比如说,缝制了七件衣服,在大半个冬天里你只穿一件,把剩下的六件送给一件也没有的贫穷女孩,这时你花钱就不是出于自私。但是,如果你雇佣同样数量的裁缝,在同样时间内为你缝制四件或五件,或者是六件漂亮的荷叶裙边,用来装饰舞会礼服,而这荷叶裙边只有你自己能用,而且一次你只能用一件,那你花钱就是出于自私。的确,这两件事中,你雇佣的人一样多,但其中一件你指导他们的劳动是为社会服务的,而另一件事却只是为了你自己消费。我的意思不是说你绝不能这么做,也不是说你有些时候不该为自己着想,不应该把自己打扮得漂漂亮亮。我的意思是,不要把招摇和仁慈相混淆,也不要自欺地认为,你能穿的所有服饰都是为了让比你低下的人糊口。事实并非如此。无论是否愿意,你有时候必定本能地感觉到这一点,那些冻馁街头的人们,在你迈出马车时远远驻足注视着你,他们知道事实并非如此。那些漂亮衣服并不意味着你给他们填饱了肚子,相反是把食物从他们口中夺走。

每一件盛装真正的政治经济学意义正在于此,你让一定数量的人在一定时间内完全受你支配。你们是最严酷的,给他们的是饥寒交迫;你对他们说:"不要紧,我会养活你们,这段时间给你们吃穿。但是在这期间你们只能为我工作。你的弟弟妹妹需要衣服,但是你不能给他们做。你生病的朋友需要衣服,你也不能给他们做。甚至你自己也需要一件更暖和的衣服,但你不能给自己做。你不能干别的,只能为我做花边和玫瑰。在这两星期里,你只能做图样和花瓣,到时候我只用一个小时就会把它们撕碎扔掉。"你也许还会回答:"这么做可能并不特别仁慈,我们自然也不会这么说。但无论如何,我们付他们工资,得到他们的劳动,这没有错。我们为他们的工作付出了金钱,有权这样做。"

不,绝不是这样。你们付钱得到的劳动,确实是通过买卖行为成为了你们自己的劳动。你购买了工人的双手和时间。他们成了你自己的双手和时间,这是合乎道理的。但是,你们有权利花自己的时间,用自己的双手工作,只为自己得到好处吗?进一步说,在什么时候,你们通过购买这一行为,把他人的力气注入自身,把他人的一部分生命添加到自己的生命当中?确实,在一定程度上,你们为了自己的愉悦而运用他人的劳动。记住,我不是用空洞的说教,来反对华丽的服饰或者生活中的奢侈消遣;相反,有很多理由认为,我们尚未充分领会到漂亮礼服的重要性,即作为影响普遍品味和性格的手段。但是,我要说,你必须以其独特的标准来衡量,你要求这些工人为你所生产产品的价值。换句话说,你们的友善就依靠这种适宜和出色的产品体现出来,而不是仅仅依赖于你们雇佣了多少工人生产产品。进一步说,只要你们身边这片土地上还有人衣衫褴褛,生产华丽的礼服就毫无疑问是一种罪恶。在适当的时候,也就是没有更好工作给人们去做时,让他们制作花边、切割珠宝,是没有问题的,但是,只要还有人寝无被褥,衣不遮体,我们就必须安排人们去制造毯子和衣物,而不是花边。

如果盛大聚会上让年轻而轻率的人目眩神迷,迷惑身穿刺绣的温柔心灵,使其心平气和地感受"奢华的善行"①——仿佛他们穿金戴银首先是为了扶贫济困似的——那真是奇哉怪也。如果真理和恐怖这两个精灵,同时穿行于粗俗的化装舞会之中不为人所见,却能够启迪我们的错误思想,使我们明白穿金戴银之人,确确实实是与死亡为伍,而他们身上穿的乃是赃物——因为那些华美炫丽之物所耗费的,正是那些冻馁街头之人的活命之物——在我看来,同样不可思议。是的,如果你的思想和人性之眼能够不被遮蔽,你们就会看到——天使就确实能看到——在你们那些明艳的洁白礼服上,有奇怪的黑点,还有你不明其意的深红图案——所有的海水也不能洗涤这些无法抹除的红色斑点。是的,你美丽的头饰上,你们盘绕的头发上,迷人的花朵光彩熠熠,但总能看到其中掺杂着野草,那是长在坟墓上的野草——没有人能想到这点。

然而,我今晚请你们理解的,还不是这个最终的、最清楚的,也最可怕的观点,只是因为,除非刨根问底,我们就不可能看到事情真实的那一面。但是,我们这项特殊的事业所要思考的重点,不是礼服的昂贵是否与慈善背道而驰,而是它是否与世俗的智慧南辕北辙。即使我们知道礼服的华贵不是以苦难和饥饿为代价,那是否可以把这种华贵放到其他事物而非礼服上呢?同时,假设我们的礼服款式确实是优雅或美丽的,这仍可能是一个非常可疑的问题。因为我相信礼服的真正高贵在于它是一种重要的教育手段,因为它确实是任何一个希望拥有充满生命力的艺术的国家所必需的。这关乎对人类本性的描绘。如果一个时代的服装并不优美,那就不会有优秀的历史画,或者说也不可能有;如果不是为了展现可爱而绚丽的服饰,13 到 16 世纪的法国、

---

① 原文为"luxurious benevolence",读者可以联想到今天某些所谓的"慈善晚会"。——译注

佛罗伦萨和威尼斯的艺术，就不可能达到它们所达到的高度。甚至在那个时候，最好的服饰也绝不是最昂贵的；其效果更多是因为它们的优美，而在早些时期则是因为其端庄的设计和质朴而可爱的色彩，而不是华丽的纽扣或刺绣。

我们是否能回归到那些更完美的形式风格，是有疑问的，但毫无疑问的是，我们花到当下所穿着的服装形式上的所有钱，由于没有实现任何高尚的目的，是完全浪费掉了。在说到这个情况的时候，请注意我列举的所谓高尚的目的。年轻女士们认为穿衣的目的是为了礼仪，比如说结婚的时候，但她们可以穿着素雅地出嫁（也许能嫁个更聪明、更优秀的丈夫），也可以满身珠翠。我相信，我们只需要把用到盛装礼服上面的花费所能带来的好处，给她们大致说一说，她们就会立刻相信，明媚的双眸和曼妙的辫子才能避免她们所担心的失礼。我希望我们能够马上得到伦敦社交季节的统计资料。上周的议会上，人们说了很多抱怨的话，认为国家购买保罗·委罗内塞①在威尼斯的最好画作花了太多钱，一万四千英镑。可是你想想，这个国家为舞会服饰花了多少钱！假设我们能够看到伦敦女帽销售商从四月到七月的账单，单单是不必要的宽大衬裙和裙边，都不知道一万四千英镑是否够用。但是，这些宽大的衬裙和裙边，就像去年冬天的雪一样已经无影无踪，它们的好处仅此而已，而如果我们精心保存的话，保罗·委罗内塞的画作却可以流传几百年。我们现在反而抱怨画作的价钱，而不抱怨炫耀的代价。

我没有时间细说我们用雪花树立雕像，这种把劳动浪费在转瞬即逝之物上的种种方式。我只能让你们自己理解这个话题，正如我说过，我会在后面的讲座继续考察这个主题的其他两个分支，即如何积累我们的艺术，又如何分配艺术。但是在结束这一节时，因为我们已经讨论了很多关于良好政府的话题，包括我们自己的政府和其他政府，我再来阐述一下好政府是什么意思。明天晚上，我会根据这门古老的艺术向你们证明，其道德和商业的价值，比我们通常设想的要大得多。

---

① 保罗·委罗内塞（Paul Veronese，1528—1588），意大利文艺复兴时期画家，是提香的弟子，与提香、丁托列托合称威尼斯画派三杰，其代表作品是威尼斯总督宫的《天堂》。——译注

《好政府与坏政府》(1338—1339)

安布罗齐奥·洛伦泽蒂①在锡耶纳市政厅作的一幅壁画《好政府与坏政府》,运用象征手法表现了好的公民政府以及所有好政府的准则。代表这种高贵公民政府的形象落身王座,环绕周围的是代表各种美德的形象,支持或践行政府的权威。现在我们观察一下各种美德被分配以什么职责。带翅膀的三个形象——信仰(Faith)、希望(Hope)和仁爱(Charity)——环绕在政府形象的头部,不是如我们现代人习惯看到的那样,仅仅服从先前存在于各种美德中的普通纹章学法则,而且这也传达了画家的独特目的。如此表现的信仰,主宰着好统治者的思想,不仅仅意味着那时认为人人必备的宗教信仰——它们像统治者一样统治着人们——而且还意味着使职责得以稳固执行的信仰,不顾种种不利表象和权宜之计。从大的原理上说,凭借信仰一个公民统治者才跨过所有眼前的困境和黑暗,不会像普通人那样被打倒。他知道正确的作为才能带来正确的决议。他坚持自己的道路,纵然有人拉扯着他的披风,在他耳边说着各种闲言碎语。因为他心中有信仰,能够看到不可见的东西。

与此相似,这里的希望,不是进入天国的鼓舞人心的希望,而是要侍奉好政府,以表明所有这样的政府既充满期待也保守。如果不希望有更好的事物,就不再是当下之物的明智保卫者。只要这个世界存在下去,它就不应该只是满足于当下的制度或领地,而是希望得到更多

---

① 安布罗齐奥·洛伦泽蒂(Ambrozio Lorenzetti, 1290—1348),意大利锡耶纳画派画家。——译注

的智慧和力量。它不是匆匆忙忙获取，而是感受到，自己真实的生命在于平稳而不断的上升。另外，保守也是必须的，而且是心怀艳羡地保守古老的东西，像保守旧时的立柱和尖塔一样——把它们作为辅助，而不是偶像。首先是在国家经受考验或悲痛时满怀希望，积极应对，一如形容女王治理国家的那句经典名言："未到黎明她就起来。"①

再来看带着翅膀的仁爱，她是好政府的侍者，在这幅壁画中有特殊职能。你们能猜到吗？如果考虑到王者们通常争夺王冠时的作风，以及他们彰显或维护权力时通常采用的自私而暴虐的手段，你们也许会很惊奇地听到，仁爱是王者头上王冠的职能。然而，再多想一想，你们还会发现赋予她这个职能的这种思想的美。因为首先，一个好统治者追求的全部权威，只是为了给他的人民谋福利，所以，只有爱才能让他接受或保卫他的王冠。其次，他的伟大体现在，他运用自己的爱。而且，他得到真正的尊敬只是因为行为和思想充满了仁慈。最后，因为他的力量依赖于人民的情感，而且只因为他的爱，才使他王位永祚。所以，爱才是他王冠的力量和光芒。

然后，环绕王者，或者说以各种方式服从王者的，还有其他各种从属的美德，如公正（Fortitude）、节制（Temperance）、忠实（Truth），以及其他辅佐的精神，对此我不能一一解释，希望你们只关注人们把公共税收委托给什么去保卫和管理。你们能猜到是吗？你们也许已经想到，仁爱有资格来担任这个职务；但并不是她，因为她太吸人眼球，无法谨慎照看这些收入。那么，是审慎（Prudence）吗？你们其次想到的也许是她。不，她太过畏怯了，会错过很多时机做出决定。那会是慷慨吗（Liberality）？不，慷慨的责任只是一小部分，而且也不是一个好会计师，在国库中不被委以重任。那么，掌管财富的这位美德，我们现在很少听说，也与其他美德有所不同。她就是宽宏（Magnanimity）；她内心宽广，不软弱，不怯懦。请注意，这些是内心的能力，是一种伟大的衡量的美德，以天国的天平来衡量所有可给予的和所有可获得的，去发现如何以最高贵的方式去做最高贵的事情。在两个善事之间选择更伟大的；在两个人中间选择那个敢于作出更大牺牲的，并承受更大的牺牲；在行善的各条道路之间，踏上那条可通往未来蓝色田野

---

① 《圣经·箴言》31：15。——编者注

的最广阔道路。最后,这种品质正是我们用来描绘各国女王的词汇——她不着眼于眼前的权力,而是展望遥远的前景:"能力和威仪是她的衣服。她想到日后的景况就喜笑。"①

(译者单位:山西大学中文系)
学术编辑:赵彦芳

---

① 《圣经·箴言》31:25。——编者注

论风格问题[①]

[德]格奥尔格·西美尔 著
何珏菡 译 罗 璇 校

译者导言

《论风格问题》(Das Problem des Stiles)一文首次发表于1908年的《装饰艺术》(Dekorative Kunst)杂志的第十六期，后于1993年收录进拉姆施泰德(Otthein Rammstedt)主编的《西美尔全集》第八卷《1901—1908年论文集（二）》。要理解文中西美尔关于风格问题的讨论，需要结合当时的时代背景。

1907年德国工艺联盟(Deutscher Werkbund)在慕尼黑成立并发表纲领，旨在"通过教育、宣传和寻求共识，促进艺术与工业、手工业的合作，使商品生产精细化"，用工业中的艺术设计改变日常生活。德国工艺联盟运动喊出了"从沙发垫到城市设计"的口号，希望在包括建筑在内的整个实用设计领域，建立起一种超越工业化生产的所谓"现代风格"。运动如火如荼的同时，联盟内部也出现了路线之争。1914年，在科隆举办的第一届工艺联盟展览上，模式化立场的代表穆特修斯(Hermann Muthesius)与个性化立场的代表费尔德(van de Velde)进行了著名的德国工艺联盟辩论。[②]

[①] 本篇译自 Georg Simmel, „Das Problem des Stiles", in: *Georg Simmel-Gesamtausgabe Band 8*, Herausgegeben von OttheinRammstedt, Frankfurt am Main: Suhrkamp Verlag, S. 374 – 384. ——译注

[②] 穆特修斯是一个德国建筑师、作家和外交官，他在德国推广了很多英国工艺美术运动的理念。费尔德是比利时画家、建筑师和室内设计师，比利时新艺术运动的主要创始人和代表。他们两人都是最早参与德国工艺联盟的设计师。穆特修斯认为只有通过模式化，才可以实现产品的普遍意义，认为德国工艺联盟的任务是为出口德国产品创造条件，而可靠的大规模模式化生产是出口的先决条件。费尔德则认为如果一直保持模式化的生产，德国制造无法创新，就会导致德国制造在世界上处于落后的地位，必须实现产品形式的个性化创新。引自 Herman Muthesius, *Style-Architecture and Building Art: Transformations of Architecture in the Nineteenth Century and Its Present Condition*, Introduction and translation by Stanford Anderson, The Getty Center, for the History of Art and the Humanities, 1994, p. 29. ——译注

西美尔同时代的一些理论家,如桑巴特(Werner Sombart)与卢斯(Adolf Loos),也积极地参与到德国工艺联盟的活动中,并提出了自己的理论主张。与他们不同,西美尔始终与德国工艺联盟运动保持着距离。德国工艺联盟的研究者施瓦茨(Frederic J. Schwartz)指出,西美尔更像是一位对这场运动好奇的观察者。我们在《论风格问题》一文中也可发现,西美尔虽然没有针对工艺联盟公开发声,但无疑深入地思考了这场旨在革新"风格"的运动,并提出了自己对于"风格"问题的独到见解,在一定程度上回应了穆特修斯与费尔德关于模式化与个性化的争论。

早有人说过,人类(Menschheit)的现实生存沉湎于个体性与普遍性之间的斗争。对每个人都须遵守的法律的服从——无论是表面的还是发自内心——与我们存在的内在(purely internal determination)规定性,与个体只遵从其生命意义的自主性(Selbständigkeit)之间的冲突,几乎由内而外地遍布于我们的生存。看似矛盾的是,政治、经济、道德领域的冲突呈现出一种更为普遍的对立形式,但这无碍于我们从根本上阐明艺术风格的本质。

我从艺术心理学上的一个浅白经验谈起。一件艺术作品予人的印象越深刻、越独特,作品的风格(Stil)问题在其中所起的作用便越少。17世纪所产生的雕塑作品,差强人意的不计其数,当我们观赏其中任意一件作品时,首先意识到的便是其巴洛克风格。又譬如,兴起于1800年左右的新古典主义肖像画,令我们首先想到的也是其时代风格。至于当下众多平平无奇的绘画作品,除了所展现的自然主义风格外再无可取之处,充其量只是引起了我们的注意。但是,当我们面对米开朗基罗的雕塑,伦勃朗的宗教画,或是委拉斯开兹的肖像画时,风格问题就变得完全无关紧要了,这些艺术作品向我们显现出统一的完整性(Ganzheit),将我们牢牢俘获,至于它们是否属于某种时代风格,至少对单纯出于审美兴趣的观众而言,可谓毫无意义。唯有当一种强烈的陌生感完全阻碍了我们理解艺术作品真正的独特性时,我们才会只触及作品更具普遍性与典型性的特征——正如我们欣赏东方艺术时反复遭遇的情形——面对伟大的作品,对其风格的意识也始终保持活跃并发挥效力。因为关键之处恰恰在于:风格始终是一种赋形(Formgebung),在多大程度上它传达了或帮助传达了艺术作品予人的印象，也否定了艺术作品全然属己的本质和价值，和独一无二的意义；借由风格，单个作品的特殊性（Besonderheit）屈从于对其他作品也适用的普遍的形式规律，可谓是从作品对自身的自律性中摆脱出来，因为它与其他作品在造型（Gestaltung）方式或局部形态，由此昭示了一种超出单个作品的共同根源——与那些完全源于自身，即源于艺术家神秘而又绝对统一的艺术个性及其独特性的作品完全不同。正如作品的风格化包含着普遍性的色调，也包含着与感知和感觉的规则，这一规则的有效性不限于特定的艺术家个体——同样的也适用于艺术作品的主题。一朵风格化的玫瑰应该呈现出所有玫瑰的普遍性，即玫瑰的类型，而非某一朵玫瑰的个别现实性。不同的艺术家试图通过迥异的造型来达成这种风格化，——正如对看起来一样的现实，不同哲学家认为各不相同，甚至截然相反。这种风格化之于一位印度艺术家，一位哥特艺术家，又或是一位帝国时期的艺术家，都将导致非常不同的现象。然而每一位艺术家的意图都不在于使某一朵玫瑰变得可感，而是使玫瑰的构造法则、形式的根源变得可知可感，它作为统合一切的普遍性力量活跃于诸形式的多样性。

然而，一种反对观点在此似乎不可避免。毕竟，我们确实提及了波提切利、米开朗基罗、歌德及贝多芬的风格。这么说的理据在于：这些大人物创造了一种全然源自于他们个人天赋的表达方式，也就是现在为我们所感知到的存在于其所有作品中的普遍性。这样一位大师的独特风格被他人接纳，也就成为了许多艺术个性中的共同财富；凭借这些人，这种精神财富将其命运表现为风格，即某种不同于或超越个性表达的东西，以至于我们可以准确地说：这些作品具有米开朗基罗的风格。这就好比我们所拥有的某种特质并非浑然天成，而是从外部获得，后来才被纳入到自我的范围之内。相反，米开朗基罗本身即风格，即等同于米开朗基罗的独特存在，更确切地说，风格作为一种普遍性特征，表现在米开朗基罗的所有艺术表达中并为之增色，但这是因为米开朗基罗就是，也仅仅是这些作品的力量之源。因此，风格只能从逻辑上而非实质上与单个作品本身的独特性区分开来。在此情况下，"风格即人"（der Stil der Mensch ist）这一说法更加合理，甚至比"人即风格"（der Mensch der Stil ist）更加明晰。如果风格来自于外部，即与其他人及其时代所共有，那么，这顶多显示了个体独创性的界限。

从这些基本主题中可以看到：风格是一种普遍性原则，它要么混合，要么排斥，要么取代了个性原则——风格的所有单一特性都作为一种心灵—艺术的现实得到了发展。工艺美术(Kunstgewerbe)和艺术(Kunst)之间的根本原则性差异在这一点上表现得格外突出。工艺品的本质在于可多次复制，并通过流通的数量来显示其实用性，因其目的始终如一，那就是为更多的人所拥有。相反，艺术作品的本质在于独一性(Einzigkeit)：一件艺术作品及其复制品之间的关系，完全不同于一件模具及其成品之间的关系，也不同于织物或首饰样品和它们的图样之间的关系。不计其数的织物和首饰、椅子和书籍装帧、烛台和水杯按照模具被分毫不差地生产出来——这标志着所有这些物品的制作原理都外在于自身。它们只不过是某种普遍性的偶然呈现，简言之，它们的形式感即风格，而非得以在这一个物体的独特性中表达出来的心灵的独一性。① 这绝非对工艺美术的诋毁，普遍性原则与个性原则之间几乎不存在一种等级次序。更确切地说，这两者作为人类赋形能力的两极缺一不可，它们只有相互协作——即使以多层次混合的形式——才能使生命——无论是内在的还是外在的，务实的还是享乐的——在每一点上得到确定。我们也会认识到，满足生命需求的只能是风格化的物品，而非艺术家创造的个性化的物品。

然而，正如前文提及艺术家的个性化赋形概念时所引发的争议：即使伟大的艺术家也具有一种风格——即他们自己的风格，也就是一种规则，更确切地说这种风格是一种个人化的规则——在此我们也相应地观察到，新近以来，工艺品不仅可以私人定制，而且带有鲜明的、不容混淆的个性印记，我们常常能够见到可能是只为一位顾客定制的只此一件的孤品。但需要指出的是，一种独特的、暗示性的关联阻碍了这种情况走向其对立面。当人们谈及某个物品时，说它是唯一的，谈及另一个物品时，又说它不过是众多物品中的一个——在这种情况下，这类说法通常仅仅具有象征意义。我们借此想指出的是物品所固有的某种特质，这种特质将唯一性或重复性的意义赋予了它的存在，以避免其偶然的外在命运使得对其本质的表现流于量化。我们都有过这种经验，一听到陈词滥调就感到厌恶，——我们甚至无从判断究

---

① 因此，材料也具有非常重要的风格意义。比方说，当艺术家想要塑造一个人的形象时，使用像瓷器或青铜、木材或大理石这样不同的材料就需要不同的表现风格。因为材料实际上是共通的，能够呈现出一定数量的不同的表现形式，这些表现形式以材料为共同前提，由材料决定。

竟是经常听到还是曾经听过这句话。——它的陈腐恰恰在于其内在的特质,如同用旧了的硬币,即便无人再使用它,它也是陈旧的,因其本来就是陈旧的。相反,一些人或物给我们留下了不容辩驳的独特印象:他们是唯一的——即使存在的偶然组合实际上产生了许多极其相似的人或物。但这几无影响,成为唯一的存在既是这些人或物的意义,也可以说是其权利,或者更确切地说,这种量的规定性只是为了表现一种质的高贵,他们的生命感是不可比较的。即使他们成对地出现。这就是工艺品所面临的境况:因为它们的本质即风格,因为构成其独特外形的一般艺术材料始终能够在其本身感知到,所以工艺品的意义就在于被复制,它们被构造出来的内在目的即是重复性,尽管出于价格昂贵、任性或嫉妒的排他性等原因,在偶然情况下工艺品中也会出现孤品。

但对于那些具有艺术性的日用物品而言,情况就不一样了,实际上,它们通过赋形拒绝了此种风格-意涵,它们想要成为独特的艺术作品,事实上也的确如此。对于工艺美术的这种发展趋势,我表示强烈反对。工艺品注定应该融入日常生活,并服务于外在的既定目标。因此,工艺品与艺术作品是完全对立的,艺术作品是独断的、封闭的。每个作品都自成一个世界,它的目的内在于自身,它的边框象征着它拒绝参与任何外在于自身的现实生活的运动过程中。一把椅子,人们可以拿来坐下;一个玻璃杯,人们可以用来斟酒并拿在手中。如果这两件物品的赋形方式给人留下的是自足的、只听凭自身法则的、表现心灵自主性的艺术印象——那么就会产生极有排斥性的冲突。坐在一件艺术品上,摆弄一件艺术品,用一件艺术品来满足实际需求——这是暴殄天物,由主人堕落成奴隶——更确切地说,这位主人并非偶然承蒙命运的眷顾,而是从内心出发,遵循自己的天性。人们听到理论家们异口同声地宣称,工艺品应该是艺术品,它的最高原则是实用,理论家们似乎感觉不到这其中的矛盾:实用的物品是一种手段——其目的外在于自身——而艺术作品绝非手段,它是封闭自足的,它不像那些"实用的物品"从并不属于自己的事物之中借用合法性。认为每一件日用品都应该尽可能地成为像米开朗基罗的摩西和伦勃朗的肖像画《扬·希克斯》(Jan Six)那样独特的艺术作品,这一原则也许是对现代个人主义最讽刺的误解。它将那些为别的人和事而存在的物品,塑造成因自为存在而自豪的物品;将那些被使用消耗、数易其主的物品,塑造成一座历经风霜仍岿然不动的极乐岛;最后,将那些因实用目的而诉诸我们的普遍性,诉诸我们与他人共有的属性的物品,塑造成独一无二的物品,因为一个独特的心灵会将自己的独一性呈现于其中,所以它们也被我们内心的独特之处,也就是每个人灵魂的秘密花园所吸引。

这也是为什么表明这些工艺品的局限性(Bedingtheit)并不意味着对它们的贬低。工艺品应该具有的不是个性化的特征,而是风格的特征,是具有广泛普遍性的特征——当然这也不意味着绝对的普适性,以及对所有品味和庸俗的迎合。在美学领域,工艺品代表了一种与真正的艺术有所不同却又并不低劣的生命原则。但我们绝不能据此就误以为,手工艺人所展现的主体成就可以与画家或雕塑家的精致、高贵、深度和创造力相媲美。事实上,风格需要诉诸观赏者超然于纯粹个体的层面,诉诸我们广泛的、屈从于普遍生命法则的感知范畴,是平和与安然油然而生,这是极其风格化的物品所能给予我们的。艺术品常常能够唤醒个体的躁动,而生命在面对风格化的物品时,由此升华到了更为平静的层面,在这里人们不再感到孤单。在这里——至少这些无意识的活动得到了解释——客观形式的超个人律(Dieüberindividuelle Gesetzlichkeit)找到了它的对应物。我们也对我们自身的超个体性(Ueberindividuellen)、普遍律(Allgemein-Gesetzlichen)发生了化学反应,并以此从绝对自主、从纯粹个体性的狭隘平衡中解脱出来。这就是为什么我们周围那些作为日常生活背景或基础的物品应该是风格化的动因。因为一个人在他自己的房间中,他就是重点。也就是说,其他物品停留在更为广泛的、缺乏个性的从属层面,他得以从中凸显自身,并以此产生一种有机的、和谐的整体感觉。艺术品时而悬挂在墙上的画框中,时而立在底座上,时而躺在文件夹中,借由这种封闭的界线,艺术品表明自己不会像桌子和玻璃杯、台灯和地毯那样介入当下的生活,它无法作为"必要的附属品"(notwendigen Nebensache)为人们服务。一个人的家居环境必须秉承着"平静"的原则,这一原则以其神奇的、本能的实用性引导着环境的风格化:在所有我们使用过的物品中,家具最能展示出某种"风格"的特征。这一点在餐厅中体现得最为明显,出于生理原因,餐厅的环境应该有助于人们放松,让人们得以平复一整天情绪的躁动与起伏,进入到一种更为广泛的、与他人分享的惬意氛围中。尽管人们没有意识到这个原因,但流行的美学趋势一直提倡餐厅的"风格化"。另外,开始于 1870 年的德国风格化运动,最早就是集中在餐厅设计领域。

但正如风格原则和形式唯一原则(Formeinzigkeit)处处都表现出某种程度的混合与妥协——从一个更高的层级出发,在面对个性的——艺术的形式时,住所的布置及其风格化的需求也得到了纠正。奇怪的是,这种风格化的需求本来只针对——就现代人而言——他周围的单个物品,绝不包括作为整体的周围环境。如果住所是按照居住者的品味和需求布置的,那么它就完全具有居住者个人独特的个性色彩。但如果在住所中存在任何与居住者个性格格不入的物品,那么这可能会让人难以忍受,只看一眼就会让我们觉得充满矛盾。假设这种说法成立的话,那首先就能够解释,为什么我们住在一个严格保持着某一历史风貌的房间里会感到极度不适、陌生与冰冷;而与此同时,一个由稳定和统一的个人品味所选择的不同风格的物品组成的房间,却最能让人感到舒适和温暖。一个完全由某一特定历史风格的物品组成的环境,形成了一个封闭的统一体,将居住在其中的个体排除在外。也就是说,居住者会发现该环境中不存在任何缝隙,可以让其不同于此种历史风格的个体生命进入或参与。然而,一旦这个人按照他自己的品味使用不同风格的物品打造他周围的环境,事情就会变得截然不同;这些物品都由此获得了一个新的中心,这个中心并不存在于任一物品之中,而是由这些物品通过特殊的组合方式揭露出来,这是主观的统一,是个人的心灵体验对物品的同化。这也就是为什么,用过时的物品来装饰我们的房间具有不可替代的吸引力,尤其是那些风格化的,也就是具有超个体的形式法则的物品,它们组成了一个新的整体,它的组合方式和总体形式体现了完全的个人性(Individuellen Wesens),所指向的是唯一特定的个体。

现代人之所以对风格趋之若鹜,是为了减轻个性的负担或隐藏个性,这是风格的本质。主观主义(Subjektivismus)和个体性已经愈演愈烈濒临爆发,而在风格化的赋形中——从言行举止到住所布置——这种激烈的个性得到了舒缓和安抚,趋向于普遍性及其法则。自我似乎不再能够独自承受自己,或至少不再愿意表露自己,于是披上一件普遍的、更典型的,简而言之:更风格化的外衣。一个颇为羞耻的事实是,超个体的形式和法则被置于主体个性与他周围的人事物之间;风格化的表达、生活形式、品味——所有这些边界和距离都是这个时代夸张的主观主义找到平衡和获得隐蔽的所在。现代人喜好用古董包围自己,重要的是这些古董体现的风格、时代印记以及萦绕其上的普遍氛围。这种偏爱不仅是一种偶然的附庸风雅,还可以追溯到某些深层次的需求,即赋予一种极端个体性的生活以平静的缓冲带和典型的合律性。更早的时候,也就是那种只有一种风格并认为理所当然的年代,对于这些棘手的生活问题,抱持着非常不一样的态度。当只有一种风格是可能的时候,所有个体都能自然地从中表达自己的声音,他们不必找寻自我的根源,普遍性和个体性在作品中毫无冲突地结合在一起。我们羡慕的这种统一和圆融无碍,在古希腊和中世纪许多时期都出现过,它们建立在不被质疑的生命普遍基础之上,也就是一种不成问题的风格之上。在那时,风格和个别产品之间的关系比我们现在要简单得多,矛盾也要少得多。现在,我们在各个领域都拥有大量可供选择的风格,以至于个人的作品、行为、品味与它们所需要的广泛基础、普遍法则都处于一种更为松散随意的关系中。这也就是为什么,早期作品比我们现在的作品要更具风格。因为如果一件作品看起来只是源于一时的、孤立的、零星的冲动,而不是基于一种普遍的感觉或超偶然的准则,那我们就说它是缺乏风格的。而那些必需的、基础的产品,也完全可以具有我所说的个人风格。对伟大而有创造力的人来说,他的作品源自于自身存在的深度和广度,这是他最坚实的基础,超越了一时一地,而那些能力不足的艺术家的作品风格来自于外部。在这里,强大的个体为自我立法;而那些不够强大的个体就必须遵守普遍法则;如果他不这么做,他的作品就没有风格——这种情况只可能出现在能够同时存在多种不同风格的时代,这是很好理解的。

最后,风格是解决生活重大问题的美学尝试:单个作品或单个行为,作为整体它们是自成一体的,但同时也可能属于一个更高的整体,一个决定性的、统一的历史脉络。伟大的个体风格与平凡的普遍风格之间的差别表明了一条广泛的实践准则:"……如果你自己无法成为一个独立的整体,那就作为一个有益的环节加入一个整体。"用艺术的语言来说,即使最微不足道的作品也能发出一束自足与完满的光,而这光在现实世界本是伟大作品所独有的。

(译者单位:中国人民大学文学院)
(校者单位:柏林自由大学比较文学系)
学术编辑:刘卓

希腊诗学与希腊主义

亚里士多德的诗学(上)

[英]斯蒂芬·哈利维尔 著①
王柯平 译

内容提要 本文从亚里士多德早期两部佚作(《论诗人》与《荷马史诗问题》)的残章断简入手,首先揭示了古希腊诗人、诗艺与批评实践的彼此关系,随之探讨了《诗学》残篇的理论要点,认为此作代表亚氏后期更为成熟的诗学思想,代表其具有本质意义的哲学陈述。此作基于伦理学、心理学和认识论批评角度,提供了一套关乎诗歌内在本质及其价值的稳定理论。譬如,模仿说涉及情节的整一性与虚构性,事件的可然性与必然性等。再者,从诗歌情感动力学与心理学角度,可以觉察到净化说的诸多相关内涵,这其中不仅包括针对诗歌体验的心理学看法,而且包括亚氏观点中更多密切关联部分,同时还关乎心灵如何回应虚构的诗歌情节结构等等。

关键词 亚里士多德 早期佚作 《诗学》 模仿说 净化说

在公元一世纪行将结束时,修辞学家迪奥(Dio of Prusa)声称,亚

---

① 作者哈利维尔(Stephen Halliwell)著作颇丰,是当前国际古典诗学研究的权威之一;现任英国学术院院士,圣安德鲁斯大学古典学院教授(曾任主任);其代表著作包括 Aristotle's Poetics(《亚里士多德的诗学》), The Aesthetics of Mimesis(《模仿论美学》), Between Ecstasy and Truth: Interpretations of Greek Poetics From Homer to Longinus(《在狂喜与真理之间:荷马至朗基努斯的希腊诗学阐释》)。亚里士多德的诗学,既属于文学批评领域,也涉及哲学理论范畴。在古典研究中,此两者不可偏废,更不可顾此失彼。由于《诗学》是部残卷,常会遇到这种背反现象——愈是深入细致地探讨相关议题,愈会从中发现更多玄惑的疑问。尽管如此,本文作者哈利维尔(Stephen Halliwell)知难而进,厚积薄发,从古代希腊诗歌与文化传统入手,兼顾亚氏诗学与哲学等多重视野,将自己多年的研究成果与相关疑问,浓缩为下列五个部分。因此文篇幅较长,故分上下篇两次刊登。原文参阅 Stephen Halliwell, "Aristotle's Poetics", in George A. Kennedy (ed.), *Classical Criticism*, Volume 1 of *The Cambridge History of Literary Criticism* (Cambridge: Cambridge University Press, 1st ed. 1989, Rep. 1993), Ch. 4, pp. 149 – 183.——译注

里士多德"开启了学界人士所言的批评（*kritike*）和语言研究（*grammatike*）"(53.1)。① 此时，影响迪奥这一想法的既不是《诗学》，也不是他引述的那些人士的判断。在此语境里，迪奥谈及亚里士多德在诸篇对话中讨论和赞扬荷马诗作；所得结论表明，迪奥在此指涉的那些对话，就是《论诗人》(*On Poets*)等著作。《论诗人》分三卷，《荷马史诗问题》(*Homeric Problems*)分六余卷（估计不是采用对话形式）。事实上，通过这两部主要著作，亚里士多德的诗论思想在古代批评传统中得以传布；而《诗学》一书，原本是为哲学院内部教学所编，在当时未曾面世，故此鲜为人知。因而，我们自己对亚里士多德这位文学批评家的看法，肯定与古代人的相关看法迥然有别；虽说不是全部，但《诗学》让我们耳闻的东西，更多是这位诗歌哲学理论家有感而发的心声。然而，采用最新方法来研究这部残卷，乃是有用的第一步，借此便可简要思索其中依然可以察觉到的内容，继而辨识亚氏《诗学》与其有意为更多公众所撰的那些诗论佚作之间的关联。

1.《论诗人》与《荷马史诗问题》

《论诗人》采用对话形式，很有可能追溯至亚里士多德首次在雅典度过的岁月(367—347 BC)，即以柏拉图辞世为终结的第一时期。至于《荷马史诗问题》一书，迄今尚无任何编年史方面的证据；虽然《诗学》第 25 章隐含对诸原则的总结，这些原则在专论荷马的著作里得到更为详细的阐述和更为充分的应用。鉴于《诗学》是亚里士多德出于自身教学目的所撰文献，故不可能是在同一短时期内全部编讫，此作留存下来后未曾修改。这部论作的某些部分，尤其是专论语言和风格的章节(20—2)，可以合乎情理地上溯到这位哲学家职业生涯的早期阶段；不过，其中有些章节，看来反映的是作者后期更为成熟的观点，所以有理由假定：在亚里士多德于雅典度过的第二时期(335—323 BC)里，《诗学》这部著作肯定在吕克昂学园里使用过。倘若如此的话，《诗学》应该代表作者最后阶段对诗歌的思考，代表具有本质意义的哲学陈述。亚里士多德本人觉得，至少值得以书写方式对此陈述详

---

① Dio of Prusa (Dio Chrysostom), *Orations*, ed. and trans. J. W. Cohoon and H. L. Crosby (LCL) (5 vols., London, 1932~51).

加解释。①

但是,激发这种思想背后的主要因素,无疑来自柏拉图对诗歌的逆向批判,由此证实了如下假设:当柏拉图在世时,亚里士多德尽力发展自身批评立场的雏形。后来兴起的新柏拉图学派,数次指涉亚里士多德的净化学说(doctrine of catharsis)。我们从中发现,普罗克鲁斯(Proclus)突出强调如下说法:柏拉图反对悲剧和喜剧的立场,给予亚里士多德"许多抱怨缘由"。② 对柏拉图的回应,是一种显而易见的、甚至引起争论的回应,这意味着不大可能接受这一共识:普罗克鲁斯在此是指《诗学》佚失的第2卷。这一假设也让我们无法接受下列观点:亚里士多德在最先界定悲剧时,降格使用以争论方式阐述的概念,借此处理他对喜剧的看法。若能反过来将这一影射纳入到《论诗人》里面,那我们就会将这部著作看作直截了当反对柏拉图理念说的宣言;亚里士多德后来的诸多暗示表明,他对《诗学》残篇的留恋,似乎不再承受太多压力。

涉及思想延续性的某一稍许不同的例证,同表述中强调要点的转向相结合,这可以从《论诗人》残篇70段(fr. 70)和《诗学》第1章的比较中看出来吗?③ 在《论诗人》这篇对话中,亚里士多德赞扬恩培多克勒(Empedocles)的风格美德,其中包括隐喻手法;在《诗学》里,亚里士多德确定(尽管恩培多克勒的风格无疑归功于荷马),恩培多克勒与荷马"除了格律之外别无共同之处"。《论诗人》残篇72段似乎表示,亚里士多德在此书中指出,模仿而非格律才是衡量诗歌的准则;这部残篇70段里谈及恩培多克勒,这如同《诗学》里的某一语境,即《诗学》第1章里的语境。重要的差异存在于相关论述之中。鉴于《论诗人》意在写给更大范围里的听众,或许因为《诗学》代表亚里士多德思想拒不妥协的阶段,这部论著迫使诗歌脱离其他类型的话语,由此得出的结论要比对话提供的结论更为坚实。在其他地方,这两部著作之间的差距兴许更大。对话的标题与某些残篇的内容,均对诗人传记(已获确认和相对流行的话题)表示密切关注。语境的丧失妨碍我们推论亚氏的态度,也就是亚氏对待显然出自逸闻趣事的传记素材的态度,这类素

---

① 关于《诗学》(Poetics)的确定年代,参阅 Halliwell, *Aristotle's Poetics*, app. 1.

② 至于普罗克鲁斯(Proclus)与新柏拉图学派所指涉的"净化"(catharsis),参阅 Kassel's ed. of *Po.*, p. 52; tr. in Smith and Ross, *Works*, XII, pp. 74 - 75.

③ Fr. in Rose, pp. 76 - 81; tr. in Smith and Ross, *Works*, XII, pp. 72 - 77.

材在残篇中已然得到验证;从《诗学》的范围来看,自愿讨论此类事情的事实,则与俨然排除这类事情的做法形成对照;在《诗学》里,诗歌的历史孕育着更多的理论精神。

比较而言,《论诗人》与《荷马史诗问题》之间存在的重大差别,或许更多是细节性的而非原则性的问题。倘若《诗学》第25章现在具有一种经过压缩且令人厌烦的特性(以及在部分程度上处于被人篡改的状态),那便是其以简明方式总结批评标准与准则所致;在《荷马史诗问题》中,这些标准与准则曾应用于多个段落和解释性的问题。在反观早期批评荷马史诗的更大范围时,在回应柏拉图诗歌观念的道德和认识论力量时,亚里士多德竭力想要获得一种根本性洞见,即从资格上承认诗歌的地位,承认诗歌这门独立艺术具有独特潜力,承认评价诗歌需要掌握诸多恰当的批评公理。"诗歌里的正确性,不等于政治或其他艺术里的正确性"(25.1460b13-15),这一极其简短而生硬的宣告,是这些批评公理中一种最基本的表达方式;通过《荷马史诗问题》一书的残篇,我们窥知该公理被付诸批评实践之中的用意,其目的在于解决各种实际的、技艺的、历史的与道德的诸"问题"。大量材料在此著作中得到考量,由此给予亚里士多德大量机会去详述和澄清相关原则,也就是体现在《诗学》中的概要性哲学论述里的那些原则。[①]

2.《诗学》的理论组成部分

正如我们所见,倘若《论诗人》这部对话作品对大众流行兴趣做出某些让步,倘若《荷马史诗问题》处理了由不懂哲学的作者所提出的一连串特定性和解释性问题,那么,《诗学》的写作,则是在掌握衡量尺度的基础上对诗歌理论的概述,既与柏拉图提出的挑战达成和解,也遵循具有哲学严谨性的标准,也就是亚里士多德在其他思想领域里寻求的那些标准。这一语境与依然常见的意见并不匹配,该意见认为,此部论作旨在影响当时那些在雅典从事写作的诗人。虽然在某些段落里(特别是第17、18章里),亚里士多德简要论及如何去直接考虑诗歌创作的诸过程,但此作提出的基本规约论,具有鲜明的理论性而非实用性倾向。这方面的鲜明例证,就出现在第18章结尾。此处推举索

---

① Fr. of *Homeric Problems* in Rose, pp. 120 – 137; tr. (selection) in Barnes, *Complete Works*, II, pp. 2431 – 2433.

福克勒斯(Sophocles)如何使用悲剧歌队的方式,借此反对公元前4世纪中叶盛行的实践活动,即:不顾当时戏剧做法的明显矛盾,用某一段落的简短性与脱俗性,来否认亚里士多德提出的任何理念,而亚氏本人着实希望借此来影响与他同时代的那些雅典悲剧诗人。

将《诗学》视为一部理论或哲学批评著作的更深层原因,是其持之以恒地聚焦于诗歌体式与内在本质的概念认识,而非个体诗人及其作品。亚里士多德针对诗歌架构的专题讨论,开篇就引用纲要性主句,此乃"艺术自身及其种类"(或体式)所赐。柏拉图针对诗歌的伦理学、心理学和认识论提出批评的驱动力,是强劲的但非系统的;亚里士多德对此做出的回应,提供了一种关乎诗歌真正本质的稳定理论,其中包含一种防范性意识,涉及从这门艺术中到底可能和不能期待什么。现在来评估这一理论的诸原则或信条,就需要设法恰当处理那些奠定理论基础的思想所构成的隐而不露的综合领域。本篇论文将会尊重亚里士多德自身的优先选项,率先考量《诗学》中更为广泛和抽象的组成部分。

《诗学》意在追随"发端于首要原则的自然程序"(1.1447a12–13)。密切关注凝练的论述风格,就会发现基本假设总是没有得到凸显(因为这部论作与范围更广的哲学研究课程相互交织),诸核心原则由此被理解为一个连贯体系的构成因素。诗歌是一门独特的艺术,也是一个不同的探讨领域,其研究方法既会引发旨在界定其本质特征的积极尝试,也会引发试图将诗歌与其他类型的话语分离开来的消极做法。除了亚里士多德自身的哲学秉性内含的分析特征之外,有两大因素既超过先前希腊文化或批评中旧有的做法,也鼓励对诗歌领域进行更为敏锐的划界。在公元前5世纪和4世纪之间涌现出的一大因素,就是思想与活动领域的快速分化。回想起来,那就是依据历史、修辞、科学、学术与哲学,对这些领域进行分门别类。多数此类科目所涉及的要素,至少享有诗歌的某些共同要素。当亚里士多德拒绝将恩培多克勒的散文写作视为诗歌作品时,我们已然从中看到亚氏所遇到的那种最终导致的歧义性。除此文化问题之外,还遇到特定的挑战,那就是柏拉图针对真理和道德的诗性标准展开抨击,这就向亚里士多德提出一项探寻准则的任务,以期借此恰当处理诗歌的内在性质与价值。

亚里士多德对这些提示的回应,主要围绕传承自柏拉图的模仿概念而展开。但是,依照柏拉图的论说前提,模仿对诗歌具有本质意义(对视觉艺术、音乐和舞蹈也是如此)。亚里士多德则提出一些重要的具体化建议,涉及柏拉图对此主题的思索。"鉴于诗人是模仿型艺术家,如同画家或其他形象制作者一样,他务必在任何时候都使用模仿来描绘下列三种对象中的一种:过去或当今的事;传说和相信的事;应当如此的事"(25.1460b8—11)。亚里士多德的立场与柏拉图的立场具有亲和关系,因为亚氏接受了所有艺术均提供可然性现实的形象这一观点;但在精神上,此两者却相去甚远,"可然性"一词所表达的资格条件,大幅度放宽了柏拉图提出的要求,也就是柏拉图以其最确切(或轻蔑)的态度针对模仿提出的那些要求。虽然与柏拉图共享一种理论,也就是可被宽泛地称之为模仿的"应和理论"(correspondence theory),但亚里士多德绕过柏拉图艺术观的含义,认定模仿作品的内容和意义,无法根据真理或实在的固定准则予以合理验证。

诱发争议的是,上文所引的第25章里的段落,顾及诗性虚构或想象的观念;但是,需要对这一结论采取某些保留意见,正好有助于说明难以用恰当方式将亚氏思想与后来的审美态度联系起来。尤为重要的是,应当避免将诗人创作的相对自由,恰如《诗学》所述,简单地同化为创造性想象的浪漫主义观念。相关差异在部分程度上存在于此:亚里士多德并不认为诗人自己具有任何特别的想象力。对模仿的哲学解释,关注的是模仿作品的地位,首先要抵制的是柏拉图让诗歌屈从于真与善的外在与客观标准。假如我们不把主观主义美学归于完全与其无关的亚里士多德的话,我们必然会感知到这一假设的力度;该假设或许潜伏在一般性的希腊模仿概念里,认为理解诗歌应同艺术品与世界之间(而非艺术家与其作品之间)的轴心密不可分。一旦抓住这一警示,适当而审慎地使用诸如"虚构"、"想象"与"发明"之类术语,就有助于描述亚里士多德这种做法的重要意义特征。这种做法就是拒绝接受专为模仿型艺术设立的那种求真务实的简单模式。

正是这个隐而不显的虚构性理念,为亚里士多德的学说提供了基础,于是他借此将诗歌本质与历史及哲学等活动加以区分。通过这一做法,该理念在人类行动和经验世界里引起兴趣。历史与哲学的实践者受到驱动,由此努力探寻有关实在的直接真相:其一方面是关乎过去的殊相,另一方面则关注相关的共相或普遍性相。《诗学》第9章里论到诗人与哲学家之间的相对亲和性,并未影响到该章末尾执意宣布的假设。该假设认为,诗人必须"构造"自己所用的素材,甚至在诗人从历史中汲取材料的情况下也应如此。这就是说,诗人务必筛选、组织和塑造材料,这样才能使最终的设计成为一件艺术产品,而不是对现存现实的说明或描述。这些有争论的观点,进而对诗歌的真理地位提出问题,我们将会很快返回来讨论这一点。

在亚里士多德发展的模仿概念里,有一同源的、更难解释的因素,那就是趋向戏剧性这一观念的引力。虽然在第 3 章里,叙事模式与戏剧扮演占据同等地位,可在其他地方——在赞扬荷马史诗的戏剧性之处(4.1448b34-8),在规约一般史诗的戏剧性情节结构之处(23.1459a18-19),尤其是在认定模仿与"以自己名义言说"的诗人互不兼容之处(24.1460a5-11),亚里士多德在将自己完全绑定的情况下,暗示出诗歌偏好戏剧性的概念。在这里,我们会觉察到一种压力,也就是想要界定诗歌与其他各类话语分界的压力。历史学家与哲学家探求真理的直接责任,这使他们感到有必要依赖说明、描述与论证的模式。这些相似的模式,正是亚里士多德想从诗人资源里予以消除的东西(除非它们在代理人的戏剧性描述中能够相互贯通)。因为,诗歌艺术的目的,不是提供有关这个世界的那些不言而明的确定性看法,而是展示可能人生与可能经历的"形象"。戏剧性模式最适宜于诗歌。依此观点来看,这是因为该模式与诗歌素材的地位相称。诗歌素材是对行动范式的扮演和表现:出现在《诗学》里的诗歌虚构观念,将逻辑上"不作任何承诺"的诗歌地位(免于柏拉图对真实性的要求),同理想中的戏剧性表现模式予以协调。这两种因素均出现在对恩培多克勒所做的判断里。恩培多克勒的散文著作,之所以被划归为"自然哲学"而非诗歌,一是因为这些著作所提供的都是关于这个世界的范畴性论述(其中包括更大的自然领域,亚里士多德则以先验方式将其从诗歌的独特性人类主题那里分离出来),二是因为这些著作到头来并不关注假设性或虚构性的行动戏剧化做法。

如果我们自己的文化意识能够轻而易举地将哲学与诗歌分离开来,那就容易理解亚里士多德如何看待恩培多克勒的情况了。但是,这不应允许以此来掩盖或遮蔽《诗学》对整个希腊诗歌所隐含的激进意义。上文从第 24 章里所引的一段暗示,亚里士多德准备容纳那些针对模仿对象、诗歌作品以及史诗里某些叙事用法之地位的种种疑虑——这些用法包含一种太过强烈的意识,也就是"以自己名义言说"的诗人的那种意识。在其他地方,亚里士多德的学说看来最有可能引致一种模棱两可的态度,也就是对待那些诗歌体式的态度(传统意义上已在文化内部得到认可)。这些体式广泛使用了非戏剧性的表达方式。根据《诗学》提出的准则,鉴于后一范畴应当包容所有第一人称的陈述,也就是那些在诗歌里无戏剧性的陈述,我们会以疑虑态度影响到许多作品的诗歌资格条件。这些作品的作者包括赫西俄德(道德说教)、阿尔齐洛克斯(抑扬格诗)、梭伦(哀诗)、萨福与阿尔凯奥斯(个人抒情诗)和品达(歌队抒情诗)。尽管这一指涉会使研读希腊诗歌的学生大吃一惊,但实情确是如此:《诗学》里没有提及或引用过这些诗人中的任何一位,他们所采用的体式也被忽略不计。倘若亚里士多德是首位希腊批评家,既论述建构诗歌的确切概念,又区分诗歌与其他各类思想和写作的差异,那就必须指出:在严格和限定意义上,他得出的结果是规范性的,几乎没有论及希腊古风时期和古典时期文化中的众多主要作家。

在《诗学》里发挥作用的模仿观念,其限定性相被抵消,是被新近用来界定诗歌认知价值的严肃尝试所抵消。柏拉图指责诗歌文本在希腊生活中的权威性,就像早期的哲学家色诺芬尼和赫拉克利特(Heraclitus)一样,为的是确保哲学自身认识普遍真理的作用。而这些普遍真理,在传统上是归于诗人的智慧。亚里士多德也是为了确保这一点,或许因为他自己不是雅典本地人,故此缺乏柏拉图的那种意识,也就是关乎诗歌与哲学之间殊死争锋的那种意识。鉴于柏拉图的形而上学诱使他自己将诗歌降至非常低级的认识层次,亚里士多德则据其殊相和共相之间关系的观点,采用肯定方式将诗歌纳入他自己的价值体系之中。根据《诗学》第9章所言,诗歌"比历史更富有哲学性,在伦理意义上更为严肃"。因为,在诗歌的生活形象中,行动和人物更接近哲学的共相,而不是更接近真实事件的具体殊相。

这里颇为迫切的任务,就是通过解释这部论作,设法将这一原则的内涵与后来与之时而发生混淆的美学思想撇清关系。为此,我们需要掌握亚里士多德所论的共相。作为范畴与概念,这些共相能使心智越过具体的感知,理解实在的本质与永恒特征。因此,所要规避的第一风险,就是将这些共相还原到仅属典型或规范的层次。对亚里士多德理论进行较为肤浅的新古典主义意释,就发生过此类事情。《诗学》在9.1451b8-9处表示,共相"是某一类人根据可然或必然的原则,可能会说或会做的诸类事"。这仅在表面上解释了规范的逼真性原则,因为此言收尾的从句表述得明明白白。逼真性委实可以凭借殊相的生动性得以满足，因此不能以此来描述《诗学》第9章提出的学说。亚里士多德所说的要点，在已知柏拉图提出的挑战情况下，恰恰就是诗歌中生活的戏剧化是建构起来的，自身是具有可理解性的，在术语方面是符合一般思想和推理条件的。这些术语至少与伦理和政治哲学家在较高层次上所用的术语有关。

然而，务必规避将亚里士多德的立场，虚妄地吹捧成广义上可称之为美学领域里新柏拉图传统的思想，由此相信诗歌就是对"更高"或超验真理的表达或呈现。① 面对这种显而易见的形而上诗学，有必要通过对比来强调指出其中这些局限，也就是在《诗学》第9章里将诗歌与哲学并置的比较性陈述所暗示的诸种局限。在亚里士多德看来，诗歌在任何深层意义上并非就是哲学性的；诗歌趋向于共相的地位，但却与哲学相差甚远，因为诗歌结构是模仿或虚构的，并不提供系统性的真理。我们不能保证可从亚里士多德的言论中提炼出一种观念论美学，而这种美学在布彻(Butcher)于19世纪末撰写的论文中得到论述，影响甚广。尤为错误的做法，就是将《诗学》的两种论说混为一谈，其一是对诗歌基本认知地位的论说（其代表性说法参见第9章对喜剧的看法：喜剧里的人物"比我们差"。），其二是针对人物性格刻画的理想化或升华（将人物性格刻画得"好过我们自己"）提出的具体看法（参阅第2、15、25章）。此类理想化做法见诸史诗、悲剧和某种视觉艺术之中。后一种的那些通常特征，并不能赋予诗歌作为整体的共相一种形而上力量或潜能。

诗性共相的概念，务必依据亚里士多德提出的艺术形式与整一性准则予以解释，或者借此予以澄清。由于断然摒弃新古典主义（怀疑是亚里士多德的）三一律(trio of Unities)，《诗学》提出的情节结构整一性这一根本学说，设法保留了批判的可尊重性。但是，尊重并不确保理解，某些误解持续不断。特别需要予以反驳的是如下信念：亚里士多德将俨然属于形式主义的整一性观念，阐述为独立于诗歌含义的观念。我们如若直接转向亚里士多德对整一性原则的至为清晰的表述，我们就会发现上列信念是多么错误。亚氏的表述是："正如在其他模仿艺术里，一件整一的模仿作品再现的是一个整一的对象，因为情

---

① Cf. Plotinus 5.8.1，此处将菲迪亚斯对宙斯肉身形式的构想，说成是要显示主神"如他所是"的样子；所用短语可比较和对照 Po. 9.145a37, 9.1451b5。

节结构是对行动的模仿,所以必须再现一个整一或完整的行动"(8.1451a30-2)。这段话表明,整一性基于一首诗(或一件其他艺术品)的模仿本性,与自身隐含的力量密不可分。所以,对亚里士多德来说,情节结构(muthos)的整一性,就是一首诗的本质生命("灵魂"),它源自行动的整一性,此行动是再现的内容或对象。① 倘若依据范围更大的审美接受理论来解释诗歌整一性,恰如《诗学》第7章所示,那是因为哲学家发现了一种体验美和形式整一性的认知基础(对有意味结构的领悟)。

《诗学》第7、8章详述了情节(这里特别是指悲剧的情节结构)整一性的要求和准则:这些要求与准则涉及建构,具有充足的体量和领域,可以容纳由诸多部分构成的复杂编排。在此建构中,从起始、中段到结尾的进展过程,都是井然有序的。接下来的两个因素,有助于我们更加充分地感知后来提出的理念。这其中的一个因素应用于一般的诗歌形式,而另一因素则取决于单个体式的性质。这两个因素被整合在悲剧里(7.1451a1-15),亚里士多德借此设立规约,要求戏剧篇幅允许境遇变化(此乃引发悲剧情感的行动范式)。这种变化出现在一系列事件中,而这些事件是根据可然性或必然性以及由此给定的连贯性发生的。于是,第一个因素涉及那种(怜悯和恐惧的)行动,此行动所要打造和完成的目的,就在于构建一个恰当的悲剧情节;而第二个因素代表的是本质性的指涉要点,在作品里得到反复引用,为的是实现所有诗歌模仿的整一性。对事件进行特殊的悲剧布局,作为充分的诗歌体式理论的组成部分,不得不在后面加以考虑;但是,"可然性或必然性"的准则,我们已经得知其与共相相关,需要立即做出解释,需要将其当作亚里士多德理解诗歌形式及其意味的关键组成部分。

在亚里士多德的思想体系里,可然性与必然性是一对密切关联的概念,因为两者承载着事情之间的因果关系,同时也承载着命题之间的逻辑关系。在这两个领域里,必然性所代表的关系,是恒定不变或不可避免的;而可然性则代表相似程度,虽缺乏确定性,但适用于"大部分"。这些原则之所以进入诗歌理论之中,一部分是因为亚里士多德坚信:诗歌应当是理性艺术的产物,其成功主要取决于形式的连贯性;另一部分是因为下列前提条件:诗歌模仿是人类行动的可能再

---

① 亚里士多德赋予术语 praxis 的新意是指连贯的系列事件;参阅《诗学》esp. 8.1451a19 and 8.1451a28。后来的批评家看来从未接管这一用法。

现,其自身必定是可以理解的。通常在《诗学》里援引的可然性与必然性,与情节结构的连续发展阶段的因果联系有关。最终对事件协作关系的强调,从"复杂"悲剧观念角度得到最为突出的、因此也是悖论性的呈现(chapters 10-11);在这里面,境遇的惊人转变,是认知和逆反因素促成的。然而,甚至在这里,举凡人们期待悲剧不可思议的程度可能会受影响的地方,重新得到确认的就是可然性或必然性自身不可或缺的功能。

亚里士多德并未把源自这些原则的整一性,视为诗歌成就的唯一基础或先决条件;他将其评估为至要的诗歌体式——悲剧——的至高德行(7.1450b21-3)。这一事实使人洞悉:他不是将模仿理解为日常现实的镜像映照(这经常的确缺乏整一性:8.1451a17-19),而是理解为对可能现实进行艺术性设计而得出的形象;而这种现实的可理解性,取决于那些形象的整一性。在《诗学》第7、8章里,从讨论整一性中得出如下结论:"诗人的职责不在于描述已经发生的事,而在于描述可能发生的事,即那些根据可然性或必然性可能发生的事"(9.1451a36-8)。在此理论中,整一性和模仿意味是彼此相互支持的要素;整一性是对一个整一对象的模仿。整一性产生可理解性。这取决于我们可称之为戏剧逻辑的明晰度,体现在情节结构的连贯性意味之中。如同诸命题在必然性或可然性之关系中彼此并列的那样,亚里士多德因此要求戏剧行动的组成部分展示出一种解释性整合的相似程度。

这一学说的抽象结果,反映出哲学家的兴趣在于严肃详述诗歌艺术,但这却让亚里士多德遭到指责,指责他将自身的理智需要投射到诗人的作品之中。戏剧行动的因果整一性与明晰性是强有力的批评要求,《诗学》对其陈述时不遗余力而对关乎诗歌整一性的其他手段与资源了无兴趣。另外,通过排除行动结构内的歧义性或因果不确定性,亚里士多德提出的整一性观念,向我们提出了(诚如任何严肃的诗歌形式概念应该如此一样)悲剧世界里的因果关系和责任性的诸种问题;我们将随后返回来讨论这些问题。

《诗学》里提出的整一性学说,有助于昭示亚里士多德对诗歌的感知。面对柏拉图对诗歌价值的贬低,亚里士多德认为诗歌是一门理性艺术,其程序可从客观上予以具体说明。整一性是情节结构的首要德性,诗人作为"制造者",首先需要负责搞好情节结构(9.1451b27-9)。因此,在其更为务实的某一时刻(第17章),亚里士多德设想从事创作的诗人,在描述相关细节之前,将会先行安排其作品的基本方案。通过有意识的选择和设计,整一性被融汇到诗人所用的材料之中,此乃诗歌艺术之"理性"的根本所在;亚里士多德反对把传统的诗歌观念当作富有灵感性的或超出明确领悟之外的东西。与此相反,他系统论述了同样传统的诗人观念[包含在意指"制造者"(*poietes*)的术语之中],诗人据此作为艺人,掌握一种可以支配和传授的技艺。诗人的技艺或艺术技巧,是多种多样的技能(*tekhne*),是由一整套活动组成,可借助人类技艺和理智来制造效果;所有这些能力,使用传统程序来造就预先编排的对象。亚里士多德所阐明的原则——"艺术模仿自然",是作为对所有这些制造活动的一种评说,但不是作为后来生成的美术制作程式;这一原则将具有目的性和易解性的艺术技巧方法,同自然世界的目的论运作方式相联系。① 在诗歌领域,通过给予这一原则以充分力量,亚里士多德跨出了或许是至为重要的一步,由此脱离了柏拉图对待这一议题的态度。

于是,亚里士多德所说的诗人,就是人工制品(行动的模仿结构)的理性"制造者",所用的媒介或材料,包括语言、节奏和音乐格律(见《诗学》第1章)。对于《诗学》的后浪漫主义读者而言,关键是要通过理解诗歌活动,由此弄清如何能使诗人从属于他自己的艺术。这里采用的做法,就是设定这两者之间的目的论关系:诗歌艺术的真正核心,既不在于诗人头脑里的个人思想源泉内,也不在于诗人想象力的主观冲动里,而是在于诗人创作所追求的目的中,也就是在于已经完成的诗歌结构中。根据诗歌意向论的诸种可能观点来看,《诗学》趋向于这一端,即:诗人的个体意向是非物质性的;诗人的职能就是采用新鲜的模仿手法体现诸原则,而这些原则以独立于诗人的方式存在于诗歌艺术的本质之中。② 亚里士多德对这一点的预设,在前面引用过的言论里得到代表性表述。这其中的预设是:当诗人"以自己的名义"(24.1460a7-8)言说时,就会放弃自己作为模仿艺术家的地位。

---

① E.g., *Physics* 194a21-2,199a16-17;至于后来的样例,参阅 Seneca, *Ep.* 65.3. 最后,这一理念与模仿艺术中的"模仿自然"或"对自然的模仿"发生混淆; e.g., Horace, *AP* 317-318; Pliny, *Natural History* 34.61,35.103; Longinus 22.1; Plotinus 5.8.1.

② 然而,他可能如此作为的原因,抑或是由于有意识的艺术性,抑或是由于与生俱来的天分;参阅《诗学》8.1451a24. 这种天分的可能性只是确定艺术原理是如何最终与自然连接在一起的。

我们在此看到，艺术技巧和模仿这一对概念，彼此是如何互补的：艺术技巧使诗人从属于自己所造作品的客观或内在属性；模仿在界定诗歌自身时，不是依据与诗人心智的内在联系，而是再现可能性现实的诸种范式（偏于戏剧性的）。

亚里士多德对诗歌艺术的解释，也涉及更大的文化维度。在其基本思维中，艺术不仅在喻义上同化于自然，而且艺术自身借助其在人类天赋中的作用，可被置于自然的架构之中。柏拉图时常把模仿当作欺骗性圈套加以对待。相比之下，亚里士多德则对模仿活动的自然根源确信不疑。这一信念既反映在他对诗歌存在原因的解释之中，也反映在他对诗歌发展的系统性重构之中。在《诗学》第4章里，诗歌一般被归于两大天然起因：其一是人类的模仿本能——人类有此普遍特征，这通过模仿在儿童学习中所占的地位（在这里欣然接受各种各样的模仿或活动）便足以表明。其二是从模仿产品（即便其内容在内在意义上是痛苦的）中汲取快感的人性能力，亚里士多德以特别简约的方式，将其彰显为乐于学习和理解而生的结果。应当看到，根据视觉艺术的示例来看，有目的地给出基本例证，借此表明须用什么东西才能涵盖更为复杂的形式；这种示例仅关涉对某一描绘对象的特殊主题的熟悉程度，而本质性要点所触及的东西，则是模仿艺术体验中认知与快感之间范围更大的关系。如果这一理论的多种组成部分恰当地贯通于诗歌的境况里，如果诗歌的意味存在于亚里士多德后来为之论证的准共相层次之上，那么，唯有把握共相而非殊相，才会为观众或读者认知作品提供恰如其分的基础。如此一来，悲剧的快感可被视为一种基本快感；亚里士多德假定，这种快感源自领悟意义的结构，也就是在诗歌行动中得以体现和戏剧化的那一结构。

在《诗学》第4章里，诗歌模仿的"自然起因"，在此用作希腊诗歌自从诞生以来发展示意图的起点。在此浓缩段落里，自然依然是贯穿其中的关键原则，每位诗人的作品均被纳入准历史性重构的目的论框架之中，并在这里面得到评价。就在此处，《诗学》呈现给我们的东西，首先是在长期的探索传统中得出的结果。这一传统旨在文化历史资料中找到自然或有机成长的诸种范式。[1] 对亚里士多德而言，希腊诗

---

[1] See J. J. Pollitt, *The Ancient View of Greek AH* (New Haven, 1974), pp. 73–84, 后来的类比见于瓦萨里（Vasari）、温克尔曼（Winckelmann）和其他人的著作之中。

歌历史演化的主要线索,是由诗歌体式的发现和相关详述提供的,这首先是源自一种原初而自然的二分法:抑或出现在严肃诗歌与诙谐诗歌之间,抑或出现在描写道德升华主题(最终是史诗和悲剧)的诗歌与描写道德低下的人物与行动(抑扬格式的讽刺诗与喜剧)的诗歌之间。正是这些主要分支,引起亚里士多德这位理论家的兴趣。诗人自己则被主要视为天资的拥有者,借此能够美化人类模仿本能所采用的特殊形式。这一看法依然可以行之有效地用来描述赋予荷马史诗的划时代意义,其中既包括严肃的领域,也包括喜剧的领域。在此系统中,荷马不是被视为一位孑然孤单而自足的天才,其成就的确独领风骚。对亚里士多德来说,只要将荷马的诗作置于持续不断的诗歌演化语境之中,它们就具有历史价值,因为荷马首先是"展示【悲剧与喜剧】形式的第一人";在这些东西得以昭示时,一般就会更进一步,其结果就是用后来的戏剧形式最终取代史诗(4.1448b36 - 9a6)。

采用将荷马置于文学目的论视野中的方式来限定荷马的伟大,这并非是亚里士多德自己的意向。但是,承认这种伟大,就是屈从于这一信念:最佳诗歌充分实现了诗歌体式的内在、自然和潜在力量,诗歌的长期历史应被理解为诸诗歌体式的"系谱学",而不是杰出诗人取得偶然成就的流水账。亚里士多德持守这一信念,故此允许具有一般性质的先验性概念,享有超过文学历史素材的优先权,这主要是出于如下原因:文学史家在试图借用亚氏的言论来说明他们各自的重构活动时,均遇到如此诸多的问题。

《诗学》第4章(与第5章开篇)概述的内容极富理论性,所述的是诗歌演化的两个主要分支;此两者可以追溯到原始时期的"即兴创作"。为严肃诗歌设定的阶段和类型如下:"颂诗和颂词"——叙事史诗——荷马史诗,"戏剧"史诗,预兆悲剧——酒神赞美诗——阿提卡悲剧(自身通过整个一系列情节发展阶段来展现)。在逐渐发展的文化范式的概念背后,存在一种强大的组织编排冲动;但是,亚里士多德实际上并未试图(怀疑是否由此能力)将这些不同阶段,整合成单一而连贯的历史系列。他的首要目的,就是争取论证从荷马史诗、"悲剧"史诗到阿提卡悲剧本身的决定性进程;但他或许认为,在这种进展与悲剧出现之间,难以确定到底存在什么关系。这里所言的悲剧,出自酒神赞美诗的前身,诚如亚里士多德所示,这在《诗学》1449a10 - 11 处确有简要表述。读者若是从这一章里感觉到有关悲剧诞生的双重解释,那是情有可原的:一种偶然性解释,在此同一种本质性解释并置一起。可以毫不怀疑地说,这属于亚里士多德诗歌理论的核心部分。

类似的见解将会适用于诗歌演化的第二分支,这一分支的组成要素是:早期假设的"谩骂诗";抑扬格讽刺诗;诙谐史诗[归于荷马名下的《马吉特斯》(Margites)];阴茎节庆诗;埃庇卡摩斯(Epicharmus)的西西里喜剧;阿提卡喜剧(自身从"抑扬格"阶段发展而成的真正喜剧)。事实上,这里提供的图景,要比严肃诗歌复杂得多,甚至较少还原为一致的历史体系;但是,我们会再次察觉到,亚里士多德的理论立场如何使他自己涉入目的论判断;这类判断是从具体的历史资料出发,在不同层次上运作的。荷马在此被确立为后来诗歌体式的先导,诙谐史诗《马吉特斯》代表抑扬格谩骂诗体式的进步,聚焦重点是趋向喜剧的特殊目标,采用了普遍化的人物与行动,取代了恶语诽谤的讽刺。不过,借助悲剧,阿提卡喜剧有了节庆活动中特定的先行者,西西里喜剧对阿提卡喜剧产生的影响众所周知,这涉及另一种令人尴尬的因素。然而,尽管这里(亚里士多德无意对此加以遮掩,参阅 5. 1449a38 – 9 处)潜藏着严重的模糊性,我们毫不怀疑这一具有重要意义的变化方向:趋于体式的变化动向,充分体现出那些共相,《诗学》第 9 章将这些共相等同于诗歌的隐性材料。

亚里士多德对诗歌成长发展的全部概论,覆盖了原始的即兴创作到各个体式最终完善的全部过程。这里面对自然的指涉,出现在不同要点之中,即:出现在对人类模仿本能的基本假设之中;出现在与理解和学习体验相关的快感论说之中;出现在对节奏和音乐(譬如由此引发诗歌历史进程中的格律改造)的自然用法之中;出现在诗歌种类的基础奠定过程之中[这里涉及对那些伦理区别的基本情感性回应(赞美或诋毁);在哲学家眼里,这些伦理区别关乎现实的诸方面];另外,还出现在人类生产活动的趋势之中,这些活动朝着规律性和熟练性的方向发展,此两种特性均包含在艺术技巧(tekhne)的理念之中。这些过程中所出现的高潮,就是凭借悲剧这一体式所取得的成就。而悲剧体式不仅具有自身的真正"本性",而且具有自身的完美成就(1449a14 – 15)。正是这一整套原则所组成的复合体,解释了亚里士多德为何选择自己的论著框架,也就是围绕史诗、悲剧与喜剧研究的框架:这些均是他判定已经十分成功运用诗歌媒介的体式,其自身目的在于满足以虚构形式来再现和戏剧化这个世界的人类冲动,借此提供自身最佳的自然而生的模仿快感。

在我们继续考量亚里士多德处理每个主要诗歌体式的细节之前，诗性快感问题现在需要稍加更为深入的细读。《诗学》第 4 章提出的命题是：源自模仿的快感有赖于对学习和理解的爱好，由此构成快感的根基，借此可以界定每个诗歌体式所引发的具体而适当的快感。当我们后来得知悲剧快感来自"经由模仿引发的怜悯与恐惧的体验"(14.1453b12 - 13)时，这里就涉及种与属的关系。此处所言的种，确定和昭示诗性快感的属。其所采用的方式，不仅要让此处所言的种适应特定诗歌体式的独特性，而且要让此处所言的种借助上述独特性来丰富自身。悲剧快感情况引致的最后结果表明，《诗学》第 4 章里的显著程式需要加以拓展，以期囊括认知和情感融汇于内的那种体验。

在领悟一件模仿艺术品（一首诗或一个视觉形象）的过程中，心智要"理解和推论每件事是什么"(4.1448b16 - 17)，亚里士多德指出（显然与悲剧相关），这里涉及的快感甚至可用于再现痛苦的对象。这后一种情况凭借悲剧快感的界说得到确定，其中的悖论预设了模仿作品的艺术与虚构地位的意义；倘若舍此，诸如人类遭难的痛苦对象，那就只能引发痛苦的情感了。因此，合理的建议是：《诗学》呈现给我们的是特定意义上"审美"快感理论的核心内容；不过，在使用这一术语时，需要在此语境中予以审慎规定。

在《政治学》(*Politics* 8.1341a23 - 8)里，亚里士多德宣称，我们对模仿作品的感受，与那些经历过的对等现实性相密切相关。由此可见，悲剧激发的怜悯与恐惧，完全无异于在现实生活中感受到的此类情感。鉴于这些情感关联到来自悲剧诗的快感——"经由模仿引发的怜悯与恐惧的体验"，那么，按照亚里士多德设立的前提，这些情感便可归于这一意识：诗歌提供给我们的东西，只是可能发生但未实际发生的现实的戏剧性形象。然而，出于同一理由，并在前面选自《政治学》的引文里得到证实，《诗学》建议如下：构成这一体验的主要因素（对模仿内容的理解，由此引发的情感反应）源自读者或观众对该作品预设的诸类实在（"共相"）的把握。如此一来，就不存在自律性的审美快感学说了；或许还需附加一点：亚里士多德看来已经理解了那些快感，甚至包括那些与模仿潜力具有本质联系的节奏和音乐所引发的快感。[①]

[①] Halliwell, *Aristotle's Poetics*, p. 68, n. 29.

值得强调的是，悲剧快感体验中的情感要素，并非是对诗作内容产生重要大影响的某种东西，而是整个体验中不可或缺的组成部分。亚里士多德的情感心理学本身属于认知主义：情感是心灵对外部世界某些特征，进行感知和作出反应（也对这些特征的模仿再现结果作出相应反应）的自然而适当的维度。所以，在诗歌理论里，情感的处理与诗歌结构及内容的分析，不是相互分开或各自独立进行的。因为，理论作为整体，假定情感性原则直接关联到概念，也就是涉及每一诗歌体式本性的更大范围的概念。

然而，人们时常会认为《诗学》超越了此类诗歌情感潜力的内在观念，认为《诗学》在净化作用（katharsis）方面提供了一个独立的心理学观点，一个关于悲剧效果如何影响观众或读者心灵的观点。净化作用值得考量，尤其是在专门讨论悲剧的过程中。这将涉及两个原因：其一是因为净化作用与诗性快感（悲剧中净化的是怜悯和恐惧，根据第14章所言，悲剧快感来自此类情感的净化）密切相关；其二是因为有诸多良好理由假定：净化学说意在适用于所有诗歌，而不仅限于悲剧。在《论诗人》这篇对话里，上文用来说明净化争议的证据，涉及喜剧与悲剧概念的应用方式，而《诗学》本身则将史诗当作与悲剧一样具有相同情感潜力的艺术，并且假定两者均有能力提供净化体验。①

为了便于证实诗歌情感，抵制柏拉图的严厉指责（诗歌"滋养和浇灌"应该"干枯"的情感：Rep. 10.606d），我们会期待净化作用不仅对于所有主要诗歌体式具有关联意义，而且指望净化作用成为诗歌体验的内在功能或性相，而不是时常所假设的那样，成为仅限于具有特定敏感性人群的一个活跃因素。只要净化作用具有更大范围的适用性，我们就能理解净化作用为何在悲剧本质的界定中赢得一席之地（虽然在此部论作的残篇里对此概念缺乏解释，这反映出在亚里士多德后来的岁月里，他本人需要针对柏拉图清教徒式的心理学作出具体回应的意识在减弱）。

因此，如何弄懂净化作用问题，依然不可避免。我们搞清这一点的最好希望，在于四种证据的整合：其一是出自《诗学》的那个关于模

---

① 在本章前面注释里援引的新柏拉图学派的文本中，提到 Katharsis（净化）就涉及喜剧；cf. Janko, *Comedy*, pp. 143 – 4. 史诗净化确然可与悲剧进行比较，参阅 *Po*. 24.1459b7 – 15.

仿引发快感体验的基本观点;其二是亚里士多德式的信条:采取正确方式面向正确对象以期感受诸情感,这对有德行地活着是不可或缺的环节;其三是《政治学》第 8 卷指涉的净化观,此处设法缓解情感干扰状态是一迫切要点;①最后是感情性手段或平衡的理念,这见诸新柏拉图学派所指涉和援引过的净化作用。要从这些微末的线索中连贯地重构诗性净化说,那是大伤脑筋之事;但是,合理性的例证可用于这种解释,这需要摆脱纯属情感释放的理念(在过去百年里这一直是此议题的主流观点),需要转向心理改善的观念。此观念的内涵,在部分程度上是伦理性的。

　　引自《政治学》第 8 卷的那段话,提供给我们的是情感"动力学"的基本范式,这与柏拉图的立场相抵牾。柏拉图坚信,强烈的情感体验会让情感能力得到永久提升。我们其他证据来源所得到的补充,便是亚里士多德承认情感包含合理性的认知和伦理向度。在领悟诗歌中诸事件的模仿结构使用的隐性共相术语时,我们会对所述行动的道德特征做出强烈的情感反应。对于悲剧引发的怜悯和恐惧感受,《诗学》第 13 章将其界定得明明白白。在亚里士多德眼里,合乎情理的假设就是:在如此这般的反应中释放的情感能量,不仅会得到"排放"或"疏泄",而且会改善我们感受情感的能力,即"采用正确方式面向正确对象"来感受这些情感的能力。再者,情感净化的纯化或改善过程,与各个诗歌体式产生的特定快感密不可分。我们已然发现,这种快感有赖于理解,有赖于在凝神观照现实的模仿再现结果时所涉及的理解。因此,终究说来,净化作用与亚里士多德的诗歌意义理论,并非像我们经常相信的那样缺乏直接关系。

　　这个令人颇感唐突的说法,暗示出研究净化问题的方法思路。这里或许提供了一条路径,让人看到净化学说原本是如何体现相关内涵的。这其中不仅包括针对诗歌体验的心理结果的看法(确有必要如此为之,借此反驳柏拉图的指责),而且包括有关亚里士多德观点的更为密切的关联部分。这一观点涉及心灵如何回应虚构的诗歌情节结构。净化作用本身所提供的结论,得自对《诗学》概念基础的考量;虽说不

---

① *Politics* 8.1341b32 – 2a16.《政治学》中此处涉及有关诗歌的进一步讨论,这就确定了其与《诗学》的关联意义;但在无限定条件下,此段所述不应用于说明诗歌净化问题;参阅 Lord, *Education*, pp. 119 – 138.

够全面,但却进一步阐明了这部论作的目的。其目的就是在亚里士多德这位哲学家的权限内,界定诗歌理应得到尊重的地位。依据这一背景,我们现在便可回过头来评估亚里士多德对悲剧、史诗和喜剧的处理方式。

【本文为国家社科基金重点项目"《剑桥文学批评史》(九卷本)翻译与研究"(15ZDB091)的阶段性成果】

(作者单位:英国圣安德鲁斯大学古典学院)
(译者单位:中国社会科学院哲学研究所)
学术编辑:赵彦芳

荷尔德林的尺度与祖国赞歌①

[德]贺伯特·博德② 著
戴 晖 译

内容提要 荷尔德林的祖国赞歌是神圣的，"神圣"在其划时代的规定性之中是人的人性的尺度。这是一场诗性的筹划，其先行的经验是这个时代的人缺少自由和美。诗的创造性的思想需要把握这种缺失，本文从世界性、历史性和语言性三重维度来说明荷尔德林的诗面临自由的深渊所展现的划时代的智慧。

关键词 荷尔德林 诗的建筑 记忆 神圣的夜

一、世界性的模态兼具因果性

荷尔德林的理性关系：事 B 思想 C 尺度或规定 A。据此，尺度的第一个表达是怎样出现的呢？尺度的世界性模态开启这个表达，它同时具备因果关系；对于诗人这意味着一种赠达（Schickung），具体说是惠临于他的言辞。③ 这已经具有启示的特性，而言辞自身成为命

---

① 本文前两部分是博德教授2011年9月7日的讲座的全部内容，第三部分是2011年9月14日讲座的部分内容。标题和小标题由译者所加。黄水石博士把德文笔录（含引文出处）赠送给译者，谨以译文表示感谢！——译注

② 贺伯特·博德（Heribert Boeder, 1928–2013），德国当代哲学家，海德格尔后期的学生，曾任教于德国弗莱堡大学、布伦瑞克大学和奥斯纳布吕克大学，创立"理性关系建筑学"（Logotektonik）思想。理性关系建筑学更新西方传统理性的基础，实现了以理性的态度对待理性，通过理性关系的区分展开对西方哲学历史、现代世界和亚现代语言的整体性当下的呈现和把握，由此开辟通向西方智慧传统的道路。理性关系建筑学的宗旨是在审慎的学习中让智慧当下开显。——译注

③ 关于荷尔德林的理性关系（事 B 思想 C 尺度 A）形态中历史、世界和语言三大经验整体性关系的图式说明：

（转下页）

运（Schicksal）。作为言辞，它如何区别于其从前的既定意义？转移到否定性的模态，也就是隐遁的模态。言辞之赠礼的缺失在席勒那儿已经宣告过了，而在启示的意义上，或者在赐示言语的意义上，所感觉到的是众神之夜。夜是没有赐予的允诺，天国的尺度被保留起来；①正因如此费希特的宗教的可能性散失了。总之，在近代当中宗教似乎就是为了人的人性而来，对于人的人性来说宗教具有创造性。

提前在荷尔德林的尺度的诸因素上讲解这一点，始于尺度的世界性和因果性的因素，源于在粗陋的世界里的纯洁经验，小说《许培荣》（Hyperion）说出其核心的话，荷尔德林的诗从中汲取真正的开端，有道是："谁曾像你，整个灵魂被玷污，他不再于单个的欢乐中安息"——就像居中时代（中世纪）的福乐之人——"谁如你这般，尝到乏味的空无，只于至高的精神中愉悦自身，谁像你这样感受到死，仅于众神中振作起来。"②一句话，字字回忆起卢梭先行的赠礼，即想象力的"空无"，进而让人想到相应的人与自身的区分。

不过这还没有说出尺度自身，尺度在这样的区分中明朗起来。天神飞遁的世界，圣者注定不现身的世界，在众神惠临的转折中成为当下可经验的，在对众神的爱的死亡中可以经验到这个当下，那样一种爱，它要在与欲念相区分的过程中获得理解，由此可见，与拥有所爱这

（接上页）

B	C	A
语言	历史	**世界**
世界	语言	**历史**
历史	世界	**语言**
交互关系	实体性关系	**因果关系**
因果关系	交互关系	**实体性关系**
实体性关系	因果关系	**交互关系**

——原注

本文讨论荷尔德林祖国赞歌的尺度，其各个因素在理性关系形态中的位置见粗体标出的部分。——译注

① 这句话的直译为"众神之夜是天国的尺度扣留起来"；译文为了达意，将意思分为两句来表达。另外，赐予是基督的智慧的思想特征，公民的智慧突出绝对自由，众神之夜作为这种自由的允诺，它是神圣的。——译注

② Hölderlin, „Hyperion", *Sämtliche Werke*, Bd. 3, Friedrich Beissner (hsg), Stuttgart: W. KOHLHAMMER VERLAG, 1943, S. 129, Z. 11ff. . ——原注。另见荷尔德林：《荷尔德林文集》，戴晖译，商务印书馆2003年版，第121页。——译注

个前景休戚相关的恰好不是牧师的糟糕的行会①,"他们像做交易一样对待神圣的事业",②此外他们站在死去的众神一边。有智慧的人对于他们是众神的仇敌,这是因为他是绝对自由的朋友。

于是两者属于一个已经区分的世界。世界在思想情操上的区分实际上却是历史的或者命运的区分,并不听任个体的喜好。荷尔德林为历史的二律背反所推动,启蒙的过程本质上是这样一个刚愎自用的晦暗历史阶段。这里想说的是:命运在启蒙中蒙着面纱。这种二律背反所涉及的不再是因果性,而是实体关系——这样一种东西的实体,它不仅是相对地成立,而是在其自身就成立。于是二律背反是命运所赠达的,不是人能够支配的。命运带有注定的成熟和启示的时间。智慧之言辞的独特的时间性恰恰源于此,于何时已说过,于何时正唤醒。智慧是言辞的不可测的时间性,启示的方式是独特的。在智慧之中将来不是晦暗的,不如说是可把握者的光明和可洞见性。

这也涵盖了对可把握者的否定。这儿所谈及的并非启示有可能不在。在荷尔德林的尺度的世界里,没有一种倾向于隐瞒自身的自然;重复一遍,没有一种倾向于隐瞒自身的自然;以难以捕捉的方式向往着照亮或者启蒙,自然就是富有精神的本质。诗人觉察到意欲公开自身者正在靠近。正因如此他的言辞具有交互关系,是当下与所曾是之间所敞开的张力。随着诗人的首要任务:"愿神圣者是我言",这种张力成为关键。③ 诗人面临言辞,言是诗人的当下。自然并非于不可确定的时间到来,或者在特定的将来,不如说自然就在此,在诗人的当下。不过表示面对面的"当"不在排斥的意义上,而是指出面对相反的方向。这相反的方向是我们的当下。

现在更为详尽地表述诗性言辞所显示的理性关系(ratio):从诗歌创作的方式出发,或者说从荷尔德林在品达那儿习得的赞歌,来解

---

① Hölderlin, „Der Tod des Empedokles ", *Sämtliche Werke*, Bd. 4/1, S. 23, Z. 52. Es lautet: „Ich kenne dich (den Priester) und deine schlimme Zunft." 荷尔德林,《恩培多克勒斯之死》,荷尔德林全集,第4卷,第1册,第23页,第52行以下。原文道:"我认识你(牧师)和你的糟糕的行会。"

② Hölderlin, „Der Tod des Empedokles ", *Sämtliche Werke*, Ebd. Bd. 4/1, S. 23, Z. 535.

③ Hölderlin, *Sämtliche Werke*, Ebd. Bd. 2/1, S. 118, Z. 20.

释他的尺度,这么做首先在尺度的世界因素中,同时依据尺度独具的因果性,显然诗人的言辞纯粹地发挥着呼唤其现前的作用。在品达身上荷尔德林看见"史诗的呈现和悲剧的激情结合起来"①这种统一在祖国赞歌中才真正树立起来,这是因为祖国赞歌必须既超越卢梭的创造意图,也越过了席勒。显然诗的形式没有外在性,自康德起就得这么说;品达先行的赠予在这儿获得彻底转化了的意义,这是历史性的。显而易见的是,赞歌在我们历史的开端形态和结束形态上不可能具有相同的规范和意义。

荷尔德林知道这一点,并将之作为挑战加以承认:这是他创作的条件,在所引证之处②他谨慎地辨别,这样做完全有必要,在第一个方面他看到史诗的呈现是再现,在另一个方面则是悲剧的激情。这儿荷尔德林真正具备法眼,即使悲剧(Trauerspiel)的说法已经在我们的古典主义中通行,所指的并非希腊悲剧(Tragödie)。即使英雄们在希腊悲剧里走向毁灭,却也不是悲哀的理由。在希腊人看来,尤其是在亚里士多德看来,史诗的呈现与悲剧的激情在荷马那里就已经是统一的,所以双方并非还有待结合起来。荷尔德林懂得"可计算的"格律③,因此三段式的建筑能够继承品达的赞歌:为什么谈到诗他会说起神性所建筑的事业?与之相应的是他的邻居独特的事业,黑格尔的科学体系。

这儿赞歌当然要区别于戏剧诗,甚至也区别于荷尔德林自身风格

---

① Hölderlin, *Sämtliche Werke*, Ebd. Bd. 4/1, S. 203, Z. 4f.

② 上述对品达的评论引自"希腊的美的艺术的历史",这是荷尔德林 1790 年秋完成两年哲学学习时撰写的两篇硕士论文之一。译文详见荷尔德林:《荷尔德林文集》,戴晖译,第 180 页。——译注

③ 参见荷尔德林,"关于《俄底浦斯》的说明",《荷尔德林文集》,戴晖译,第 262 页。荷尔德林完整地翻译了索福克勒斯的悲剧《俄底浦斯王》和《安提戈涅》,1804 年译作分为两卷在法兰克福出版。他没有为译本写序,而是分别撰写了长篇注释或者说评语,意在彰显希腊悲剧的本质及其语言呈现的强大生命力。立足于荷尔德林所处的时代生活,文章着重探讨了悲剧的形式结构,提倡"有章法的程式"或"程式化的法则",把以悲剧诗为代表的艺术创作技巧提升到数学的精准度上。程式化的法则所起的作用类似于中国古典诗歌的格律,既严格了诗歌创作,也方便学习和品评。这是荷尔德林为保存并且普及诗的规范所做的独到的努力。这项"古为今用"的创新也落实在诗人的晚期诗歌创作上,"祖国赞歌"充满艺术的稳健,内容不粘带偶然的个体性,形式完美和自由,获得与赞歌之主题的平等。荷尔德林的事业于此达到客体性的巅峰,其宗旨是以精湛的"技艺"建筑自由人的"祖国"。为了让这场诗性的筹划深入人心,诗必须有可教可学的形态,在传授中形成智慧的传统,以自由人性的尺度开创大地上的生活。——译注

的戏剧诗。他的赞歌这儿是言说的全新方式,相应于从前缪斯和福音宣告者的言说。在这个事业中值得思考的首先是智慧的独特性,也就是让人与自身的区分成为可能,言说这个区分,一如它不是不可能的。这是荷尔德林诗歌创作所本具的成就:人与自身的区分如何不是不可能的。这一点先行于区分的必然性,就像卢梭和席勒所做的一样,使这种言说在形式上达到与自身平等。

这正是荷尔德林的宗旨,在他展现了具备集大成意义的尺度关系项之后,也在事关系项以及相应的思想之后。于是尺度要求赞歌的尊严,但不是曲谱的尊严。何为赞歌?这取决于它在形式上达到与不可思议的源泉的齐一,因而在源泉处开显自身,并且是以美的建筑的赋格。形式只在一种建筑中达到与言说之源泉的齐一,这就是经过慎思而特地显现在面前的人工性。这种人工性从来不可能像风景一般直接地显现,而只属于对素材的巧夺天工的提炼,那种在客体性上所达到的极致,一种世界的客体性,是言说释放出这个世界,面对它,自然如同一个偶然的个体,是二流的。

正因如此在"索福克勒斯的注释"里说:"为了保证诗人也在我们这里"——"也"关涉希腊人——"享有公民阶层的生活,若将诗歌也在我们这里"——"也"关涉希腊的世界——"提高为古人的 μηχανή(技艺),那将是好的。"①与今天对天才的评价相反,强调诗的工艺因素,就像在希腊的巨匠(Demiurgen)那儿,他们像传说的那样功勋卓著,值得公众瞩目。这是创世的巨匠;甚至荷马也属于此列。他自己把自己算作创世巨匠。这一点将获得新的理解,因诗的真理的缘故而得到重视——诗的真理源自形式与内容的齐等——那么,诸位甚至能够评价荷尔德林的时代是祖国赞歌的时代。

荷尔德林说,在每一物中都可以见出,人们一定在其显现的方式上认识它,并且相应地思考它,能够传授它。②荷尔德林所说的诗性的

---

① Hölderlin, *Sämtliche Werke*, Bd. 5, S. 193, Z. 1ff..

② Hölderlin, *Sämtliche Werke*, Ebd. Bd. 5, S193, Z. 13ff. es läutet: „Man hat, unter Menschen, bei jedem Dinge, vor allem darauf zu sehen, daß es Etwas ist, d. h. daß es in dem Mittel (moyen) seiner Erscheinung erkennbar ist, daß die Art, wie es bedingt ist, bestimmt und gelehrt werden kann."(在人群中,在每一样事物上,人们首先看到的是:它是某物,这就是说,在其显现的手段(法文 moyen)上能够识别出它,它赖以形成的方式能够被规定并且传授。)

居住是什么,恰好于此跃入眼帘。奠立诗性的居住,作为如此之赞歌的真理,并因此而区别于日常言语。所以希腊城邦安排每一位公民——仅限于公民——接受μουσική(音乐)教育,并不是为了自己演奏这些音乐作品,而是为了能够判断在这门艺术中从事创作的人的作品。这是政治上的缘由。于是,贵族的立法者首先致力于培养有政治素质的年青人。

如此之赞歌是可学的,但只就它奠定了格律而言,也就是一种可计算的合规律性,就像荷尔德林坦然声称的那样。显然,赞歌必须循序渐进地开显本具的"诗性逻辑"。甚至黑格尔也想指出概念本身如何显现在艺术作品之中,荷尔德林表示,不仅观念表象的转换构成形象,而且观念表象本身(的产生和成长)构成形象。与诗歌不同,赞歌有资格要求公众和公开性。这种公开性呈现其真实的世界,亦即祖国的节日。随之事情变得富有创造性,就像一首晚期残篇里坚定地说:"关于祖国的言谈是我的。无人夺我所爱。"①山河与家园源于共同的法脉,一如卢梭的共同体在其筹划中就已经要求的那样,成熟而坚实。

要以祖国的节日为归趣,来推崇荷尔德林的赞歌的建筑方式。其各个因素的组建要在建筑术上予以调节,其人工性是纯粹的创造性,重新诠释了居中时代(中世纪)的实践性生命风格。"把所有的个别放在它所属的整体的位置上,这是永恒的爽朗,天神的欢乐;因此,若没有理智,或者没有一种地地道道有机地组织好的情感,就没有优越,没有生命"②,而只是僵死的材料。只有在祖国这里,生命才在其元素之中,并且处于其源自精神的开端。就像概念无法去整合任何陌生的东西,一点也不比精神的地地道道有机地组织起来的概念少一些令人惊讶的东西,诗性的创造本身也具备绝对性,仅通过其建筑学,也就是通过一种智慧来证明。

智慧首先在世界意义上是这样,它在整体上造成区分。在自然中直接地落在大气与土地的对待上。双方又有一种排斥性的元素——光,从光中升起整个世界,在它的孤寂之中因诗性的想象而呼之欲出。荷尔德林思想与海德格尔思想的天壤之别在此尤为令人瞩目。

---

① Hölderlin, *Sämtliche Werke*, Ebd. Bd. 2/1, S. 337, Z15ff..
② Hölderlin, *Sämtliche Werke*, Ebd. „Reflexion", Bd. 4/1, S. 235, Z4ff..

二、历史性的模态兼具实体性

对于历史性的表达,在与人的人性的关系中解释荷尔德林思想是必要的,因而将之作为天神和可朽之人的共同实体来探讨。为此须确立精粹与粗劣相互排斥的关系。排斥性的关系,双方都愿意因天神的一面而弥合,相应地在诗歌《巨人们》中这样说:"也需要粗劣,以便精纯识得自身"①,仿佛在相区别者的自我觉悟中发现其无意识的元素。这绝不导致与粗劣者相结合或者相混淆,粗劣即所谓毫无教养的滞留状态,它因此也没有能力呈现人的人性。

升华到实体的诗歌必然没有任何夹杂。只有如此它才具备借以造成那种历史性区分的特征。在一封信里荷尔德林写道:"一种神圣的顺应,希腊人一定以这样一种顺应处理神性的事物。对于他们,最富有精神的必定亦是最富有性格的。其呈现亦复如是。因而在他们的诗之中有形式的严格和敏锐,因而有高贵的雄健,藉此他们在较低的诗的品类中考察这种严格,因而有敏感的柔弱,藉此他们在更高的诗的品类中回避主要性格因素,正是因为最富有性格的不含有任何陌生者,于自身没有本质之外的东西,所以它没有强制的痕迹。"②在这个意义上诗歌已经净化并且升华,成为诗的纯粹实体的产物。

"于是希腊人合乎人情地表现神性,然而总是避免真正的人的尺度,自然而然,因为一如在其谦逊和清明中,诗艺在整个本质上,在其激情中是一种欢悦的对神的礼拜,从来不使人成为神或者使神成为人,从未犯偶像崇拜的嫌忌,而只是允许众神和人彼此更为接近。悲剧从反面示现这一点。神和人似乎合一,随之命运,它激起人的所有恭顺和骄傲,并且在结束处一方面留下对天神的崇敬,另一方面留下净化的性情作为人的财产。"③

这儿跃入眼帘的是命运所赠达的实体性性格,诗即对神的爽朗的

---

① Hölderlin, *Sämtliche Werke*, Ebd. Bd. 2/1, S. 219, Z. 65f..
② Hölderlin, *Sämtliche Werke*, Ebd. Bd6/1, S. 381, Z. 22ff..
③ Hölderlin, *Sämtliche Werke*, Ebd. Bd. 6/1, S. 381f., Z. 30ff..

奠祭，因此，总而言之是命运在推动诗歌作品的理性意图的彻底转化，造成历史性的甚至是划时代的区分。显然，歌唱的方式欲"接受全新的特性"，其法度是"以祖国的方式"而歌唱①，按照卢梭先行地思考过的自由的祖国的规定。这样的赞歌却只能出现在尺度关系项发展的最后阶段，即在尺度的语言性里，与诗性言说的相互规定一道。这儿，言说克服了黄昏的孤独，那种作品为之而哭泣的怨诉。

对于荷尔德林的思想运动普遍有效的是他在论述诗的行进方式时(《论诗的精神的行进方式》)所做的说明，这就是诗歌必须具备一种根据②，它由之才出发，并且为之而回归，这与黑格尔体系的全书式的禀赋颇类似，自身的圆满周行。这种根据在此究竟如何呢？一如纯粹想象力的产物，根据一定是绝对的，就自身而言毫无根据，或者就是其自身的根据。这种在单数意义上所思想的诗作，至少按照其意图必定是唯一而圆满的建筑。这一点尤其对于祖国赞歌是成立的，所以久已有必要发掘并阐明这群组诗的建筑关系。

诗歌的这一根据在其各部分的稳定秩序之中，荷尔德林用诗性的 ratio(理性关系)克服费希特的我，其间所思考的"同一性与非同一性的同一"正是这个根据，把它作为无限的关系加以思考。这却是纯粹的矛盾，并且作为矛盾而富有极大的成效。显然这种思想无法从我出发，也不可能来自绝对我，而只是源于绝对的自身。自身独具的行动承认非同一性的方面，这个行动不是建立(或翻译为"设定")，而是赠达(Schicken)。赠达之谜并非谜语，它只对于不自由者不得不是谜。具体说，绝对意义上的自由在究竟的肇始行动中启示自身；无论如何，空无在肇始行动的无条件的自由之中启示自身，而肇始行动即命运(Geschick 所赠达)，所启示的即创造性想象力的秘密，是它取代了无法解答的谜语。

只对于学究们，黑格尔的实在哲学的开始仍旧是一个谜，这个开始发自绝对理念的自由决断，它把自身向外释放为自然的和精神的自然，没有从纯粹概念的发展向其实现的过渡。对于学院运作，黑格尔的实在哲学的开始是某种终究难以把握的东西。相应地，在实在哲学

---

① Hölderlin, *Sämtliche Werke*, Ebd. Bd. 6/1, S. 433, Z. 49ff..

② 参见荷尔德林：《荷尔德林文集》，戴晖译，商务印书馆 2003 年版，第 506 页以下。博德教授的讲座"荷尔德林与黑格尔"，第八讲"自然的和谐同在与诗性精神的再创造"。——译注

之前也没有从意识经验的科学向纯粹概念的科学的过渡。甚至在此也只有一点是必要的,即为自身拿起开端的自由去创造。绝对意义上的自由只因为创造性的肇始行动的自由才实现自身。这种绝对的自身的自由,只在为之所摄受者的自我牺牲之中,荷尔德林就是这样,他在黑格尔的概念孕育和运化之前。

尺度关系项在其第一个要素,也就是世界性要素之中,就已经是否定性的表达。日常的当下没有命运的赠达(Die Geschicklosigkeit),如何才可摆脱这种日常状态呢?以一种为自然本身所唤起的情感。"我感觉到自然的生命,它高于所有的思想。"①这不可思议者,它如何启示自身?在对那种自然的尊敬之中,自然就其自身一面现在恰恰苏醒,以季节的轮回承诺相对于世界之夜的另一个将来。而这是在无所赠达(Geschicklosigkeit)与所赠达的命运(Geschick)的交替转换之中。

周而复始的时间如何才能抵达时间的历史唯一性?在这样一种理解和表达之中,它解开了当下之自然丧失众神的原因。为此,历史性的、进而划时代的记忆及其思念是不可或缺的。记忆之思让如此之历史的诸阶段清晰起来:它的起点在东方,以狄奥尼索斯从赞歌中降临为开始,历史的充实饱满的正午在奥林匹亚众神的当下,而其黄昏落在那里——上帝的最后驻足也无从寻觅了,这最后的驻足是神与人的结合在基督身上的最后见证。随后袭来的是众神之夜——人的时间,这人是纯洁的人。夜虽然漫长,然而关于夜的自然理解和表达逐渐失去意义,这其中所发生的真实正在成其为自身。

这种真实的将来并非时间性的将来,不如说它是变革;这里新的纪元并不是时间性的($\chi\rho\acute{o}\nu o\varsigma$),毋宁总是开端性的永恒($\varepsilon\iota\omega\nu$)。它完满于祖国之父来临的阶段,随之进入全新的时代——不朽者和可朽者的共同体时代。这儿首先明确的是:扬弃对两者毫无辨别的厄运。这表现在哪里?同样在一句话中,这句话是注定要实现的。所以在"记忆"这首诗的第一稿中说:"多少男子想身临真实的事业。"②正是那桩献身于法度的事业,

---

① Hölderlin, *Sämtliche Werke*, „Hyperion", Bd. 3, S. 148, Z. 13f.. 又见中译本荷尔德林:《荷尔德林文集》,戴晖译,第 139 页。——译注。

② Hölderlin, *Sämtliche Werke*, Ebd. Bd. 2/1, S. 193, Z. 12f..

臣服于命运之所馈赠。为何？"天神并非万能。因为可朽者率先抵达深渊。困境随之而扭转。"① 如何扭转？可朽者领悟了其命运，于此也领悟了与无所馈赠的深渊的区分，与混乱的世界的区分。

并非泛泛的生者，而是可朽者方才为历史的主体。不是单纯地考虑到众神，而是与不朽者相对照，对于可朽者死亡也能够成为功行。在这个关系中只有可朽者与夜的元素部分（复数）相联系，亦即与这个区分的双方相联系。正是由此产生出可朽者的使命，"纯洁地，带着辨别/守护着神，这是我们所信赖的"②。纯洁，不是在纯粹理性的意义上，而是纯洁的心，就像卢梭的于丽③所深知的那样，于丽所体现的思想源于自然的情感，虽破碎却又重生，这是因为它并非相同的。

诗人知道这个自然，"可怕而无情地/席卷过田园"——也就是由人管理和养护的自然，"这迷茫，失去双目的自然，/用纯洁的手难以/一个人发现出路。他远行，如使者，/如同动物般寻找着/必需。"（如果天神……）④首先，尽管他已经直立行走，仍然弄脏了双手。显然，习惯是养成的，要去发现自由的态度，出离习惯的路。真正的纯洁是心及其富有辨别力的思想的纯洁，它有待去赢得。正是那种慎思明辨，埃斯库罗斯在阿伽门农的宙斯颂里允诺道："它将击中思想之整体。"这儿继续道："充满预感，/用双臂，人能够击中目标"，如果他找到自由并且行动。而这属于一种纯洁，这纯洁必定是命运之所赠达。只在这儿有在智慧意义上的自由行动，它欲是诗所构撰的行动，作为如此之行动而名声普闻。

您甚至无法比照它，而只能绝对地称呼它，也就是说这样一种尺度，只因为是诗所酝酿的，它才进入我们的当下。与荷尔德林的当下相区别，我们的当下在何处？辨别这个当下，将之作为西方的当下，这里必须第一个排除的是日常的当下；日常总是一再掌握当下——今天亦复如是，更准确地说：它是永远大权在握的相同的当下；它甚至排

---

① Hölderlin, *Sämtliche Werke*, Ebd. Bd. 2/1, S. 193, Z. 13ff..
② Hölderlin, *Sämtliche Werke*, Ebd. Bd. 2/1, S. 252, Z. 12f..
③ 指卢梭的小说《于丽（或者新爱洛伊斯）》的女主人翁 Julie。——译注
④ Hölderlin, *Sämtliche Werke*, Bd2/1, S. 223, Z. 43ff..

斥一种经过辨别的当下，正如智慧才有品格要求对当下做出区分。日常没有命运的馈赠。

荷尔德林的悲剧与希腊悲剧的区别是什么？甚至席勒的悲剧就已经有这种区别。希腊悲剧是希腊人心中的爽朗的外化。希腊悲剧所承载的死亡是业已超越的死亡，也就是说爽朗的死亡。所以您也看到，在悲剧的主要形式中没有一处谈论悲哀。那儿没有什么可哀悼的，而有一种净化。这种净化导向福乐（εὐδαιμονία），因为福乐在于洞察的纯洁性，即使是洞察极大的不幸。没有一种不幸是无法看破放下的。

但是在索福克勒斯的悲剧那里，何处是规定呢？我们再度回忆《安提戈涅》的结语：

谨慎的人最有福；千万不要犯不敬神的罪。①

《安提戈涅》的结束回顾悲剧的完整使命，它指出最高的福乐，于此有我们自身能够做的，这就是慎思。慎思，它是解放性的。近代的悲剧在本质上是另一种类型。具体地说，悲哀关系到悲伤的人自身的过失。但总是须前瞻目标：在目标中存留下来的是什么？在索福克勒斯那里福乐（εὐδαιμονία）是所有人都能够达到的，也就是说所有人都在悲剧事件上看得清清楚楚。而近代悲剧却根本不同，这是由于它特地把根据变为主题，那可朽之人的福乐的根据。根据还是与根据所奠定的东西有区别。埃斯库罗斯在宙斯颂里说：它将击中思想之整体。那么，所命中的，具体说这里谈及的整体性，是通透的，已经看穿的整体性。与此相反，在近代悲剧中刚刚才这样出发：诸参与者根本不可能知道，什么是所发生的事情的原因或根据，这是因为这个根据没有对他们公开，近代不公开终极原因。参与者必须把自己本身变成启示者去开示。在荷尔德林的恩培多克勒斯身上恰好看到这一点，在开示时他与另一种启示相比较，这意味着，他没有辨别清楚启示行为本身，一如这原本是他的开示。于是，对所发生的事情的哀悼是近代悲剧的根本主题。

---

① Sophocles, "Antigone", in: *Sophoclis Fabulae*, Lloyd-Jones & H. Wilson(eds), N. G., Oxford: OUP, 1990.

三、语言性的模态兼具交互关系

现在我们来看荷尔德林的 ratio（理性关系）建筑中的最后一个因素。这最后一个因素必然是语言性的。怎样的语言呢？经过辨别的语言。《梵蒂冈》里这样写道："纯洁地，带着辨别/守护着神"[①]，这是人与自身相区分的进程中的使命，是这样一些人的使命，他们关心诗的言辞。究竟是怎样的神？他总是随着时代而有区别，并且时代的区分已经托付给他。而在所谓的话语中他完全被埋没了。"怎样的神是当下的？"——这是起决定作用的提问，对这个问题的回答须同时考虑到神所独具的历史时代才有定论。

作这样的理解，相关的智慧依然总是落回到我们的历史之中。我们的历史是另一个历史，不是绝对者自身——用费希特的话说——的历史，不是意识的时代。当下迫在眉睫的任务是，让历史从单个历史时代中毕业，首先训练出必要的谨慎，对另一个历史的谨慎。当下地，这意味着，荷尔德林的当下；而我们的当下这里只是次要的。显然第一位的是言辞的当下，它依赖于言辞，而我们的当下不是直接的，而是由现代沟通的。

对于智慧不亚于对于哲学；那里嘱托我们去守护，而不是交托给相关的神。不。天神的能力因为是片面的而有局限，所以维护和保存划时代的言辞，这不得不就交给了我们。准确地说：交付给道的智慧传人（σοφο），用希腊文说：道的ὑποκριταί，即言辞的应和者或者言辞的演绎者，与言辞相酬答的诗人使者，通常翻译为"演员"。在第一位上他们并非演员，而是翻译家。他们呈现这些言辞；对言辞的演绎就交给了他们。

在最后的时代，诗人-使者热衷于建立在绝对意义上的自由，所以，追随只对于可朽者才可能思考的同一性，这是"非同一性与同一性"的同一，用费希特的思想来表达，这是由于我和非我在绝对我与自身的关系之中的相互限制；用黑格尔的思想来表达，绝对自身所包含的诸否定性谓项的统一，丝毫也不逊色于肯定性的统一。但如此仅为

---

① Hölderlin, *Sämtliche Werke*, Bd. 2/1, S. 252, Z. 12f.

纯粹概念的哲学,不是人的本性的智慧。只有我们为智慧的诸必然性所净化,因而是精神的人,甚至是诗性地居住着的人。

康德在著作中致力于解释艺术家创造性的因而亦为自由的判断力,这不是随意的;荷尔德林还写了一篇论判断的文章《判断与存在》。有一种纯洁,就像赞歌《致玛利亚》所说,如剑一般地判断,它体现了分离的威力。① ——尺度的语言性是怎样引入的呢?从尺度在众神和人那里的区别——平常地说,然而真实地说,人,就他们识得自己是可朽者而言,他们依赖不朽者的示意。在这种相互关系中,人的贡献是对不朽者的渴望,渴望他们在这儿。在《卢梭》这首诗中这样说:"示意/满足渴望着的人,示意/自古以来是众神的语言。"②

语言必须既包含世界的区分,也融合历史命运所赠达的唯一性。因为没有距离和区别,日常语言没有诗性的构撰,不适合成为法度的言辞。这儿,甚至众神的示意也不足以胜任,而是把握住法度进而传递法度的诗人的言辞。要求诗人的言辞完全作为中介者,那么,它就是规范性的;作为给予尺度的规范,言辞之所言是神圣的。重复一遍:言辞之所言,诗人之所言是神圣的。神圣这个名称源于一个伟大的历史,也许令人浮想联翩。可是这全然无济于我们要做的事情。相反必须准确地在这个词的时代规定性上理解它。正是那种在绝对意义的自由的领域中的规定性,它一方面从卢梭的思想,另一方面从康德的思想汲取独特的内容。这将它清楚地与传统的宗教语用分开,尤其是与那种从居中时代(中世纪)获得的用法分清楚。

在诗歌《犹如在节日……》中,神圣有其独特的地位。相关的段落开始于这样的呼唤,"而现在天亮了!"③用了一个"而",它关涉自然沉睡的时间,与之相应的是清醒的诗人的悲伤的日子。然而,诗人预感到世界之白昼如旭日东升,因为他们与自然心心相印,并且带着自然一开始就具备的同样预感。显然,自然想要聚合为精神的言语。精神的,而非自然的言语。"我驻足凝望着它到来。"④恰好不在时间意义上。来到这儿的是命运所赠达的,它不落在时间里,却属于自然的造

---

① Hölderlin, *Sämtliche Werke*, Bd. 2, S. 212, V. 40f. „Wie Drachenzähne, schneiden sie/Und tödten das Leben."(如龙的牙齿,它们切割/杀死生命。)

② Hölderlin, *Sämtliche Werke*, Bd. 2, S. 13, V. 31.

③ Hölderlin, *Sämtliche Werke*, Bd. 2, S. 118, V. 19.

④ Hölderlin, *Sämtliche Werke*, Bd. 2, S. 118, V. 19.

化。但是怎样的自然？自然自身。于是荷尔德林引入自然的区分："自然，它本身，比时间更古老/超越西方和东方的诸神，/现在带着武器的铿锵，自然醒来"①。现在须在自然中确立精神的区分；也就是在自然中把自身理解和表达为绝对意义的自由，随着自然的觉醒，"精神重新感觉到自身的振作。"②

怎样的神圣？这绝非停留于空洞，"愿神圣是我言"，"愿"是诗人呼唤自身。神圣的言辞，这种启示是他诗性的任务。怎样一种任务呢？《德意志赞歌》的草稿在临近结束时说："假如，你/为了你的美，至今，/默默无闻，啊至上的神性！/啊祖国的纯良的精神/他的话在歌中称呼你。"③祖国赞歌的诗人所承担的正是这种称呼；忠实于那种在席勒和卢梭那里就已经弦歌不绝的精神。这种赞歌最终被理解为欢乐的酬答，在与父亲的对话中应和"诸神的乐趣"（《面包和酒》）④，在公开化的众神与人的相互关系之中，赞歌在两者将来的节日中，特别是在他们的《和平庆典》⑤中如愿以偿。这里民族的合唱举步登场，它是赞歌所创造、所集合起来的民族。(《母亲的大地》)⑥

赞歌的当下已经是另一种不同于基督教会的当下；"令人生畏的赞歌"使诗人陶醉于另一个节日，仰慕高远。(《和解者，你难以置信……》)⑦并非在业已消失的正式教会里，他孤独地歌唱，照顾自己。不在教会里。(《母亲的大地》)⑧也许教团毕竟仍有心歌唱。⑨ 那儿早已缺少一首"使精神解脱"的赞歌。(《提坦巨人》)⑩精神仍纠缠于日常

---

① Hölderlin, *Sämtliche Werke*, Bd. 2, S. 118, V21ff.
② Hölderlin, *Sämtliche Werke*, Bd. 2, S. 118, V. 26.
③ Hölderlin, *Sämtliche Werke*, Bd. 2, S. 203, V. 34ff.
④ Hölderlin, *Sämtliche Werke*, Bd. 2, S. 92, V. 60.
⑤ Hölderlin, *Sämtliche Werke*, Bd. 3, S. 533.
⑥ Hölderlin, *Sämtliche Werke*, Bd. 2, S. 123, V. 11ff. „Doch wird ein anderes noch/Wie der Harfe Klang/Der Gesang seyn/Der Chor des Volks."（而还有另一种音调/如竖琴的声音/赞歌将是/民族的合唱。）
⑦ Hölderlin, *Sämtliche Werke*, Bd. 2, S. 133, V. 18. „Fern rauschte der Gemeine schauerlicher Gesang."（令人生畏的赞歌令教团心驰神往。）
⑧ Hölderlin, *Sämtliche Werke*, Bd. 2, S. 123, V. 1. „Statt offener Gemeine sing' ich Gesang."（我唱着赞歌，并非公开的教会。）
⑨ Hölderlin, *Sämtliche Werke*, Bd. 2, S. 123, V. 19f. „Und nirgend fänd er wahr sich unter den Lebenden wieder/Wenn zum Gesange nicht hätt ein Herz die Gemeinde."（在生者当中他会无处再真实地寻得自身/假如教团对赞歌无心。）
⑩ Hölderlin, *Sämtliche Werke*, Bd. 2, S. 217, V. 24.

思想的习惯,没有到达诗的自由规定。"大气静谧而赞歌空灵"(《乡村之行》),①即使在这样的时代,"赞歌像飞燕,是自由的。"(《致众所周知者》)②

但愿一个人为此拿起自由;并非给予自由,而是要拿起自由。可是怎样拿起呢? 在与散发着宁静力量的思想的交谈中,一如这思想来源于父亲的头颅,只为了作为伟大的灵魂而屈就我们。(《唯一者》)③用黑格尔的话说,这是神在创世之前的思想。荷尔德林把这位神作为祖国之父,作为至上者的具象。雄鹰从他那儿飞来,是他的使者。(《美侬悼笛奥玛》)④神愿意在我们这儿。——这几乎是黑格尔《精神现象学》的引文,即绝对者要在我们这儿——也就是来到这儿,为了让"爱的民族聚集到父亲的双臂中。"(《爱琴海中的群岛》)⑤

这种想象始终是一个民族,恰恰由于它的生产劳动的方式而是流浪的、受奴役的民族。只有赞歌的具备辨别力的语言能够掌握它的方向。如何掌握? 通过赞歌的沟通的力量。然而我们诗人却可以用自己的手抓住父亲的闪电。(《犹如在节日……》)⑥如同一道闪电,用毫无防备的手接受它会有致命的危险,这是因为绝对的区分,神性恰恰在其语言启示中所造的区分,更精确地说,在智慧之诗的创造性回答中必然做出的这种区分。

只有心的纯洁或者性情的纯良抵御瓦解,所以,纯洁的问题在康德传统中具有奠基意义,亦即纯粹地去思想。在父亲所派遣的闪电面前,只有纯洁的思想保护了性情,这位父亲在儿子们那里获得其形象。儿子们,这是用基督教的话来说,上帝的子民。从前的圣子经过时代

---

① Hölderlin, *Sämtliche Werke*, Bd. 2, S. 84, V. 4.
② Hölderlin, *Sämtliche Werke*, Bd. 2, S. 201, V. 1.
③ Hölderlin, *Sämtliche Werke*, Bd. 2, S. 153, V. 15. „Der hohen Gedanken/sind nemlich viel/Entsprungen des Vaters Haupt/Und große Seelen/Von ihm zu Menschen gekommen."(高尚的思想/多半/产生于父亲的头颅/而伟大的灵魂/由之来到人当中。)
④ Hölderlin, *Sämtliche Werke*, Bd. 2, S. 79, V. 125. „Dort, wo die Adler sind, die Gestirne, die Boten des Vaters."(那雄鹰之所在,宛若星辰,父亲的使者。)
⑤ Hölderlin, *Sämtliche Werke*, Bd. 2, S. 110, V. 239.
⑥ Hölderlin, *Sämtliche Werke*, Bd. 2, S. 119f., V. 56ff. „Doch uns gebührt es, unter Gottes Gewittern,/Ihr Dichter! Mit entblößtem Haupte zu stehen/Des Vaters Stral, ihn selbst, mit eigner Hand/Zu fassen und dem Volk ins Lied/Gehüllt die himmlische Gaabe zu reichen."(然而我们配得上,在神的雷电下/诗人! 以赤裸的头颅伫立/父亲的闪电,他自身,用自己的手/攥住并保藏于歌中/为民族递上天神的礼物。)

的转化，化作诗人来赞美他们："我们孩童，我们的双手无邪/父亲的闪电不会灼伤纯洁。"(《犹如在节日……》)①诗人既没有能力呼唤闪电再度出现，也不能驾驭它，但却敬重在谨慎的语言的纯洁性之中的这样一种示意。那么，语言的纯洁性是如何形成的呢？

首先尊重自然性，推崇语言的与工具化利用相区别的方面。要把语言当作独立自足的财富来聆听。语言作为言辞，是所要请求的。(《行脚者》)②可语言的修养才只是回应直接的现象，回应它的自然性和普遍性；忆念那尚缺失的祖国，在特殊性上尤其是祖国的神性的父亲，荷尔德林回忆道："各民族以赞歌从他们童年的天空走下来，进入积极的生活，进入文化的国度。"(给洪堡王妃的信)③这儿已经完成了与动物的区分。人的人性的真实开端是在他的特殊化进程中促成的，这样一个进程：至上者的消息送到他这里，由雄鹰、星辰来传达，它们是父亲的使者。(《美侬悼笛奥玛》)④

并非以既定的自然为开始。显然，这儿运用了一个思想，唯有至上者垂示的言辞能够向诗人转达这个思想。它不是启蒙的苍白的最高本质。通过言辞，神才成为"这一个"。他的示意还需要诗人的解释，具体说，需要转译到每一个民族的语言之中；是民族，而不是从前的教会。"我听见许多关于伟大父亲的传闻。"(《回乡》)⑤不只一个——究竟什么传闻？这儿决定性的是"永恒之父把真理赠给/自由呼吸的人们。"(《下一个最好》)⑥显然，"如其是"与"如其不是"的区分，乃至最后"如其不应是"与"如其应是"的区分，这实际上不再是自然的馈赠，这个区分是法则为这个时代所造的。

判断力指导想象力，而这是比判断力更靠近的，也就是理性。这儿它获得天神的后裔；神"不想完全孤独，为了精神的缘故；/至上者之

---

① Hölderlin, *Sämtliche Werke*, Bd. 2, S. 120, V. 62f.
② Hölderlin, *Sämtliche Werke*, Bd. 2, S. 80, V. 15. „Um der Haine Gesang, ach! um die Gärten des Vaters/Bat ich vom wandernden Vogel der Heimath gemahnt."(树林的歌唱，哎！父亲的田园/我恳求，远行的故乡的鸟儿提醒我。)
③ Hölderlin, *Sämtliche Werke*, Bd. 3, S. 575, 16f.
④ Hölderlin, *Sämtliche Werke*, Bd. 2, S. 79, V. 125. „Dort, wo die Adler sind, die Gestirne, die Boten des Vaters."(那雄鹰之所在，那些星辰，父亲的使者。)
⑤ Hölderlin, *Sämtliche Werke*, Bd. 2, S. 98, V. 85.
⑥ Hölderlin, *Sämtliche Werke*, Bd. 2, S. 236, V. 64f.

子。"(《帕特默斯》)①为此,就人完成了自我区分而言,人把自己划分为精神的,并且只因此而懂得使者的语言。使者在说什么? 处于热恋中的人已经出离日常关系,"可在灵魂的当下是另一番光景,/在新发现者的眼光里你的精神认出自身。"(《致一位订婚者》)②觉醒于自我认识,对于这个精神,人的语言性才是透明的,其语言性来源于自身无言的神。"他,无言地威行并默默/准备好将来,神,精神/用人的话……说出自己。"(《欢欣》)③在这言辞中双方以精神对精神的相互关系皆获受益。这儿,最后时代的智慧臻于完善。关于荷尔德林的讲述就此圆满。

【本文为国家社科基金西部项目"贺伯特·博德'理性关系建筑学'的译介与研究"(19XZX018)的阶段性成果】

(作者单位:奥斯纳布吕克大学)
(译者单位:陕西师范大学哲学与政府管理学院)
学术编辑:胡镓

---

① Hölderlin, *Sämtliche Werke*, Bd. 2, S. 175, V. 78f.
② Hölderlin, *Sämtliche Werke*, Bd. 2, S. 32, V. 9f.
③ Hölderlin, *Sämtliche Werke*, Bd. 2, S. 36, V. 25ff.

史诗：薇依与布鲁姆的歧义和共识

赵彦芳

内容提要 史诗是一种古老而影响久远的文体，关于史诗的理论探究从未停止过，西蒙娜·薇依和哈罗德·布鲁姆的论述是史诗学中不可忽略的声音。薇依主要从对《伊利亚特》的分析中推导出史诗精神，认为史诗的主题是"力量"，呈现人类所要面对的必然的困境及从不幸中升腾起来的爱。薇依关于史诗的论述里最特别的地方是，她认为史诗中的希腊精神也存在于《圣经》四福音书中，从而融通希腊精神和基督教精神。布鲁姆将原始史诗和史诗性作品统一在"史诗"概念下，认为史诗的特性在于英雄精神、创造不衰的想象和强烈的情感、精神的感召力等。布鲁姆认为薇依将希腊史诗放置在基督教的视角下解读是"强大的误读"，与薇依对《旧约》的反感不同，他认为《旧约》诸篇是与《荷马史诗》相媲美但精神意蕴和修辞效果迥异的史诗。史诗这种"存在的符号"蕴含着一个民族乃至人类文明的根基。

关键词 《伊利亚特》 《圣经》福音书 希腊精神 希伯来精神

史诗是一种古老而庄严的文体，"史诗以叙事为职责，就须用一件动作（情节）的过程为对象，而这一动作在它的情境和广泛的联系上，须使人认识到它是一件与一个民族和一个时代的本身完整的世界密切相关的意义深远的事迹。"[①]史诗是如此重要的一种文体形式，承载着个体、民族乃至人类的精神密码，在西方的文学家族中一直享有尊位。在现代社会，原始史诗虽已丧失了它生存的土壤，但由史诗扩展而来的史诗性叙事类艺术形式，包括小说、戏剧、电影等，也往往被视为民族文学、艺术的圣经。但在 20、21 世纪，尤其是在后现代的解构

---

① 黑格尔：《美学》第 3 卷下，朱光潜译，商务印书馆 1996 年版，第 107 页。

大潮中,史诗的宏大叙事、民族性、英雄性、崇高性等特征似乎显得不合时宜。在解构的语境下,西蒙娜·薇依和哈罗德·布鲁姆对史诗的论述,让我们联想到福柯所说的那种批评,"我忍不住梦想一种批评,这种批评不会努力去评判,而是给一部作品、一本书、一个句子、一种思想带来生命;它把火点燃,观察青草的生长,聆听风的声音,在微风中接住海面的泡沫,再把它揉碎。它增加存在的符号,而不是去评判;它召唤这些存在的符号,把它们从沉睡中唤醒。"① 薇依和布鲁姆在史诗这种"存在的符号"里,唤醒、发现、点燃生命,从各自的立场经由史诗寻找人类文明的根基。

一、薇依:史诗是"力量"之诗

在薇依为数不多的文学评论里,有两篇关于史诗的论述,表现了她对史诗的情有独钟和独特理解:写于 1940 年的《〈伊利亚特〉,或力量之诗》和该文的续篇——写于 1941 年的《从一部史诗看一种文明的终结》,论述的是《伊利亚特》和 13 世纪的奥克语诗歌《十字军讨伐阿尔比教徒之歌》,这两篇文章也是西方古典学和史诗学的重要文献。作为思想家的薇依没有从修辞学、文体学、口头诗学等角度入手,她的关注点在于发掘西方文明的精神源头——史诗中蕴含的史诗精神。她对史诗的理解,可以概括如下。

其一,力量(force,也译为暴力)是史诗的主题和灵魂。荷马说,阿喀琉斯的愤怒是我的主题,但薇依说,阿喀琉斯的愤怒只是更深的主题的表征,"《伊利亚特》的真正主角、真正主题和中心是力量"。② 何为力量? 力量"毁灭它所触及之物。无论对操纵暴力的人,还是对承受暴力的人,暴力最终均从外在显现"。③ 力量是主宰性的,与死亡、命运同义,无从把握、不可捉摸,人类更多被力量所制服,这是人类的总体命运。力量既是《伊利亚特》的中心,也是人类历史的中心。从希腊人

---

① 米歇尔·福柯:《权力的眼睛——福柯访谈录》,严锋译,上海人民出版社 1997 版,第 104 页。
② 西蒙娜·薇依:《柏拉图对话中的神——薇依论古希腊文学》,吴雅凌译,华夏出版社 2012 年版,第 3 页。
③ 同上,第 20 页。

到现代人,都在与力量角逐,但没有人能征服力量,力量不可知、不可控,显示了人类的有限性。薇依指出,力量会使人沦落为"物",不仅夺去人的肉身生命,也会剥夺人的灵魂的自由。《伊利亚特》里的诸多英雄,赫克托尔、阿伽门农、阿喀琉斯等等,都是曾经"操纵暴力的人",但也许下个瞬间就成为一件没有气息的物品。可怜的凡人,"他们如同树叶,你看那些绿叶,靠吮吸大地养分片片圆润壮实,但一旦生命终止便会枯萎凋零"。① 这是每个人都要面对的必然的死亡。赫克托尔,城邦的保卫者,父亲、妻子眼中的骄傲,却转瞬间被拖拽在尘土飞扬的马车后,"黑色的卷发飘散两边,俊美的脑袋,沾满厚厚的尘土,宙斯已把他交给他的敌人,在他的祖国恣意凌辱他"。② 而让赫克托尔胆战心惊、两腿发软的阿喀琉斯也不可避免地会成为物,"你难道没看见我如何俊美又魁伟?我有伟大的父亲,由女神母亲生养,但死亡和强大的命运也会降临于我。当某个早晨、夜晚或者中午来临时,有人便会在战斗中断送我的性命,或是投枪,或是松弛的弦放出的箭矢"。③ 赫克托尔的老父亲、为丈夫准备了"热水澡"的安德洛玛克,他们虽然活着,但生活中的幸福已经和他们无关,这些不幸的生者,在战败后会沦落为奴隶,他们的灵魂早随着赫克托尔的离去而陷入黑暗,再呼吸不到自由的气息,仅仅作为物而存在着。

《伊利亚特》所描写的人们面对的来自力量的困境,也是现代人的生存困境,死亡、战争、奴役、不可知的命运的阴影,不仅笼罩着古代人,也笼罩着现代人,这是史诗,也是优秀的文学作品所书写的永恒主题。

其二,史诗描述了力量的必然性所带来的无法回避的不幸,但爱从不幸中诞生,爱和不幸如影相随,成为人生的慰藉和意义所在,史诗中所传达的不幸和爱,是公正和超越的,这同样是史诗精神的精髓。人类的身体和灵魂似乎永远在远离"热水澡","那不幸的人,他不再可能洗热水澡了。他不是唯一的一个,整部《伊利亚特》均在远离热水澡。人类的全部生命几乎总在远离热水澡之中度过"。④

---

① 荷马:《伊利亚特》第 21 卷第 464—466 行,罗念生、王焕生译,人民文学出版社 1994 年版,第 494 页。
② 同上,第 22 卷第 402—404 行,第 515 页。
③ 同上,第 21 卷第 108—113 行,第 480 页。
④ 西蒙娜·薇依:《柏拉图对话中的神——薇依论古希腊文学》,吴雅凌译,华夏出版社 2012 年版,第 4 页。

赫克托尔无法再享受妻子给他预备的热水澡，无法享受世俗的幸福，其他的特洛亚人、希腊人也是如此。但困境并非全部，"人类困境的情怀是正义与爱的一种条件"。① 几乎没有哪种纯粹的人间的爱不曾出现在《伊利亚特》里。赫克托尔和安德洛玛克的夫妻之爱，阿喀琉斯和帕特洛克罗斯的友爱，赫克托尔和普里阿摩斯的父子之爱，更有因困境而来的人与人之间的普遍的友爱……"《伊利亚特》独一无二就在于此，在于这种源自温情、贯穿所有人类、宛如一丝阳光的苦涩。……整部诗却处于正义和爱的光照之下……没有什么珍贵之物遭到轻视，无论它注定毁灭与否；所有人的不幸——曝光，既无掩饰也无轻蔑；人人处在人类的共同生存处境，不会更高也不会更低；一切遭到毁灭的东西均获得哀悼。对于作者和听众而言，战胜者和战败者一样亲近，均是同类。"②希腊人因为对那不可控的力量的清醒意识，因为对每个人都各有各的不幸的深刻领悟，超越了血缘关系的限制，对所有同处于不幸境地的人心存怜悯，从而形成普遍的友爱——克服敌我、阶层的同类的爱。也正是因为这种超凡、公正的爱，每一位《伊利亚特》的读者几乎感觉不出，诗人是希腊人而不是特洛亚人。我们在诗句中丝毫看不到作为希腊人的诗人对特洛亚人的仇恨和偏见，诗人的同情之心，同等地赋予共同面临劫运难逃、死期临至的战争双方。这种公正的爱，让诗人写出了特洛亚人与希腊人相似的困境和情怀，这是不限于民族、种族、家族内部的爱，是对同为有限性的同类者的怜悯。

其三，希腊史诗里的希腊人诚实、自然地接受那必然性的力量，不是陷入无谓的抱怨和焦虑，而是调配着心灵的各种元素，追求均衡之美。这种均衡之美体现在对形式的处理上，更体现在人生的情感体验、审美体验上。"在古希腊人眼里，尺度、平衡、比例与调和是灵魂救赎的原则，而各种欲望的目的无非就是无度。把世界想象成一种平衡，一种调和，这就像是把世界当成一面救赎的镜子。"③在薇依看来，希腊人在任何事情上都能保持"最高的清醒、纯粹和简朴"，在承受命运的不幸的同时，也体味来自阳光的温暖。他们深知，"毁灭的危险始

---

① 西蒙娜·薇依：《柏拉图对话中的神——薇依论古希腊文学》，吴雅凌译，华夏出版社2012年版，第35页。
② 同上，第30—31页。
③ 同上，第324页。

终悬在空中",每个大地上的凡人都面临毁灭的危险,灵魂都存在遭受屈辱的可能。希腊人很早就对人的困境、对力量的必然性,表现出一种理解后的顺服,并由此生发出对同类的爱。"人类困境的情怀带来一种简朴的语气,这是希腊精神的标志,也是阿提卡肃剧和《伊利亚特》的意义所在。"①荷马史诗中表现出的希腊人的均衡之美是希腊文明的遗产之一,也成就了希腊的优秀作品。

"出于虔敬,我们关注被摧毁文明的遗迹,哪怕微乎其微,以重建这种文明的精神。有些想望不曾消失,我们也不应放任其消失,即便不能有实现的希望。"②薇依将史诗与一种文明之所以存在、个体的生存依据和身份归属等深层问题联系在一起,在对古老史诗的探索中,反思当下的文明和人类的困境,她虽然着力于两部史诗的研究,但提炼出的希腊精神、史诗精神却具有普遍性。薇依认为,史诗精神也体现在《圣经》的福音书中,和《伊利亚特》一样,福音书同样具有"最高的清醒、纯粹和简朴",人类可能遭受的苦难、死亡和绝望在耶稣受难叙事中得到了呈现,而因为洞察人类共通的不幸所生发出的对同类的爱,也是福音书的精神所在。"从《伊利亚特》到古希腊哲人、肃剧诗人再到福音书所传承的精神,从来没有超越古希腊文明的界限;自从人类摧毁古代希腊以来,这种精神仅存浮光掠影。"③薇依将《伊利亚特》和《圣经》的福音书的精神贯通,将之视为人类文明的根基。这种由史诗衍生而来的思考受到了布鲁姆的批评。

二、布鲁姆:史诗正典

哈罗德·布鲁姆在西方享有"最有天赋、最具原创性和最富煽动性"的批评家的美誉。布鲁姆对史诗情有独钟,专门写下了一部名为《史诗》(*The Epic*)的研究著作,俨然一部"史诗正典"。布鲁姆的史诗概念,突破了常规的文体观,将纵横三千年、不同民族的 19 部史诗或

---

① 西蒙娜·薇依:《柏拉图对话中的神——薇依论古希腊文学》,吴雅凌译,华夏出版社 2012 年版,第 35 页。
② 同上,第 281 页。
③ 同上,第 36 页。

史诗性作品纳入"史诗"的名下,除了荷马史诗、《埃涅阿斯纪》《贝奥武甫》等这种传统意义上的史诗外,还将《白鲸》《战争与和平》《追忆逝水年华》《尤利西斯》,以及《源氏物语》、惠特曼的《我自己的歌》和艾略特的《荒原》等作品都纳入史诗的版图。将这些不同的作品构筑在一起的"史诗"这一概念的共性是什么呢?

其一,英雄精神。"在我看来,史诗——无论古老或现代的史诗——所具备的定义性特征是英雄精神"①,史诗以英雄为中心形象,英雄的样式不同,但皆享有英雄的荣誉和英雄的崇高。阿喀琉斯是个"如此死心眼的英雄",执迷于对首席(即第一位)的争夺和英雄的美誉;奥德修斯则是一个美国人意义上的实用主义者,他必须为生存而战,为返乡而战,生存就如一道漫长的障碍跑道,而其强烈的生存意志使他的英雄气概得以焕发。维吉尔创作了"一部关于失败的伟大诗歌,也是关于承受失败的英雄气概的伟大诗歌"。② 英国史诗《贝奥武甫》讲述的是"日耳曼英雄当中的第一人"。弥尔顿的《失乐园》塑造了一个伟大的反抗英雄——撒旦,在地狱的深渊发起对上帝的反攻,布鲁姆说,这正是撒旦最辉煌的时刻。布鲁姆认为麦尔维尔的《白鲸》和惠特曼的《草叶集》开启了美国民族文学的"巨人模式"(Giant Forms),塑造了如爱默生所说的"中心之人"(Central Man),创造了"美国式的崇高"。其实,作为一个批评家,布鲁姆自己又何尝不是一个孤绝的"强力""英雄"呢?英雄的崇高在西方价值平面化的"后"时代显得如此落寞,而他通过对史诗的英雄气概的发掘,倡导"崇高"美学,崇尚作家的崇高人格和伟大作品的感染力,渴望他的学生和读者"努力实现读者的崇高"。③ 布鲁姆与史诗作品的英雄人物为伴,追求英雄气概,乐意成为一个"崇高"派的理论家。

其二,"不衰的想象"。作为浪漫主义文学研究大家艾布拉姆斯的高足,作为一贯的浪漫主义批评家,布鲁姆非常重视想象力,他认为,文学是以想象为本体特征的创造性语言艺术,"想象才是文学作品的

---

① 哈罗德·布鲁姆:《史诗》,翁海贞译,译林出版社 2016 年版,第 6 页。
② 同上,翁海贞译,第 53 页。
③ 哈罗德·布鲁姆:《影响的剖析:文学作为生活方式》,金雯译,译林出版社 2016 年版,第 20 页。

生命力"，①而"渴望创造不衰的想象，也许就是伟大史诗的真正标志"。② 那些伟大的史诗作品都给后人留下了众多伟大的想象。比如，"世代如落叶"，一代代的人们那轻渺的生命在一时间生机盎然，却转瞬凋萎，一死了结终生，这是《伊利亚特》中对人类生存境遇的总体性想象；维吉尔，这位罗马诗人，克服了来自荷马史诗的"影响的焦虑"，用"强大的反面想象力"将荷马史诗中关于生与死的想象，改造为"尸骨未得安葬的灵魂"，"在黑水的此岸仓皇游荡"，开创了西方诗歌中殷切地仁望彼岸的传统。但丁以非凡的想象构筑了一个立体的、多层次的宇宙，从地狱到天堂，从已死的魂灵到引路的导师，从现实到虚构，栩栩如生地呈现在读者面前。弥尔顿对地狱以及撒旦的塑造是想象力的经典。浪漫主义文学批评是布鲁姆学术生涯的起点，浪漫主义也贯穿着他一生的研究历程。在对史诗的研究中，他从"浪漫主义"的视角发现了史诗作品中对"不衰的想象"的创造。

其三，情感和精神上的强烈感召力。史诗作品是"一种灵药，一种激励，一种精纯的力量"。③ 在精神层面上史诗作品是建构性的，通过构筑关于现实的经验，让人们寻找到关于人生、爱情、婚姻的自我投射，从而塑造自我的形象，塑造心灵的世界。比如"荷马与托尔斯泰共通之处是他们皆非凡地平衡行动中的人与行动中的群体，唯独这个平衡使史诗得以准确地表现战斗"。④ 无论是荷马史诗还是托尔斯泰的作品，都在自我与共同体之间探索，英雄们的荣誉离不开他们所由出的城邦，无论是雅典还是特洛亚，还是俄罗斯那片安德烈和彼埃尔深爱的土地。而《源氏物语》，"对于日本文化来说，这部著作曾是并且依然是某种世俗的《圣经》"，"影响了日本千千万万男男女女的审美感性"。⑤ 至于斯宾塞的《仙后》，"我们须将他的诗歌视为欧洲范围的文化运动，视为普遍经验，而不只是个人经验的果实"。⑥ 而惠特曼的《草叶集》的主旨，试图表现"我"的"梦想"，布鲁姆盛赞惠特曼成功而永久地改变了美国的声音和形象，改变了美国人的自我和美国宗教，是"美

---

① 张龙海：《哈罗德·布鲁姆教授访谈录》，《外国文学》2004 年第 4 期。
② 哈罗德·布鲁姆：《史诗》，翁海贞译，译林出版社 2016 年版，第 7 页。
③ 同上，第 198 页。
④ 同上，第 30 页。
⑤ 同上，第 67 页。
⑥ 同上，第 119 页。

国风土的诗人"(the poem of our climate)。

布鲁姆对史诗这种各个民族的文学经典的关注,源于对这一古老并在现代生活中依然带给人们重要影响的文学形式的重视。

三、史诗:希腊精神与希伯来精神

在西方的史诗学和荷马学的研究中,薇依的阐释无疑是特别的、个人化的,她对史诗的解读遭到了布鲁姆几乎是针锋相对的否定。薇依和布鲁姆并无交集。当薇依1943年年仅34岁离开人世时,同为犹太人的布鲁姆只有13岁;薇依的笔触涉及宗教、哲学、历史、政治,始终关注社会正义,曾亲自去工厂体验劳动者的生存处境,"渴望分担被压迫者的命运",而布鲁姆终其一生都在美国的高校里坚定倡导"审美批评"。面对同样的《伊利亚特》、同样的史诗,布鲁姆为何对薇依的解读不无微词?二人的差异有何意味?

布鲁姆最反对薇依的地方是薇依"将《伊利亚特》基督教化了"[①],用基督教的视角解释《伊利亚特》。布鲁姆认为,薇依把《伊利亚特》和《圣经·新约》的四福音书串联起来,努力沟通希腊精神和基督教精神。在薇依看来,"如果说《伊利亚特》是希腊精神的最早显示,那么福音书则是最后一次神奇的现身"。[②] 一方面,她认为"不论就精神还是语言来说,福音书都是一部古希腊作品",[③]荷马史诗的精神在福音书中得到光辉的再现;另一方面,她在《伊利亚特》中看到了基督教精神的光照,"整部《伊利亚特》都沉浸在基督精神的光照之下"。[④]薇依将希腊精神和基督教精神沟通,尝试将希腊文明和基督教文明水乳交融为人类一种普遍的精神。而在布鲁姆看来,薇依将希腊史诗放置在基督教的视角下解读是"强大的误读","她的灵自然是希伯来人的,而根本不是希腊人的,从而与《伊利亚特》文本格格不入"。[⑤] 相比之下,布

[①] 哈罗德·布鲁姆:《神圣真理的毁灭——〈圣经〉以来的诗歌与信仰》,刘佳林译,上海人民出版社2013年版,第31页。

[②] 西蒙娜·薇依:《柏拉图对话中的神——薇依论古希腊文学》,吴雅凌译,华夏出版社2012年版,第34页。

[③④] 同上,中译本说明第2页。

[⑤] 哈罗德·布鲁姆:《史诗》,翁海贞译,译林出版社2016年版,第26页。

鲁姆着力于希腊精神和希伯来精神、基督教精神的差异。

作为犹太人,薇依却轻视《旧约》,她说,"在《旧约》里,除了《约伯记》一些片段之外,无一处文本殆可埒美希腊史诗的意蕴"。① 布鲁姆则将《旧约》中的《创世纪》《出埃及记》等视为可与荷马史诗相媲美的史诗作品。布鲁姆所论及的史诗作品,最先讨论的是《圣经·旧约》中的《创世纪》《出埃及记》,他称之为"最伟大的希伯来散文史诗",第二部是荷马史诗。一为希伯来文学、基督教文学的源头,一为希腊文学的源头。布鲁姆认为薇依越过《旧约》,将《新约》四福音书和荷马史诗联系起来,将荷马笔下的英雄与耶稣的精神沟通,由此将希腊精神和基督教精神连接起来,其中隐含着"犹太人惯有的自憎,甚或基督徒反犹主义",抹杀了《旧约》和《新约》的关联,混淆了希腊精神、希伯来精神和基督教精神,将希腊精神基督教化。所以,在荷马史诗问题上,薇依和布鲁姆的根本差异在于如何看待希腊精神、希伯来精神和基督教精神之间的关系。

布鲁姆认为薇依把荷马史诗里的英雄们身上所体现出的希腊精神基督教化了。按照薇依的解读,《伊利亚特》的英雄更多地体现了人类受制于必然性的力量,史诗传达的是对英雄们的不幸的悲悯以及超越性的爱。而布鲁姆认为赫克托尔、阿喀琉斯乃至奥德修斯这些荷马史诗中的英雄"不是幽囚于物质之中的灵,而是活生生的、在觉知、在感觉的力量或冲动"。② 布鲁姆赞同尼采在《查拉图斯特拉如是说》中所阐释的希腊精神,认为希腊的伟大源于对"第一"、胜利的追逐所体现的精神:"你必须始终保持第一,超过一切人:你嫉妒的心灵除了朋友外谁都不爱"。③ "每个伟大的希腊人都高擎一支竞赛的火炬,每一伟大的德行都激发起新的伟大……"④对于像阿喀琉斯这样的希腊人来说,必然的命运所带来的不幸固然让人愤恨,但追逐英雄的美誉、追逐首位胜过一切。"在《伊利亚特》中,胜利是最高的善。"⑤因此,布鲁姆尖锐地指出,薇依将耶稣和阿喀琉斯、奥德修斯等这

---

①② 哈罗德·布鲁姆:《史诗》,翁海贞译,译林出版社 2016 年版,第 26 页。
③ 哈罗德·布鲁姆:《神圣真理的毁灭——〈圣经〉以来的诗歌与信仰》,刘佳林译,上海人民出版社 2013 年版,第 29 页。
④ 同上,第 30 页。
⑤ 同上,第 36 页。

些希腊人别扭地相比附,"好似耶稣是希腊人,而非犹太人"①,她将耶稣身上的苦难、不幸以及爱的精神投射在希腊的英雄身上。在布鲁姆看来,耶稣与《旧约》中的雅各、大卫的相似性当然要远远大于耶稣与阿喀琉斯、赫克托尔等荷马笔下的英雄。耶稣和雅各、大卫们最重要的精神特点,正如尼采所分析的也是布鲁姆所赞成的,表现在高悬于希伯来人心头的铭文中:"你要从心底里敬重父母,顺从他们的意志。"②希伯来文化中的英雄们,必须仰赖神的宠爱和护佑,尊崇父神的意志是第一位的,神是他们必须崇敬的"父"。布鲁姆称希伯来的神是"雅威"(Yahweh),这位亚伯拉罕、以撒、雅各、摩西、大卫、耶稣的神,是意志之神,这种神与英雄之间的父子关系也延伸到尘世中的父子关系。在希伯来的史诗中,老人象征父辈的智慧和德行,而在荷马史诗中,父亲并不意味着威严与权威。

布鲁姆进一步分析,荷马史诗和希伯来史诗虽然都是民族圣典,都是民族内部的知识普及书,根深蒂固地影响着民族的意识,但因为对人神关系的理解的差异,形成了截然不同的崇高模式。布鲁姆说,史诗的一个共同点是与英雄气概相伴随而生的崇高,但荷马史诗中的崇高产生于英雄自身,比如阿喀琉斯的善战、赫克托尔的责任感,不同于希伯来史诗中植根于对神的仰赖而来的崇高,宙斯、海神,没有哪个神是希腊人在生存的深渊可以仰望和依赖的。相反,希伯来史诗里的崇高根植于对居住在高处的崇高的神的希望,这是一种垂直的崇拜。"星宿从天上争战,从其轨道攻击西西拉。基顺古河把敌人冲没。我的灵啊,应当努力前行。"③希伯来史诗里的崇高的上帝形象在希腊史诗里也是不可能的。"他脚下仿佛有平铺的蓝宝石,如同天色明净。"④

另外,布鲁姆对史诗的研究中还包括作者维度。他认为《圣经》里《创世纪》《出埃及记》《民数记》等的作者是J,这是一位在文学史上可以和荷马、但丁、莎士比亚、弥尔顿等相提并论的强大的作家,也是古

---

① 哈罗德·布鲁姆:《史诗》,翁海贞译,译林出版社2016年版,第25页。
② 哈罗德·布鲁姆:《神圣真理的毁灭——〈圣经〉以来的诗歌与信仰》,刘佳林译,上海人民出版社2013年版,第29页。
③ 《圣经·士师记》5:20-21。
④ 《圣经·出埃及记》24:10。

代作家中唯一可与荷马相提并论但又迥然有别的竞争者。"J是作家之中最峻刻、最惕厉人心的……他凌越所有轨范。"①作家J为上帝虚构言说和行动,栩栩如生,磅礴遒劲壮观的风格超过任何作家,开启了"超凡描述法";他所讲述的大卫、雅各、约瑟等和神之间的故事各有特点,极富原创性;J的作品如《创世纪》《出埃及记》更是可以和《伊利亚特》《奥德赛》媲美的作品,"奠定了文学的力量或崇高,以后我们就用这种衡量标准去评价但丁和乔叟、塞万提斯和莎士比亚、托尔斯泰和普鲁斯特"。②

薇依与许多具有希腊情结的哲学家、文学家一样,崇拜和珍视希腊文学、希腊精神,同时她也重视《新约》四福音书中以耶稣为中心的基督教精神,努力将希腊精神和基督教精神融合起来。布鲁姆看到的则是希腊和希伯来不可跨越的差异性:"希腊的认知"与"希伯来的精神"之间存在着永远不会停歇的"文化内战"。

四、史诗:文明的根基

薇依和布鲁姆虽然对荷马史诗、《圣经》的解读不同,但是,二人都深深为史诗所吸引。薇依要从史诗中寻找文明的根基,布鲁姆则选择各个民族中的经典文学作为"史诗"家族的一员,经由审美批评呈现史诗的精神内涵和独特的美。

"一种文明曾经蓬勃发展,突然遭受战争暴力的致命打击,注定永劫不复,处在最后的垂死颤动中,这也许是唯一堪称伟大的史诗主题。"③在薇依看来,《伊利亚特》和《十字军讨伐阿尔比教徒之歌》都是在战争这种力量的极端形式下的叙事,与一个民族的整体命运相关,与一种文明的发展相关。她对这些史诗的阅读和思考也是她对于自身所处时代人类命运的思考。几千年前的战争中特洛亚城陷落,无数光彩夺目的英雄由人沦为"物",而1940年,法国沦陷,欧洲面临着"残

---

① 哈罗德·布鲁姆:《史诗》,翁海贞译,译林出版社2016年版,第6页。
② 哈罗德·布鲁姆:《神圣真理的毁灭——〈圣经〉以来的诗歌与信仰》,刘佳林译,上海人民出版社2013年版,第4页。
③ 西蒙娜·薇依:《柏拉图对话中的神——薇依论古希腊文学》,吴雅凌译,华夏出版社2012年版,第271页。

酷暴力"的威胁。对人间古今皆然的苦难的敏感,对欧洲文明所面对的灾难的思考贯通在薇依对史诗的研究中。薇依认为,史诗中蕴含着人类共享的情感体验和生存智慧,蕴含着对后世依然有效的人类文明的精神基础。后世欧洲文学家们始终无法企及第一部史诗《伊利亚特》所达到的高度,主要是因为史诗精神的失落,比如后来的罗马文学以及犹太人的文学中充满着对力量的崇拜、仇恨、偏见,都与史诗精神中断了。史诗精神也是20世纪的人类所匮乏的,而只有"当他们懂得不相信逃避命运、不崇拜力量、不仇恨敌人、不轻视不幸的人时,他们也许会找回史诗的精神"。① 史诗精神是对必然的不幸的接纳和超越,史诗启示人们懂得人是有限的存在,从容接受这种有限性反而让人在界限内有节制地生活;史诗还启示人们,每个人都受制于"力量",人与人是同类,以爱而不是恨彼此连接,在人与人之间建立"神圣的宽容"。所以,史诗"以纯粹的方式表达苦难,在不带任何杂质的苦涩中,闪耀着完美的宁静光辉"。② 薇依从《伊利亚特》中所生发出的关于史诗精神的理解,离不开四福音书的"基督精神"的视角。"力量"造成"人类的困境","这样滥用力量必然遭到的几何学般精确的惩罚,是古希腊人的首要沉思命题。它是史诗的灵魂"。③ 薇依对德尔斐神谕的"认识你自己"做出自己的解释:人要认识到人只是人,人类同受力量的挟制,所以"凡事勿过度",无论是赫克托尔还是阿喀琉斯,须模仿耶稣对于人类困境的情怀,置身于人类困境和完美神性之间,既参与"苦难和死亡",也参与"完善和喜乐","挽救自己的灵魂",追求耶稣那样节制、均衡的"黄金比例","基督是以赛亚所预言的受难的人,是所有以色列先知的救世主,他还是古希腊人在几世纪里奋力思考的黄金比例"。④ 如布鲁姆所批评的,薇依赋予希腊人以耶稣的模样,在希腊精神和基督教精神之间进行融通。虽然薇依"担心人类最终会丧失古希腊精神。我们今天所有最好的东西无不源于古希腊的启示",但她认为缺乏对基督精神的理解就贸然回归古希腊,缺乏耶稣对于人类困境的情怀,缺乏对于人类自身的有限性、人类滥用力量的自觉意识,

---

① 西蒙娜·薇依:《柏拉图对话中的神——薇依论古希腊文学》,吴雅凌译,华夏出版社2012年版,第37页。
② 同上,第289页。
③ 同上,第15页。
④ 同上,第61页。

无异于自取灭亡。现代人可能会像古罗马人那样,"轻视外邦人、敌人、战败者、庶民和奴隶;他们既没有史诗也没有肃剧。他们用角斗来取代肃剧",也可能像希伯来人那样,有"一种轻视的合理动机","使残忍被允许,乃至不可避免"。①薇依在史诗里寻找阿喀琉斯和耶稣、希腊精神和基督精神的融通之处,也为现代人寻找克服文明危机的启示。

布鲁姆是一位审美批评家,是美国新审美批评的代表人物,他捍卫审美批评,坚持美学的原则,避免将文学沦为政治、意识形态的附庸。但是,他的审美批评并不仅仅是形式批评,而恰恰是通过对文学自身特性的尊重而实现文学对个体和人类的意义。"获得审美力量能让我们知道如何对自己说话和怎样承受自己。莎士比亚或塞万提斯,荷马或但丁,乔叟或拉伯雷,阅读他们作品的真正作用是增进内在自我的成长。"②布鲁姆珍视个人的审美感受,认为审美可以使读者在阅读经典的过程中增强心灵力量,扩展个体意识,增进内在自我的成长,从而建构自我。这也可以说是布鲁姆的审美批评中的"政治批评"的影子:阅读经典不能直接改变他人或社会,但可以通过增强或改变自我,间接影响他人,从而促进他人和社会的改变。荷马、但丁、塞万提斯、弥尔顿、托尔斯泰、普鲁斯特等所创作的史诗及史诗性风格的作品,无疑正是这样的经典作品,"文学经典代表了民族文化的核心内容,而经典建构涉及传承什么样的价值观念和延续什么样的民族特性等重大问题"③,史诗指向精神层面个体自我意识的建构,指向民族共同体的价值观、民族特性的塑造。

如亚里士多德所说,史诗是"长了翅膀的话语(epeapteroenta),是用语言筑成的纪念碑,是人的功过和价值的见证"。④薇依和布鲁姆都聚焦于史诗,通过对史诗作品的阐释,激活经典,挖掘史诗中所蕴含的人类的共同价值,以史诗精神克服平庸气息,构筑人类精神世界的基

---

① 西蒙娜·薇依:《柏拉图对话中的神——薇依论古希腊文学》,吴雅凌译,华夏出版社 2012 年版,第 36 页。
② 哈罗德·布鲁姆:《西方正典》,江宁康译,译林出版社 2005 年版,第 21 页。
③ 江宁康:《文学经典的传承与论争——评哈罗德·布鲁姆的〈西方正典〉与美国新审美批评》,《文艺研究》,2007 年第 5 期。
④ 亚里士多德:《诗学》,陈中梅译注,商务印书馆 1996 年版,第 279 页。

本底色。

【本文为江苏省社会科学基金重点项目"中国'史诗性'审美的百年演化研究"(18ZWA003)的阶段性成果】

(作者单位:扬州大学文学院)

学术编辑:何兰芳

黑格尔的诗性希腊

余明锋

内容提要 黑格尔的艺术门类学按照两种不同的三分法分别树立了两座艺术高峰,一座是雕刻的希腊,另一座是诗性希腊。黑格尔事实上谈了两个希腊。他首先继承温克尔曼的古典主义,强调希腊雕刻的和悦和静穆;进而又以不失实体性的个体性来解释希腊之美,阐发了美学的伦理内涵。雕刻虽突出表达了希腊艺术的精神内核,可诗才是希腊艺术最丰富的果实。黑格尔进而把诗性和散文气提升为一对具有历史哲学意义的基本范畴。他的诗性希腊不仅与散文气的罗马相对照,而且是对现代世界的尖锐批判,意在重建容纳个体性而又不离实体性的伦理生活。

关键词 诗性 雕刻 静穆 和悦 散文气

海德格尔曾说:"希腊世界对尼采毕生都有着决定性的影响。"[1]这话至少在相当程度上也适用于黑格尔。在《哲学史讲演录》中,黑格尔说过一段极为著名的话:"一提到希腊这个名字,在有教养的欧洲人心中,尤其在我们德国人心中,自然会引起一种家园之感。"[2]事实上,不仅在《哲学史讲演录》中,而且在黑格尔几乎所有重要的著作和讲演录中,希腊都占据极重的分量。在每部作品中,黑格尔都从不同侧面谈论了希腊。相比之下,希腊在《美学讲演录》中所占的分量恐怕超过了所有其他著作。就黑格尔的希腊观而言,《美学讲演录》这部黑格尔研究史上最受冷落的作品之一[3],当位居黑格尔著作之冠。毕竟,"美"是

---

[1] 海德格尔:《尼采》(上卷),孙周兴译,商务印书馆2010年版,第8页。
[2] 黑格尔:《哲学史讲演录》(第一卷),贺麟、王太庆译,商务印书馆1996年版,第157页。
[3] 如著名的黑格尔研究专家霍尔盖特(Stephen Houlgate)所言:"遗憾的是,几乎没几个黑格尔的评论者仔细地关注过他的《美学讲演录》,尽管事实上这些讲演包含了对他思想的一些最清楚、最容易进入的陈述。"(霍尔盖特:《黑格尔导论:自由、真理与历史》,丁三东译,商务印书馆2013年版,第4页)

黑格尔对希腊的基本规定,在《宗教哲学讲演录》中,黑格尔就称希腊宗教为"美的宗教"。希腊之"美"在黑格尔的叙述中凝结为"诗性",也因此,诗在黑格尔的美学中是最后一种艺术门类;而且,他从诗中提升出"诗性"这个普遍的哲学概念,用以规定希腊文化的特质,也用以批判"散文气"的现实。本文因此尝试对《美学讲演录》中的"诗性希腊"做一番文本和思想史考察,以期打开进入黑格尔思想世界的另一条路径。

一、诗和诗学的位置①

诗(Poesie)在黑格尔美学②中首先是语言艺术的总称。这个意义上的"诗学"在黑格尔的艺术门类学(黑格尔称之为"各门艺术的体系")中占据着极特殊的位置。黑格尔对各门艺术的体系性划分并未

---

① 1818年,黑格尔(1770—1831)在海德堡第一次讲授美学,同年去柏林接任费希特去世后留下的教席。大约一年之后,1820至1821冬季学期,黑格尔又在柏林讲授美学。为此黑格尔准备了一份新的美学讲义,之后的柏林美学讲座(1823、1826、1828/29)都以这份讲义为准,他会在讲的时候就要点另做笔记。黑格尔一生共五次讲授美学。在他去世后,他的学生 Heinrich Gustav Hotho 主要根据柏林美学讲义,参照海德堡美学讲义,并参阅了黑格尔的相关笔记,于1835—38年整理出版了《美学》,1842—45年出了第二版。[Annemarie Gethmann-Siefert, „Die Transformation der Berliner Vorlesungen zum System", in: Gerhard Ernst und Christof Rapp(Hrsg.), *Zeitschrift für philosophische Forschung*, Bd. 56, Frankfurt am Main: Klostermann, 2002, S. 274 - 292]新版黑格尔全集刊印了黑格尔其他学生的美学笔记,对于美学中许多具体问题的研究有重要参考价值。(Georg Wilhelm Friedrich Hegel, *Vorlesungen über die Philosophie der Kunst I. Band* 28, 1 *der Gesammelten Werke*, Herausgegeben von Niklas Hebing, Hamburg: Felix Meiner, 2015.)对于本文论题而言,新材料并无根本影响,因此仍旧采用通行的三卷本。文中凡引用朱光潜译本,皆标注商务版页码;凡根据德文版修改了译文,或径直从德文译出,则在商务版后标注黑格尔著作的德文通行本 Theorie Werkausgabe(*Georg Wilhelm Friedrich Hegel Werke in 20 Bänden*, Frankfurt am Main: Suhrkamp, 1970)的卷数和相应页码,该通行本下文简称 TW。

② 黑格尔开篇就抛弃了"美学"之名,称自己的研究为"艺术哲学",因为他要把"自然美"排除在研究范围之外:"根据'艺术哲学'这个名称,我们就把自然美(das Naturschöne)除开了。"[黑格尔:《美学》(第一卷),朱光潜译,商务印书馆2018年版,第4页;TW13, S. 13.]事实上,黑格尔在第一卷中仍然花了不少篇幅来讨论自然美。况且,黑格尔毕竟保留了"美学讲演录"这个标题,因此,在无区分必要的时候,我们仍然可以从俗称其为"黑格尔美学"。

采取通行的造型艺术(建筑、雕刻①和绘画)、声音艺术(音乐)和语言艺术(诗)三分法,虽然他的体系就门类而言事实上与此无异,可他要采取一种"道理更深刻的分类法"。② 换言之,他心目中的分类不能仅仅从材料出发,而是要着眼于艺术的事情本身。也只有着眼于艺术本身的原则性要求,才能形成"各门艺术的体系",否则就只是按照材料或艺术手段的差异来做一种简单的罗列罢了。

那么,艺术的事情本身,在黑格尔看来,究竟是什么呢?关于此,黑格尔在《美学讲演录》中有着各种看似不同实则同一的表述,我们暂且不妨采取一个简略的总括性说法:艺术是感性的精神化和精神的感性化。此两者乃是一回事,只不过一个自下而上,另一个自上而下地说。精神本是超感性的、纯然内在之事,可这不妨碍它在感性中有所呈现,而不同的感性领域离精神之本性也必有远近之分。依感性材料与精神形式的关系,黑格尔采用他在艺术类型学(即第二卷)中的区分来划分艺术门类:象征型(建筑)、古典型(雕刻)、浪漫型(绘画、音乐和诗)。象征、古典和浪漫是黑格尔美学的基本概念,整个第二卷都在对这三者展开具体、翔实的规定。简单说来,在象征型中,精神只能得到不充分的、极为勉强的表现。古典型则是精神性与感性的平衡,可这种平衡必定会被冲破,因为精神总要内在化。而所谓浪漫型就是这样一种已然内在化的艺术形态,因其内在化而合乎精神的本性,也因其内在化而超出了感性的表达。

在被归入浪漫型之后,诗的地位看似下降,其实不然。仅从通行版本的篇幅来看,诗学占据了艺术门类学将近一半的篇幅,而所有其他艺术门类的总和仅占据另一半。在朱光潜先生所译中文版中,诗学被单列为第三卷下册,我们由此可以更清晰地看到诗学在全部《美学》中所占有的突出位置。不过诗和诗学的位置问题比初看上去要复杂

---

① 德语中本有 Skulptur 和 Plastik 之别,前者大体相当于所谓"做减法"的雕刻(源于拉丁文 sculptura,相应的动词 sculpere 就是"削、挖"的意思),后者大体相当于所谓"做加法"的雕塑。(参见 Günther Drosdowski, *Duden, Etymologie: Herkunftswörterbuch der deutschen Sprache*, Mannheim: Dudenverlag, 1997, S. 680)现代德语基本混用两者,不太刻意区分。不过,考虑到黑格尔用的是 Skulptur,故而沿用朱光潜旧译,文中一律译作"雕刻"。

② 黑格尔:《美学》(第三卷)上册,朱光潜译,商务印书馆 2019 年版,第 15 页。

得多。

在诗学序论中,黑格尔对全部艺术门类做了一个简要的回顾:"古典建筑的庙宇要有一个神住在里面,于是雕刻就把具有造型艺术美的神放在庙里……绘画把形象的实在外表转化成为观念性较强的颜色现象,而且把内在灵魂的表达作为描绘的中心。以上三种艺术,第一种是象征型的,第二种是造型艺术中的理想型的,第三种是浪漫型的,它们都在精神和自然事物的感性外在形象这个共同范围里活动。"①在黑格尔的叙述中,全部的艺术仿佛是在感性自然中为精神塑造了一座神庙,由外而内,由神庙到神像。建筑仍然外在,绘画则已经将形象观念化,已然转入内在,唯有雕刻在自然中为精神找到了最恰切的感性形象,是美的理想实现。黑格尔因此也把雕刻视为希腊艺术的典范,黑格尔的希腊首先是一个雕刻的或造型的希腊。要理解黑格尔所塑造的诗性希腊,因而首先就要澄清,黑格尔在《美学讲演录》中谈了两个而非一个希腊。

二、造型的与诗性的希腊

黑格尔将雕刻视为希腊艺术乃至全部人类艺术的最高典范,这无疑受了温克尔曼的影响。温克尔曼对黑格尔的影响,是德国思想史上的一个重要问题,有待专著作全方位的考察。在此,我们只需指出,温克尔曼决定性地影响了黑格尔的希腊观:"不管希腊艺术方面的知识推广到多么远,温克尔曼的成就都必须定作重要的出发点。"②从《美学讲演录》全书来看,黑格尔至少在两个层面上是从温克尔曼出发的③:(1)首先不是从文学,而是从艺术特别是雕刻入手通达希腊精神,这是温克尔曼的开创之处,黑格尔则充分吸收了温克尔曼在这一方面的洞见;(2)像温克尔曼一样,黑格尔从民族生活及其文化总体来解释一种

---

① 黑格尔:《美学》(第三卷)下册,朱光潜译,商务印书馆 2019 年版,第 3 页。
② 同上,上册,第 136 页。
③ 黑格尔在具体论述希腊雕刻时大篇幅地采用了温克尔曼的观点。有关这一点,黑格尔自己也有明确说明:"如果现在转到进一步研究理想的雕刻形象中的一些主要方面,我们在基本上要追随温克尔曼。"参见黑格尔:《美学》(第三卷上册),朱光潜译,第 140 页。

艺术风格。① 这就使得黑格尔的艺术哲学有了一种历史哲学的意义。② 从这样一个视角来看，以雕刻为核心的希腊艺术之所以构成美的典范，在根本上不是因为希腊艺术家的技艺高超；这固然也重要，可根本的在于希腊人、希腊世界就其生命原则而言是美的。

希腊人之所以是美的，就因为一方面精神已经觉醒，可另一方面又还没有像基督教那样内在化，已然觉醒却尚未内在化的精神在造型艺术中得到了完满的展现："精神完全渗透到它的外在显现里，使自然的东西在这美妙的统一里受到理想化，成为恰好能表现具有实体性的个性的那种精神的现实事物，从而使艺术达到完美的顶峰。因此，古典型艺术是理想的符合本质的表现，是美的国度达到金瓯无缺的情况。没有什么比它更美，现在没有，将来也不会有。"③黑格尔在艺术哲学中所做的类似论述初看上去颇为武断，在其体系内部实有充分的论据，并且有着重要的历史哲学意义。总之，在美学理想上，黑格尔追随

---

① 歌德也注意到温克尔曼在这两方面的开创性意义，并且给予了高度评价。他推崇温克尔曼为重新发现古希腊的"新哥伦布"："只要长久地与艺术作品打交道，就必定会发现，艺术作品不仅产生于不同的艺术家之手，而且来源于不同的时代。所以，必须同时对地域、时代和个人成就进行整体性考察，温克尔曼就凭借自己的敏锐，发现全部艺术知识的轴心要确立于此，他首先抓住了最高的东西，想要在一篇题为《菲狄亚斯时代的雕刻风格》的文章中对此展开论述。不过，他很快就超越了诸种细节，上升到一种艺术史的理念。他就像一个新哥伦布，发现了一块长久以来被预感、被解释、被谈论的新大陆。我们甚至可以说，这是一块早就被知晓却又被遗弃的大陆。"参见 Goethe, *Schriften zur Kunst und Literatur*, *Maximen und Reflexionen*, Hamburger Ausgabe Band 12, München: Deutscher Taschenbuch Verlag, 1982, S. 110.

② 拜泽尔概括了温克尔曼思想方法的四个特征，其中第一点就在强调一种文化整体论的艺术观："首先，温克尔曼在一种完整的文化背景中看待艺术，强调艺术不能分离于它的政治、宗教、风俗和自然环境。于是，他完全突破了瓦萨里（Vasari）和贝洛利（Bellori）的文艺复兴传统，后者把艺术史弄成了个体艺术家的传记汇编。对温克尔曼来说，艺术不是个体天才的创造，而是整个文化的成就。"（拜泽尔：《狄奥提玛的孩子们——从莱布尼茨到莱辛的德国审美理性主义》，张红军译，人民出版社 2019 年版，第 195 页）黑格尔美学在这个意义上走的不是非历史的康德路线，而是历史性的温克尔曼路线。至少，他的美学和温克尔曼的艺术史一样，都具有一种历史哲学的意义。

③ 黑格尔：《美学》第二卷，朱光潜译，第 273—274 页。黑格尔全部的艺术哲学分为艺术美学、艺术类型学和艺术门类学三部分；艺术美学是艺术哲学的理念部分，艺术类型学和艺术门类学是其两个层面的实现，最终当然实现于各个艺术门类。第二卷的艺术类型学与第三卷的艺术门类学在两个不同的层面论述象征、古典和浪漫，我们不能轻易混淆。也要看到，象征、古典和浪漫之为黑格尔美学的基本概念，其概念规定具有跨越类型和门类之层次区分的有效性。

温克尔曼的步伐,至为推崇希腊,尤其是希腊雕刻的成就。可黑格尔并不认为"模仿古人"是现代精神的出路。黑格尔的历史哲学是一个精神逐步实现自由的故事,美只是这个故事的一个环节。只有在希腊,精神自由以美的形态得到充分显现。不过,精神的本性毕竟是内在的、观念性的,必定要跨越造型之美,打开内在世界,才能获得真正的自我实现。

也因此,黑格尔坚持雕刻不能像绘画那样去表现目光:"古代流传下来的真正古典的自由的全身和半身雕像都没有瞳孔和目光的精神表现。尽管眼珠里也往往嵌进瞳孔或是用一个圆锥形洼陷部分标志瞳孔,因而也表现出一种目光,但是这种目光毕竟只见于眼的外形,而不是表现内在灵魂的那种真正的活跃的目光。"①黑格尔之所以坚持这一点,是为了维护雕刻的古典品格,一旦打开了目光,就进入了内在性的领域,就从古典跨入了浪漫:"目光是最能充分流露灵魂的器官,是内心生活和情感的主体性的集中点……而这种最能充分流露灵魂的器官却是雕刻所不得不舍弃的。在绘画里却不然,它能用颜色的深浅浓淡的细微差别,把主体方面的全部内心生活,他同外界事物的多种多样的接触以及这种接触在他心里所引起的特殊兴趣,情感和情欲都渲染出来。"②全部浪漫型艺术门类,因此都是对目光世界的描绘,是精神在内在领域的形象呈现。

浪漫型艺术又分为绘画、音乐和诗这三个门类。我们都熟知黑格尔的三分法,可三分的具体含义究竟何在,却常常没有得到细致考察。就其艺术门类学而言,两种三分法其实有截然不同的构造。象征、古典和浪漫的三分,仿佛精神从自然升起、栖居和离去的过程。而浪漫型艺术中绘画、音乐和诗的三分却有着正反合的结构。绘画总是用外在形象去刻画内在,具有客观性;音乐是纯然内在的,缺少外在形象的明确性,是主观色彩最为浓重的艺术形式;诗则是两方面的统一,一方面语言打开了纯然内在的意义世界,另一方面又可以用语言刻画一切

---

① 黑格尔:《美学》(第三卷)上册,朱光潜译,商务印书馆2019年版,第145页。
② 同上,第145—146页。康德谈绘画着重线条,因为他要谈的是先验的、纯粹的审美游戏,颜色则刺激感官,毋宁妨碍了审美判断的纯粹性。黑格尔谈绘画则着重颜色,因为他要在绘画中捕捉从外在转入内在的踪迹。有关于此,参看 John Sallis, "Carnation and the Eccentricity of Painting", in: Stephen Houlgate (ed.), *Hegel and the Arts*, Evanston: Northwestern University Press, 2007, p. 90, p. 105.

形象。"诗,语言的艺术,是第三种艺术,是把造型艺术和音乐这两个极端,在一个更高的阶段上,在精神内在领域本身里,结合于它本身所形成的统一整体。"①诗和诗学因此在黑格尔的艺术门类学中占据极特殊的位置,诗不与之前的建筑、雕刻、绘画和音乐处于同一层面,而是跃上了"一个更高的阶段":(1)一方面,艺术随着诗告别了自然的地基,来到了精神自己的领地,"把精神直接表现给精神自己看"②;(2)另一方面,"语言的艺术在内容上和在表现形式上比起其他艺术都远较广阔,每一种内容,一切精神事物和自然事物、事件、行动、情节、内在的和外在的情况都可以纳入诗,由诗加以形象化。"③所以,诗和诗学是全部艺术门类学的重新开始,由此可以解释上文隐含着的两个疑问:(1)诗学为何占据艺术门类学(第三卷)将近一半篇幅?(2)艺术既然随着绘画和音乐告别了希腊世界,进入了内在性的领域,为何又能在诗歌中重返希腊?

要言之,黑格尔的艺术门类学按照两种不同的三分法分别树立了两座艺术高峰,一座是位于建筑和绘画之间的雕刻,另一座是综合绘画和音乐的诗歌。黑格尔论诗,同样有一个正反合的结构,史诗的客观性,抒情诗的主观性,最终统一于戏剧。在所有这三个领域,黑格尔都最为推崇希腊的成就,荷马之于史诗、品达之于抒情诗和索福克勒斯之于戏剧,都是最高的典范。④ 于是,我们惊讶地发现,这两座高峰事实上都矗立在希腊!黑格尔在艺术门类学中谈了两个希腊,一个雕刻的希腊,一个文学的希腊;或者说,一个造型的希腊,一个诗性的希腊。他一只脚踏上了温克尔曼发现的新大陆,另一只脚却仍然稳稳地

---

① 黑格尔:《美学》(第三卷)下册,朱光潜译,商务印书馆2019年版,第4页。
② 同上,第5页。
③ 同上,第11页。
④ 关于史诗,黑格尔说:"史诗和雕刻都在希腊达到了这种本源的、无可超越的完满形态。"[参看,黑格尔:《美学》(第三卷下册),朱光潜译,第169页。]关于戏剧,黑格尔说:"希腊人才第一次清楚地意识到悲剧和喜剧的本质究竟是什么,根据这两剧种对立的看法,把悲剧和喜剧清楚地严格地区分开来,然后在有机的发展过程中,先是悲剧,后是喜剧,都达到完美的高峰。"[黑格尔:《美学》(第三卷下册),朱光潜译,第301页。]三者中,惟有最突出主体性的抒情诗,其最高峰没有如此清晰地被定位于希腊。不过,黑格尔仍然盛赞希腊的抒情诗成就,尤其盛赞品达为典范诗人之一:"从这些歌颂里,在政治上往往分裂的希腊公民可以看到民族统一的客观图景。所以就从内心的掌握方式来看,合唱队的诗歌也不缺乏史诗的客观因素。例如品达在这方面就已达到完美的顶点。"[黑格尔:《美学》(第三卷下册),朱光潜译,第233页。]

站立于旧大陆。那么这两个希腊究竟是何关系呢?

三、诗性希腊的古典品格

事实上,文学的希腊与造型艺术的希腊首先只是我们进入希腊世界所择取的不同路径,在温克尔曼那里,这两者本来就不矛盾。思想史家拜泽尔(Frederick C. Beiser)甚至断言:"温克尔曼从希腊哲学与文学中认识到这种理想,并且很适当地把它解读进了希腊雕刻中。"①这个说法颇有武断之嫌,温克尔曼在观察和描绘希腊雕刻时固然已有希腊哲学和文学的熏陶,可如果只是把文字中已然了解的东西"解读进"希腊雕刻,那么温克尔曼的"新大陆"岂非无关宏旨?实则,即便否定了拜泽尔这种过强的论断,我们仍然可以从温氏的整体文化观来论证,文学希腊与艺术希腊之间本来就是一体两面的关系。在黑格尔这里,大体来说,两个希腊也是一体两面的关系。

不过,我们首先得补充说,黑格尔大大获益于温克尔曼的新大陆。黑格尔的做法至少在相当程度上与拜泽尔所说的相反,我们也有理由相信,他不会同意拜泽尔的判断。因为与拜泽尔的论断相反,黑格尔恰恰在许多地方把温克尔曼所描绘的希腊雕刻"解读进"希腊文学了。比如,在谈到古代抒情诗的特性时,他说:"希腊罗马抒情诗就连在表现内心生活时也还是尽可能地保持着古典艺术中造型艺术的类型。"②在黑格尔的叙述中,所谓"古典艺术中的造型艺术类型",主要的代表无疑就是希腊雕刻。他进一步从希腊抒情诗的雕刻性来解释其注重音步的特点:"造型艺术的表现方式在音乐方面把重点不大摆在情感的内在运动的旋律上,而是更多地摆在字音的抑扬顿挫的节奏上,同时还加上舞蹈的低回往复的复杂组合。"③更重要的是,黑格尔在荷马史诗与希腊雕刻之间看到了一种"最为内在的亲缘关系"(die meiste innere Verwandtschaft),"只有在希腊才有完备的或真正的史诗,它的

---

① 拜泽尔:《狄奥提玛的孩子们——从莱布尼茨到莱辛的德国审美理性主义》,张红军译,第210页。
② 黑格尔:《美学》(第三卷)下册,朱光潜译,商务印书馆2019年版,第231页。
③ 同上,第232页。

实际作品也最符合艺术的要求。大体说来，史诗和雕刻的造型艺术及其侧重客观性相上有一种最为内在的亲缘关系，无论就实体性的内容意蕴来说，还是就运用实际现象的表现方式来说，都是如此。所以史诗和雕刻都在希腊达到了这种本源的、无可超越的完满形态。"①可究竟什么是他这里所谓的"实体性的内容"？史诗如何能与雕刻相提并论，两者竟然共享着某种"实体性的内容"吗？

在谈论雕刻是否要表现运动时，黑格尔说："雕刻的主要任务就在于表现静穆的神像，了无争斗，圆满自足而沐浴圣福。"②这与史诗英雄难道不是恰相矛盾吗？阿喀琉斯的愤怒似与静穆无关。但黑格尔接着说，在"自足"而"静穆"的原则之外，"雕刻既然要把实体性的东西理解为个性"，那就不可避免地要表现运动，"不过因为在雕刻里首要的因素还是具有实体性的东西，而个性还没有挣脱这实体性的东西而成为一个特殊独立的东西，所以情境的个别特殊性还不应大到足以损害或破坏实体性东西的纯真性，把实体性东西化成片面性的东西，卷入冲突斗争里去。"③黑格尔在这段关于"静"与"动"的论辩中所用的"实体性"（das Substantielle）和个体性（Individualität）概念是我们理解问题的关键。黑格尔的美学也因这组概念的引入而呈现出浓厚的伦理学意味。

温克尔曼用"高贵的单纯与静穆的伟大"（edle Einfalt und stille Größe）④形容希腊雕塑之美，黑格尔在这方面全然继承了温氏的古典主义，并且尤为强调"静穆"之美："理想的艺术形象就像一个享圣福的神一样站在我们的面前。对于这些享圣福的神，有限领域与有限意图中的一切困苦、愤怒和旨趣都不是什么严肃的事，而这种否定一切个别事物而肯定地还原到自己，就使诸神具有和悦和静穆的气象（Zug der Heiterkeit und Stille）。"⑤精神的觉醒表现为个体性的诞生，而静穆之所以可能，乃是因为个体性仍不离实体性。这样一种个体于是呈

---

① 黑格尔：《美学》（第三卷）下册，朱光潜译，商务印书馆 2019 年版，第 168—169 页。
②③ 同上，上册，第 155—156 页。
④ 语出温克尔曼的早期代表作《古希腊雕塑绘画沉思录》，参见：Johann Joachim Winckelmann, *Kleine Schriften, Vorreden, Entwürfe*, ZweiteAuflage, hrsg. von Walter Rehm, Berlin: Walter de Gruyter, 2002, S. 43.
⑤ 黑格尔：《美学》（第一卷），朱光潜译，商务印书馆 2019 年版，第 202 页。

现为一种鲜活的、灌注生气的个体(lebendige Individualität)①,一种"符合理念本质而现为具体形象的现实",而这正是黑格尔对"美的理念"或艺术"理想"(Ideal)的定义。② 象征型所代表的历史阶段和文化类型尚且没有分化出真正的个体,而浪漫型所代表的后基督教的历史阶段,个体性又在不同程度上脱离了实体性,这种脱离并且在现代世界达到极致。于是,唯有古典希腊已然具备个性,但个性并不脱离实体性,而是呈现圆满自足的圣福气象。值得注意的是,黑格尔在温克尔曼的"静穆"之外,尤为强调"和悦"(Heiterkeit)。这种"和悦"不是出于任何具体欲望的满足,而是由于一种稳固的内在根基,是不离实体性的个体对于自身存在的根本满足。也只有如此,个体才能处变不惊,才能真实地显出"静穆"气象。所以,黑格尔的古典主义美学根本上是一种强调个体与实体辩证统一的伦理学。没有个体性,则尚无精神的觉醒;脱离了伦理实体,丧失了实体性,则无"和悦和静穆的气象",无真正的美和自由可言。

这种美学和伦理学又蕴含着一种关乎古代希腊和全部人类精神命运的历史哲学判断:"希腊人生活在自觉的主体自由和伦理实体的这两领域的恰到好处的中间地带……在希腊的伦理生活里,个人固然是本身独立自足和自由的,却也还没有脱离现实政治的一般存在的旨趣,没有脱离精神自由对当下现实的肯定性的内在关系。"③黑格尔的《美学讲演录》因而是一部"希腊颂",要理解这部希腊颂,首先要理解他和温克尔曼之间的深刻关联。他不但像温克尔曼一样歌颂希腊之美,而且秉承温克尔曼之志,意在重建希腊之美。只不过,黑格尔充分的历史哲学意识使得他清醒地看到,在基督教教化和启蒙的解放之后,个体与实体的关系已经今非昔比。希腊是回不去的,单纯"模仿古人"如同刻舟求剑。他所努力的,是在个体更彻底的自觉之后,在更高的历史阶段,以更高的原则重建统一:"只有靠进一步回到一种纯粹的精神世界的内在的整体中才能达到和实体与本质的重新统一。"④黑格尔所努力的,实际上是在基督教地基上对希腊精神的再次召唤,是在分裂的现代主体世界中对整全性伦理生活的重建。

---

① 朱光潜译为"活的个性"。黑格尔:《美学》(第一卷),朱光潜译,商务印书馆2019年版,第201页。
② 同上,第92页。
③④ 黑格尔:《美学》(第二卷),朱光潜译,商务印书馆2019年版,第169页。

个体化而不失实体性的希腊诸神因此并非无根据的想象，而是希腊精神的具体呈现。希腊雕刻则对这些"灌注生气的个体"做了最恰切的艺术表达："在各门艺术之中特别适宜于表现古典理性的是雕刻，它可以表现出单纯的镇静自持（Beisichsein），使重点不在特殊性格而在普遍的神性。"①相比之下，诗歌的情形复杂了许多："诗则不然，它却要神们采取行动，这就是说，使神们要对一种客观存在持否定态度，因而导致他们的冲突和斗争。"②因此，从艺术门类来讲，诗已然是内在化的浪漫型了。既如此，黑格尔又如何断言史诗和雕刻之间具有"最为内在的亲缘关系"呢？这种亲缘，与黑格尔把史诗规定为诗歌中的客观性类型不无关系。可问题在于，黑格尔事实上不仅把史诗，而且把全部诗歌的最高理想都放在了希腊世界，所以我们必须追问，诗性希腊如何葆有古典品格？

　　黑格尔之所以把雕刻规定为希腊之美的最恰切的表达，乃是因为希腊雕刻天然地呈现了一种不失实体性的、内在自足的个体性。希腊诸神的神性，就在于此，这样一种个体也可以被称为"神性个体"。诗必然让神性个体陷入冲突，可只要个体在诸"多"冲突之中仍然保持为"一"，那就还是"不失实体性的、内在自足的个体性"。不但荷马史诗如此，更为内在化的抒情诗和冲突更为剧烈的悲剧也都可以如此。并且只有如此，才达到黑格尔诗学的美学理想。黑格尔也正从此出发解释悲剧英雄的"自在心情"或"镇定自持"（Beisichsein）："悲剧主角尽管显得是受命运的折磨，但是他们还露出一种简单的自在心情，好像在说：'事情就是这样。'"③我们有所谓"哀而不伤"，希腊悲剧中人物的遭遇显然远过于此。不过，黑格尔的解释观察到了一个很重要的特质，和"哀而不伤"有某种可比性，即悲剧人物哪怕在毁灭中都不失某种坚定。甚至，悲剧英雄越是遭受命运猛烈、无情地打击，越是凸显了那份坚定："束缚在命运的枷锁上的人可以丧失他的生命，但是不能丧失他的自由。就是这种守住自我的镇定才可以使人在苦痛本身里也可保持住而且显现出静穆的和悦（Heiterkeit der Ruhe）。"④在歇斯底里的悲剧冲突中，黑格尔令人惊讶地挖掘出"和悦和静穆"的希腊神像。可以说，在黑格尔看来，希腊雕刻是一切希腊艺术的底色，也是希腊世界

---

①② 黑格尔：《美学》（第二卷），朱光潜译，商务印书馆2019年版，第232页。
③④ 黑格尔：《美学》（第一卷），朱光潜译，商务印书馆2019年版，第203页。

的底色。

　　黑格尔对希腊悲剧的这种解释着实令人惊叹。读者或许会不禁追问,悲剧人物如俄狄浦斯和安提戈涅承受着极端强烈的悲剧冲突,果能持守"静穆的和悦"？可如果我们回味一下温克尔曼对拉奥孔群像的描绘,就能体会到黑格尔的悲剧诗学绝非空穴来风:"正如同大海的表面即使汹涌澎湃,它的底层却仍然是静止的一样,希腊雕像上的表情,(即使)处于任何激情之际,(也都)表现出伟大与庄重的魂魄。"①诗性希腊之于诸神雕刻,有似雕刻中的群雕之于单独的雕像②,其艺术要旨在于处运动和冲突之中而能维系静穆与和悦。

四、诗性与散文气

　　诗性希腊和雕刻的希腊,希腊精神的旧大陆和新大陆,自其同者言之,是一体两面的关系。自其异者言之,黑格尔的诗性希腊虽然隐藏着一尊温克尔曼的神像,可他至为推崇的仍然是诗和诗性,并且他还反过来用诗性概念对希腊世界甚至于对全部艺术做了一种普遍性规定。

　　首先,如前所述,诗和雕刻一样都要在个体性所陷入的杂多中维系其实体性的统一。就这个艺术任务本身而言,诗比雕刻来得远为困难,因为诗要在远为广阔而深刻的分裂中建立统一。黑格尔因此把诗放在了艺术发展的总结性位置,并且把诗歌中处理矛盾和张力的戏剧(尤其是悲剧)置于艺术之巅:"戏剧无论在内容上还是在形式上都要形成最完美的整体,所以应该看作诗乃至一般艺术的最高层。"③雕刻虽突出表达了希腊艺术的精神内核,可诗才是希腊艺术最丰富的果实:"在希腊诗里,纯粹的有关人性的东西无论在内容上还是在艺术形式上,都达到最完美的展现。"④

---

　　① 温克尔曼:《希腊美术模仿论》,潘襎译并笺注,中国社会科学出版社2014年版,第72—73页。
　　② 有关群雕和单独的雕像之间的关系,参看黑格尔:《美学》(第三卷)上册,朱光潜译,商务印书馆2019年版,第185—186页。
　　③ 同上,下册,第240页。
　　④ 黑格尔:《美学》(第三卷)下册,朱光潜译,商务印书馆2019年版,第27页。

其次，更为重要的是，诗在黑格尔美学中不只是语言艺术的总称，而且因其特有的普遍性，跨出艺术门类学，被纯化和提升为黑格尔美学的一般范畴了。在这个意义上，黑格尔把诗（Poesie）和散文（Prosa）、诗性（poetisch）和散文气（prosaisch）对举；这种对举不仅构成黑格尔美学的基本范畴，而且具有深刻的历史哲学内涵。就美学层面而言，黑格尔区分了诗性思维和散文气的思维方式（die poetische und prosaische Auffassung）；就历史哲学层面而言，黑格尔区分了诗性的英雄时代（Heroenzeit）和散文气的现时代（Gegenwärtige prosaische Zustände）。有关诗性与散文气的对举，因而是一篇关系到黑格尔思想要旨的大文章，本文暂不展开论述。我们在此仅仅指出，作为一种思维方式的"诗"，是"一种还没有把一般和体现一般的个别具体事物割裂开来的认识"①，个体因此沐浴在实体性的生动关联之中，结成一个贯穿着精神力量的整体。而散文气的思维方式则仅凭"知解力"（Verstand），"只满足于把一切存在和发生的事物当作零星孤立的现象，也就是按照事物的毫无意义的偶然状态去认识事物"。② 在散文气的时代，人和物都处于机械性和手段性关系之中，没有发生真正的联结；而在诗性时代，人和物都处于彼此敞开、浑然一体的联结之中。惟有存在于这种联结中，个体才是真正自由而幸福的。诗性因此不但是一切艺术的精神本质，而且是一切真正人性的生活方式的核心要素。

总之，在黑格尔看来，诗性是希腊的本质规定性。有关希腊的诗性本质和诗性希腊对于现代人的典范意义，我们不妨引罗马为对照，来做一简单说明。提起西方的古典时代，我们往往会把希腊与罗马并举。可在黑格尔的世界历史图景中，希腊是诗性的，罗马则是散文气的。黑格尔在谈到罗马雕刻的时候说，罗马与希腊的差距不在技巧的娴熟或描绘的真实，而在于诗性的缺乏："在罗马艺术里，古典型雕刻就已经开始瓦解。在罗马艺术里构思和创作的指导原则已不是真正的理想；精神灌注生命的诗意（Poesie geistiger Belebung），完满表现的内在的芬芳和高贵，这些真正的希腊造型艺术的优美品质都已消失了，代之而起的在大体上是对真实人物造像的偏好……罗马艺术在它自己的限度里毕竟维持住一种很高的水平，只是由于缺乏艺术作品的

---

① 黑格尔：《美学》（第三卷）下册，朱光潜译，商务印书馆2019年版，第20页。
② 同上，第23页。

真正的完美,和真正意义的理想的诗意(Poesie des Ideals),它在本质上落后于希腊艺术。"①从希腊到罗马,仿佛是从诗意的理想回落到了干枯的现实。相较之下,通过赞美他所向往的诗性希腊,黑格尔仿佛在向我们发出诗意的呼唤。一个文明体不应仅仅追求经济和技术的现实强力,而且更要追求"精神灌注生命的诗意",因为这才是真正人性的追求和文明的光辉。不过,黑格尔是一位现实的理想主义者,他没有停留在空洞的呼唤,而是认定"一切合乎理性的都具有现实性"。他对诗性希腊的赞美是在为人类未来确立理想的维度。在技术和经济的强力几乎支配一切的时代,黑格尔的希腊颂还有"现实性"可言吗?无论如何,我们仍然可以用黑格尔的诗性目光来批判散文气的现实。黑格尔的诗性希腊在这个意义上是散发永恒光亮的文明灯塔,总能引起人类的"家园之感"。

【本文为上海市哲学社会科学规划一般课题"尼采与现代德国美育思想研究"(2020BZX008)阶段性成果。】

(作者单位:同济大学哲学系)
学术编辑:史雄波

---

① 黑格尔:《美学》(第三卷)上册,朱光潜译,商务印书馆2019年版,第207—208页。

"后理论"诗学

走向后乌托邦诗学
——科幻叙事对政治乌托邦的解放

王　峰

内容提要　传统乌托邦既是叙事性的,也是政治性的,而这一政治性在现代政治实践中不断消耗能量,叙事性却得以转换保存,主要存在于科幻作品中。科幻作品是当代乌托邦,它更广阔,充满了面向未来的幻想性的乌托邦能量。它不断逐"新",并推动自身转向广阔的叙事文本,从而将政治乌托邦文本转化为科幻乌托邦文本的一个子类,并因此将乌托邦从枯萎的政治乌托邦中解放出来,走向富有生气的后乌托邦诗学。

关键词　乌托邦　科幻叙事　后乌托邦诗学

一、乌托邦的叙事性转变

一般来说,乌托邦思想的兴起以托马斯·莫尔的《乌托邦》(1516年)为标志,这部乌托邦作品借鉴了柏拉图《理想国》的一些思想,因而,也有观点认为《理想国》是最早的乌托邦作品。但从政治思想来看,莫尔的《乌托邦》才是真正开创性的,影响了其后一系列政治乌托邦作品的创作,比如康帕内拉《太阳城》(1623年)、莫里斯《乌有乡消息》(1890年)等。从乌托邦历史的角度看,我们可以观察到16世纪以来政治乌托邦作品的繁盛,但进入20世纪之后,充满乐观精神的政治乌托邦忽然衰落,恶托邦开始兴起,同时,乐观精神的乌托邦在科幻作品中不断显现踪迹。为什么会出现这种情况呢?科幻作品如何承接了传统的政治乌托邦,并将这一乌托邦精神变化、发扬的呢?

对于这一情况,学者已经有所阐述。西方马克思主义学者布洛赫指出,"我不确定,但可能是我们的时代出现了乌托邦的'升级版'——

只是它不再被称为乌托邦了。它在技术上被称为'科幻小说'。"①在这方面,科幻研究者明显要更确定一些,苏恩文也有类似的看法,他在《科幻小说面面观》中指出科幻小说与乌托邦小说的相似性,"何谓乌托邦小说?首先,它是一种依据完全不同的人物关系定位而获得定义的文学类型。同样,科幻小说亦是如此。"②值得注意的是,布洛赫关心的是乌托邦,而苏恩文关心的是文本形式,因而他把乌托邦直接看作一种文学形式(Fiction)。这一转变是至关重要的,只有从文本形态的角度,而不从内容陈述的角度,我们才能达成乌托邦与科幻小说的一致性的判断。苏恩文的观念看来对詹姆逊产生了比较大的影响。他指出,"达科·苏恩文认为科幻小说是'认知间异'(cognitive estrangement)的著名观点,强调了科幻小说文本对科学理性的承诺。它似乎承接了自亚里士多德以降……批判地强调逼真性的悠久传统。因此,认知在科幻小说中的角色从一开始就利用了理性和现世的科学时代的确定性和推测:苏恩文对这个概念的创新用法预设了今天的知识……包括了社会知识,因此,科幻小说也就最终包括了乌托邦文学。"③

从文学史上看,科幻文学是一个不太"崇高"的文类,它看起来无关伟大精神的追求,更多的是新奇的刺激。在中国当代文学分类中,科幻文学隶属于儿童文学,这就说明了它不属于成人文学,它的幻想性质只能让儿童信以为真,它太不真实,与我们这个世界离得太远,明显属于"怪力乱神"一类。如果说它还有些正面价值的话,完全在于它能够引导少年儿童探索未来世界的好奇心,一旦他们长大成人,这一好奇心就可以泯灭了。如果不能从科学幻想发展到对科学理论和实验的兴趣,科幻所引起的好奇心就再也没有多少用处,剩下的大约只有引发猎奇兴趣了。科幻文学的境遇在美国和欧洲要好得多,科幻(包括奇幻)的作者来自各个社会阶层,而且在一个消费社会中,只要故事足够精彩,吸引足够多的读者,就能畅销、被认可。科幻虽然还不是主流文学的中坚力量,但它毕竟属于一种对当代文化产生影响的重

---

① Ernst Bloch, *The Utopian Function of Art and Literature*, Cambridge: MIT Press, 1988, pp. 1 - 2.

② 达科·苏恩文:《科幻小说面面观》,郝琳等译,安徽文艺出版社 2011 年版,第 153 页。

③ 弗里德里克·詹姆逊:《未来考古学:乌托邦欲望和其他科幻小说》,吴静译,译林出版社 2014 年版,第 88—89 页。根据英文版略作改译。

要的文学类型,尤其是这一文学类型与电影相结合,形成了强有力的当代文化影响。

一旦乌托邦与科幻小说达成合流的关系,乌托邦内涵就开始融入科幻小说之中,这不仅改变了乌托邦的范围,使之扩大到更广泛的叙事文本领域,同样,也改变了科幻小说的内涵,使之承载乌托邦,并且通过文本叙事,将乌托邦从政治理念转化为文本的革命,发展成一种后乌托邦,从而增强了科幻小说的深度,也为科幻小说这一文类增添更重要的文化价值和意义。

任何一种乌托邦都包含着某种观念质素,无论政治乌托邦还是科幻乌托邦,其中既存在着基础性的关联,也存在着不同的区分,"对乌托邦的理解以这样的观念为基础:乌托邦是我们这个世界的替换,其中还包括了某些特殊的质素,以表明这一替换的不同。"[1]重要的是,这些乌托邦质素是怎样从政治乌托邦向科幻叙事这一后乌托邦诗学形式转换的。下面试剖析之。

二、从封闭到敞开:孤岛乌托邦转化为开放的乌托邦

早期政治乌托邦从地理上讲是一种孤岛形态。詹姆逊指出:"乌托邦空间是社会真实空间中的一块假想的飞地,换句话说,乌托邦空间的可能性正是空间分化和社会分化的一个结果。……在动荡不安的社会变革力量中的这一块静止区域,也许可以被认为是一个孤岛(enclave),一个乌托邦幻想可以运行在其中的孤岛。"[2]所谓的孤岛并不是指一个实际的地理位置,它是一种想象的空间,而之所以这样想象,是有其文化历史和政治形态渊源的。首先,这一孤岛不是无源之水,是从柏拉图的《理想国》设想中受到启发的。其次,社会政治形态允许出现一个可以与现实政治相对抗的乌托邦政体,而当时的政治地理也允许存在尚未发现之地,这就为孤岛乌托邦留下了现实的可能

---

[1] Peter Stockwell, *The Poetics of Science Fiction*, London: Pearson Education Limited, 2000, p.206.

[2] 弗里德里克·詹姆逊:《未来考古学:乌托邦欲望和其他科幻小说》,吴静译,译林出版社2014年版,第28页。

性。这一可能性的作用是双面的:"这种孤岛就像是社会机体中的一个外来体:在这些孤岛中,分化过程暂时地停止了,因此它们在社会所能影响到的范围之外暂时保留了它们原来的形态,并见证了其在政治上的无力;也正因为这样,它们同时提供了一个空间,使得关于社会的新的希望图景可以在其中被详细阐述和试验。"①

空间不仅仅是一个地理位置,实际上,空间位置的不同可能导致不同的政治、经济和文化状况。尤其值得注意的是,这里的空间还不是实际空间位置,而是想象中的空间,在这一想象空间中,必然使某些政治和文化元素得到了强化,而某些看起来普遍性的元素被弱化成了背景,这可以说是匮乏-补充机制。这在政治乌托邦中如此,在科幻乌托邦中同样如此。因而,当我们面对这样的乌托邦空间系统的时候,必须把空间这一通常背景化的元素突显出来,使它的结构意义显现出来,这样,我们才容易将乌托邦的整体结构拿出来,作为我们考察的对象,而不会受到具体乌托邦文本的牵制,单纯围绕着内容做文章,如果不这样,就只能入乎其内,而不能出乎其外了。

孤岛乌托邦与科幻乌托邦的不同,首先就在于空间上的差别,孤岛乌托邦是一个被限定的地理空间,而科幻乌托邦是以地球为起点的广阔太空。孤岛乌托邦,一般处于地球上很难发现的一个角落,但是它必须有其起因,否则就显得子虚乌有。比如它可能是一群逃难的人自动建立起来的一个合乎规则的社会,也可能是自然生长在那里的一群人们,他们依据自然地形建立的一个合乎理想的社会制度,也可能是逃亡者依靠某种特殊的方式建立的一个理想的国度。这一孤岛形态甚至是主动隔离形成的,比如《乌托邦》中的描绘:

> 根据传说以及地势证明,这个岛当初并非四面环海。征服这个岛(在此以前叫作阿布拉克萨岛)而给它命名的乌托普国王使岛上未开化的淳朴居民成为高度有文化和教养的人,今天高出几乎其他所有的人。乌托普一登上本岛,就取得胜利。然后他下令在本岛连接大陆的一面掘开十五哩,让海水流入,将岛围住。②

---

① 弗里德里克·詹姆逊:《未来考古学:乌托邦欲望和其他科幻小说》,吴静译,译林出版社 2014 年版,第 29 页。
② 托马斯·莫尔:《乌托邦》,戴镏龄译,商务印书馆 1982 年版,第 50 页。

就其偏居一隅而言,其实不足以对地球其他政体产生实际影响,因为他们与世隔绝,是个孤岛,同时体量较小,不是庞大国度,不会征服外界,最多是以德政为尚,归柔远人。科幻乌托邦则探索一种普遍化,这种普遍化充斥在任何一个科幻文本当中,因为这样的普遍化实际昭示着人类社会的可能出路。孤岛乌托邦是人类政治体制的特例,它像一个对向而立的镜子,反照出地球上所有政体的不足,因而成为一种可供参照的政治愿景,显示出它是现实的理想化的一面。科幻乌托邦把这一愿景立为普遍的规则,它远远超过了对立的镜像,而成为人类所有政治体制以及行为方式的想象性立法者。

相比于孤岛乌托邦,科幻小说描绘的世界明显要广阔,无论是地下世界还是外部星空,科幻乌托邦在空间地理上明显是开放性和扩张性的,当然这两个特性哪怕在孤岛乌托邦中也有所体现,但孤岛乌托邦的空间扩张表现在地球上的某个并置空间上,而科幻乌托邦则扩展到无穷的外部空间中,它甚至可以表征为无穷的宇宙,比如《银河帝国》中,人类建立的帝国已经扩张到整个银河系,人类居住在银河系的任意一个星球上。中国科幻作家刘慈欣的《三体》在地理方面更加恢宏,人类踪迹踏遍整个宇宙,直到宇宙的最终毁灭。

乌托邦的地理想象具有多方面的来源,但从社会文化角度来看,地理大发现之后,地球剩余空间的想象已基本被耗尽,很难设想地球上存在一块飞地,且这一飞地竟然还具有比现实政治制度更优越的制度。二十世纪以来,人类科技的大发展,将乌托邦视野从狭窄的地球带向无限广阔的外部宇宙,外太空的乌托邦叙事兴起,取代了狭窄的孤岛乌托邦空间。至此,空间的文化想象已经在形式上从孤立状况中摆脱出来,如果一种乌托邦是可能的,它就不是一种孤立形态的,而必须是普遍性的,至少是局部普遍性的,因为只有这样,乌托邦才能建立起来,并成为可能现实的实践。

三、角色的转变:探访者与科学家

传统的乌托邦往往设定一个探访者的角色。《乌托邦》第一部的副标题是:杰出人物拉斐尔·希斯拉德关于某一个国家理想盛世的谈话,由英国名城伦敦的公民和行政司法长官、知名人士托马斯·莫尔转述。在《乌托邦》中,莫尔成为这一探访的转述者,乌托邦亲历者被设定为一个叫希斯拉德的人。《太阳城》的副标题是:朝圣香客招待所管理员和一位热那亚的航海家的对话,而航海家无疑成为乌托邦的讲述者。因而这一乌托邦实际是转述的乌托邦。我们在前面已经说过了,它是一种孤岛式的乌托邦。进入乌托邦的人身上往往承载这样的叙事:他属于某个政治体,这一政治体本身遭遇种种政治不幸,乌托邦其实是一个替代品,它是与现行政治体制对照而产生出来的,是一种政治上的理想政体。另外,这一政治理想政体往往是通过道听途说的方式来表达出来的。进入乌托邦的人一般是一个具有冒险精神的探险家,或者是人类学者。他们本来就相信一个美好政体的存在。他们讲述的故事更多的是验证其自身的信念。传统乌托邦的探险者其实是唯一回来报信的那个人,他是一个信使,传达了乌托邦的消息,但由于乌托邦是一个隔绝之地,如果没有探险者的引导,就不可能重新回去,甚至像《桃花源记》那样,连探险者也寻不着来路,所以它更像隐秘之地。

由于传统乌托邦本质是一个孤岛,它与其他政体空间上是隔开的,它不会与现实政治产生直接冲突,因而,在观念上是可以忍受的。而科幻乌托邦则是一种新世界的发现,这一新世界具有普遍性,它不是某个孤立之地发生的革命,而是这个世界普遍发生的变化,这一变化导致了旧世界——地球的毁灭,因而,在想象层面上,科幻乌托邦是一种政治上的彻底革新,这一革新是极其古怪的,它其实不关心政治,不关心地球上的任何政体,无论它们之间有多么对立,它视地球上既有的政治体制为无物,它只关心更具有抽象意义的地球人类的存亡问题。

传统乌托邦是一种对照。也就是说,他生活的那个世界依然存在,而他所向往的这个世界,只能是与他居留的那个世界形成对比,他是一个新世界的寻访者,或者偶遇者,他终究要回到旧世界当中去。从情感上说,他对旧的世界充满了痛恨,对新世界充满了向往,而且在新世界当中看出旧世界所有的丑恶,但是最重要的是他不属于那个新世界,新世界很快就会关闭,他不是那个世界的一分子,他属于旧的世界。这像是一面文化照妖镜,在其中我们注意到的是自己的丑陋,而看到的是一个完美的镜中虚像。镜中的虚像是一种理想,我们什么时候能像镜中虚像那样完美呢?这几乎是一个先天否定的可能性。我们永远也穿不过镜子,因此我们永远也不能与虚像结为一体,这是政治乌托邦不能够否认的一个结局。一个可以设想的结果是寻访者留在乌托邦,从此享受美妙人生。但不要忘了,我们这些人才是乌托邦这个文本的受众,"我们"这些读者才是一个探险故事的接受者,没有"我们",就没有乌托邦。因而,必须设定一个游历乌托邦的人,他要回来报信,诉说这一传奇经历。这一角色非常奇妙,他可能是亲历者,也可能是一个旁观者,他往往扮演中立的角色,只是陈述了一个事实,但他的表达语气,必然是无限惆怅的,仿佛他不断思念那段美妙的奇遇。

乌托邦作品中的讲述人是否以及能否准确地复述经历者的故事,这是一个叙事学的问题,但乌托邦研究中可以不用过度纠结,因为无论从哪个角度讲,乌托邦故事本身就是虚构,它从来不是实际存在物,但作为一种虚构的文化之物,却成为社会文化整体的一个有机构成部分,它可以视为理想在叙事中的显形,并为社会实践提供具体性的指引。诚然,任何一个理想主义叙事文本中都存在叙事技巧,这是故事文本本身的需要,但它不是本文的讨论重点,暂且忽略不议。

科幻乌托邦与之不同。异星代表着新世界,人们是新世界的寻访者,甚至就是创造者。太空漫游系列的科幻作品特别代表了这一方向。最典范的就是阿西莫夫《基地》。故事开始时,银河帝国已有一万二千年的悠久历史,但很快,帝国就解体了,这几乎没有任何征兆,但一个不太起眼的数学家谢顿发明了一种计算未来的数学模型,起了一个很奇特的名字,"心理学史",并做出预言:帝国即将土崩瓦解,整个银河注定化为一片废墟,黑暗时期将会持续整整三万年。谢顿不断完善他的数学模型,并制定一个计划,在银河中"两个遥相对峙的端点"上分别建立第一和第二基地,保存人类文明火种,将三万年的黑暗时期缩短为一千年。其中在端点星上建立的基地,全部由科学家组成。克拉克的科幻四卷本《罗摩》系列(由《与罗摩相会》《罗摩2号》《罗摩迷境》《罗摩真相》四部作品组成)与此相近。小说一开头就描写科学家探险外星飞船"罗摩",不断发现"罗摩"的真相,最终走向一种包含复杂情感的某种"理想"未来。当然,未来并不一定代表美好的结局,从乌托邦发展而来的恶托邦已经成为乌托邦这一大类的重要部分,科幻作品也并不回避这一点。其实乌托邦本身就包含恶托邦,只是我们倾向于忘记这一点。中国最著名的科幻小说《三体》就可算是一部含糊的恶托邦小说。小说从地球与三体星的冲突开始,表明宇宙是一片充满邪恶的"黑暗丛林",因而,宇宙原则就是早期人类社会学中的"黑暗丛林法则",最终,三体星和地球都被其他更强大的异星人所灭,地球人类只幸存了几个人,在宇宙中流亡,虽然从结尾来看,宇宙最终由归零者重启,重新开始新生命,但这一结局却不能不说是一种含泪的完满。

科幻乌托邦的新能量在于,它有效地建立起"新"的寻找机制。几乎每一部优秀而富有野心的科幻作品都在创建一个新世界,在这一世界中,主要的一种或几种质素得以改变,因而造成了整个世界的改变,政治仅仅是这个世界变化中一个质素,还有其他的、更广泛的质素值得我们去探索,比如时间(时间跨越或时间旅行)、历史(逆转历史的写作)、速度(太空旅行)、空间(异星探险、异空间)、生物等,任何一种质素的具体性改变都将带来世界的整体性变化,而处于这一变化中的人如何回应世界,生成怎样的文化和心理,则是一场有意义的思想实验。

四、乌托邦能量的转移

在詹姆逊看来,"对于莫尔最早的作品,我们最好提出两条不同的继承脉络:一条是希望实现乌托邦计划,另一条则是在不同的表现形态和实践中找出略显隐晦但却无所不在的乌托邦冲动。第一条脉络是系统性的,当它旨在建立一个全新的社会时,它包括了革命性的政治实践以及文学形式中的书面操练。""另一条继承脉络更加晦涩也更加不同,……应该在象征的意义上思考乌托邦冲动及其解释学"。① 这里的第二条线索,指的就是布洛赫式的日常生活批判,从日常的文化碎片中发现乌托邦遗存和新的乌托邦可能性,而第一条线索就涉及从政治乌托邦到文本乌托邦的转化问题。

只有不断走向宏大乌托邦才能保证乌托邦的能量。布洛赫在《希望的原理》中总结了乌托邦的机制,他说只有愿望充实的时刻,才是真正乌托邦实现的时刻,而"新"必须是乌托邦的动力,"新"就是乌托邦能量。

---

① 弗里德里克·詹姆逊:《未来考古学:乌托邦欲望和其他科幻小说》,吴静译,译林出版社2014年版,第13—14页。

布洛赫提出一个特殊的乌托邦概念,"新"(Novum)①,所谓的"新"就是"尚未意识到的东西",同时也是尚未现实化的东西。

> 要想意识到尚未被意识到的东西并将尚未形成的东西加以形态化,这一点只有在某种具体的预先推定这一空间中才是可能的,只有在具体地预先规定更美好的生活的地方才耸立着创造性的火山,并喷发其熊熊火焰。只有作为新东西(Novum)的现象,天才作品中的高超才能,亦即为习以为常的形成物所陌生的东西才是可理解的。②

因而,"新"是一个乌托邦的动力因,一个作品之中,只有不断提供"新"这一驱动力,才能将乌托邦能量不断充满。因为乌托邦是一种特殊的存在物,它从来不固化自身,而是永远在追寻"新",塑造"新",一直处于趋向"新"的路上,如果既有的乌托邦被描绘成了一种固化的东西,那么,"新"也就变成了"旧",我们必须打破它,寻找另外的"新"。然而,这样一来,我们必然要面对一个指责,乌托邦不断逐"新",它可能是没有事实根据的。为此,布洛赫辩护道:"只要现实尚未完全得到确定,只要在新的萌芽核心的形态中,现实还占有尚未完结的可能性,我们就不能从单纯的事实性的现实出发对乌托邦横加指责,提出绝对异议。"③其中所谓的"绝对异议",其实是彻底否定的意思。乌托邦并不是不可否定,我们实际上可以对具体的乌托邦进行批判,但乌托邦之"新"从尚未实现这一点来说就是其价值所在,单纯的事实不能否定它。

苏恩文将"新"运用到科幻小说研究中,他承认这一术语来自布洛赫,"指的是与作者和隐含的接收者的现实标准相偏离的总体性现象或关系"④,他认为,"从描述上说,科幻小说被认知逻辑所支持的虚构

---

① Novum:中文译本将之翻译为"新东西"或"新事物",这里将其译为"新",以表示一种普遍的性质,当然这一普遍性质需要表现在具体事物上面。
② 恩斯特·布洛赫:《希望的原理(第1卷)》,梦海译,上海译文出版社2012年版,第136页。
③ 同上,第230页。
④ Suvin Darko. *Positions and presuppositions in science fiction*, Springer, 1988, p. 76. 参见,达科·苏恩文:《科幻小说面面观》,郝琳等译,安徽文艺出版社2011年版,第198页。

的'新'(新奇、创新)所主导,这意味着两个现实之间的反馈振荡。科幻叙事实践了一个不同的——虽然是历史性的,而不是先验的——世界,它回应着不同的人际关系和文化规范。"[1]从这个角度来讲,苏恩文更愿意从可能世界的角度来理解"新",而不是像布洛赫一样从现实的政治批判角度将"新"树立为乌托邦动力。

相对来说,詹姆逊更接近布洛赫的设想,但他明显把乌托邦的"新"质素更有力地推进到科幻叙事之中,他认为,"如布洛赫所做的那样,在所有地方都发现乌托邦冲动的踪迹,实际上是将乌托邦冲动普遍化,并且也意味着它是某种根植于人类本性中的东西。"[2]苏恩文对这一点也有相同的看法,"从逻辑上它只能是布洛赫的,"因而,他得出一个颇具锋芒的判断,"严格而准确地说,乌托邦并不是一种类型,而是科幻小说的社会政治性的亚类型。"[3]这一点启发了詹姆逊,他进一步论证到,"最有趣的肯定是弄清楚为什么乌托邦会在一个时期内繁荣兴旺,而在另一个时期却销声匿迹。如果你们像我一样跟随达科·苏文的思路,相信乌托邦是科幻小说这一更宽泛的文学形式中的一个社会经济的子类型,那么上述的问题就必须扩展到将科幻小说包含在内。"[4]他给出的解释是苏恩文的"认知间异"(cognitive estrangement)原则强调从想象中剥离出认知性因素,如果科幻小说包含乌托邦,那么,我们就能从科幻小说当中发现乌托邦质素的延续。而在科幻小说这一大类下,我们发现一种普遍的性质,这一普遍性质既存在于政治乌托邦中,也存在于科幻小说中,它们具有一致之处;因而,在政治乌托邦中消散的实践,在科幻小说中,依然存在着强大的生命力。

我们依然可以从"新"这一变革的内在力量进行说明。"新"既是布洛赫创造的一种阐释性概念,同时,也是对乌托邦力量转换的解释性概念和推动力量,乌托邦必然是追逐"新"的,因为从本性来说,乌托邦是叙事文本,它是一个特殊的叙事类型,只有以彻底新的东西为内

---

[1] Suvin Darko. *Positions and presuppositions in science fiction*, p. 37. 参见,达科·苏恩文:《科幻小说面面观》,郝琳等译,安徽文艺出版社2011年版,第158页。

[2] 弗里德里克·詹姆逊:《未来考古学:乌托邦欲望和其他科幻小说》,吴静译,译林出版社2014年版,第21页。

[3] 苏恩文:《科幻小说变形记:科幻小说的诗学和文学类型史》,丁素萍等译,安徽文艺出版社2011年版,第68页。

[4] 弗里德里克·詹姆逊:《未来考古学:乌托邦欲望和其他科幻小说》,吴静译,译林出版社2014年版,第6—7页。

容,才能成为一个叙事性乌托邦成立的理由,从而,追逐"新",展现"新"本身成为乌托邦转换的力量。当政治乌托邦的能量在现实政治实践中不断地被证明或证伪,它的叙事空间就变得越来越狭窄,它的政治能量被现实的政治实践所消解。曾几何时,在它的叙事中包含着激动人心的能量,但在十九世纪以来的现实政治中部分实现,其余部分则被击得粉碎。政治乌托邦越来越缺乏存在的空间。然而,幸运的是,我们毕竟还有另一种形式来承接这一乌托邦精神,这就是科幻小说。

"新"是一种系统性的能量,它不是解决某个小的因素,而是更宏大的形式性因素,它解决的是乌托邦意识中不断变革这一要素。"新"不是部分性的,而是整体性的。对于每一个优秀的乌托邦文本而言,它都提出一种新的尚未出现的东西,从而造成一种系统性的变迁。"在科幻小说当中,新的天堂与地狱的设想已经随处可见。"[1]我们已经在政治性的孤岛乌托邦著作中看到了对乌托邦的整体系统性的描述,包括地理形势、城池坚固、政治制度、军事制度和战术、外交、婚姻与性、文化等,其中最主要的三条是地理、政治、性。乌托邦人民具有明显的优点,比如人民好学、知识渊博,首领明智仁慈、富有智慧,战士勇敢、战无不胜、心灵纯洁、不以私产为荣等。所有这些都是最基本的系统性问题,解决了这些问题,才能谈得上完美的乌托邦社会。而几百年来,乌托邦文本正是由于其政治上的前瞻性和理想性,才引来无数的关注目光。然而政治性的突出对孤岛乌托邦是正面的吗?如果我们细致考察文本,就会发现孤岛乌托邦中隐藏着一种地理学的政治论。政治形态与地理因素是密不可分的,虽然我们知道地理决定论是有局限的,但对于文化起源阶段,地理政治学有其天然的合理性,政治必然与地理形态相结合。而乌托邦文本总是一种原初地理学的探索,无论孤岛乌托邦还是科幻乌托邦,总隐含着地理性质的原初决定性,比如《三体》中三体文明存在1000多次兴起和毁灭的历程,其地理或者星系的基本样貌决定了基本文明形态或政治形态,即必须向外侵略,占领新的宜居星球,才能保全整个文明。这就决定了任何政治、文化形态必须与基本的地理形态相结合,地理政治学以地理为基础的政治基础倾向。

---

[1] Raymond Williams, "Utopia and Science Fiction", in: *Science-Fiction Studies*, Vol. 5, No. 3 (Nov., 1978), p. 212.

从原初地理学上看,最初的原始状态虽然时间最长,但在关键的时间变化上却只占据比较短的位置,大约只有起点这一设置才与原始状态直接相关,而这又是最困难的阶段。人类社会的资本主义扩张期在原初地理学上具有一种转折性的借鉴意义。它造就了人类地理大发现,达到现代地理的高峰状态,而正是依赖于从起点至高峰期这一过渡,它才具有方向转折上的合理性。只有某种根本性的贫瘠才能产生向外探索的冲动,而任何探索其实都是一种殖民,星际殖民与最初地球上的殖民一样,并不包含任何伦理重负,因为另一块大陆或另一个星系的居民被认为是与我们有异的,只有当地理空间辐射到足够大,把此前的有异空间和有异居民演化为我们邻居的时候,才可能产生伦理的责任感。从最近几个世纪的殖民历史到现代的文明史发展中,我们也能看到这样的伦理变化。

五、被接管的文本:文本冒险与乌托邦愿望满足的新形式

相对于科幻乌托邦而言,政治乌托邦范围较为狭窄,这不仅表现在空间地理和时间延展上,还表现在内容框架上,科幻乌托邦是极其广泛的,它涉及科技、社会、心理、文化、战争、个体等很多方面,而政治乌托邦更多集中在政治经济制度和两性伦理关系上。

"人文主义"自由乌托邦是一种隔托邦;后现代自由乌托邦是一种真正的无政府,一种异托邦。异托邦模式是块茎式的,它充满修辞,是符号互文性的,而异托邦式的迂回空间则充满矛盾,自我叠替,它明显是后结构性的。块茎空间不能用古典的、启蒙的、浪漫的或人文主义的模式来概念化,所有这些都预设了一些不可避免的基础,一个建立乌托邦大厦的特定基础。只有无政府主义才能实现块茎。[1]

---

[1] Neil Easterbrook, "State, Heterotopia: The Political Imagination in Heinlein, Le Guin, and Delany", in: Donald Hassler, Clyde Wilcox (ed.), *Political Science Fiction*, Columbia: University of South Carolina Press, 1997, pp. 70 – 71.

孤岛乌托邦的狭隘地理决定了它只是一个偏安性质的地理存在，它只能在比较小的地理范围内获得优势，这也让我们怀疑，这种孤岛乌托邦一旦被纳入广阔的全球地理之后，它是否还能获得各种政治、军事上的优势。更进一步地，现代性已经达到了全球化的地步，任何孤岛乌托邦都丧失了原有的神秘性，失去了地理上存在的可能，它再不能成为一种政治上的实存对照，只是成为文学上的修辞，这一时代变换所产生的时空背景转换使其政治性质被大大削减，它的功能尚不如纯文学性质的科幻乌托邦来得直接，而且更具有未来可能性——毕竟孤岛乌托邦已经丧失了实在的可能，而科幻乌托邦则保持着未来的可能性，这是乌托邦最重要的性质，而且就目前所见，这一未来可能性可能会延续相当长的时间。可以说，乌托邦的"新"的能量已经从孤岛乌托邦转运到科幻乌托邦中，这一转运包含着接受者维度上的时间变化和文本描绘的空间变化两个元素。从接受者的时间维度上讲，地理大发现以及科学技术所导致的对地球空间的全面勘测已经使地理上的隐藏空间变得完全不可能，接受者观念也从乌托邦的异域实在性观念转变为只留存于文本中的修辞观念。从文本空间观念上看，孤岛地理的实在性消解与地球外空间的实在性增长形成此消彼长的态势，作为修辞存在的孤岛乌托邦只能作为一种精神形态留存在文本中，并通过文本描绘将这一精神内涵转运到科幻小说当中，并且使乌托邦精神从修辞意义重新焕发出实存性的可能。这是两种乌托邦形态通过文本描绘达到的内在精神的关联。从内在精神转运的角度看，现代科幻小说已经达成对传统乌托邦的吸纳，进而将两种看似不一样的文本归结为一个文类，并以科幻小说为主要表现形式，传统的政治经济乌托邦成为一种附属性的形式，可视为科幻小说的前身。

政治乌托邦预设了与现实政治制度的对立。莫尔《乌托邦》的第一部充满了冗长的政治辩论，讨论现实政治的缺陷，第二部才从对照乃至对立的角度提出乌托邦这一新政治理想。这一政治倾向影响了整个政治乌托邦叙述。空想社会主义（utopian socialism）这一概念引向了现实的政治实践，但实践本身就会压缩空想的空间，而这一空想的能量只有回转到叙事文本中才得以保存。

政治上幸福的生活与公有制有关，政治乌托邦往往关心制度性问题，认为财产私有是罪恶的来源，一旦财产公有，就可以消除基本罪恶。

  航海家：这个民族来自印度，他们是在祖国遭受蒙古的掠夺者和暴徒的破坏后逃出来的，因此他们决定过严肃的公社生活。虽然生活在他们这个地区的其他居民中并未规定公妻制度，但太阳城的居民却在一切公有的基础上采用这种制度。一切产品和财富都由公职人员来进行分配；而且，因为大家都能掌握知识，享有荣誉和过幸福生活，所以谁也不会把任何东西攫为己有。①

  但这并不是说公有制就完全没有问题，人的私心很可能还存在，所以必须采取严密监视的方式。"负责人员严密地监视着，不让任何人获取超过他所应得的东西，但也不会不给他所必需的东西。"②当然监视的初衷也是好的，因为严密的监视可以保护它的人民，"有负责人员严密地监视着，在这个集体中谁也不能欺负别人。"③当然，这样的监视如果无所不在，也可能发展为《我们》《1984》那样的恶托邦。

  在某些带有政治意味的科幻作品中，政治乌托邦的政治制度设计时常被承继下来。

  海因莱因的月球自由邦④是一个"理性无政府状态"，是一个自由主义系统。勒古恩的阿纳瑞斯⑤是无政府职能主义。从泰坦到海卫一⑥，德莱尼的外空卫星提供了无数的政治选择，一个模糊的序列不仅消除了左与右，而且最重要的是，消除了政治制度通常具有的共同点。第一个服膺于资本主义、自由市场、托马斯·马尔萨斯和（含蓄地赞美）艾恩·兰德。第二个似乎受到各种19世纪乌托邦运动的启发，如，保罗·古德曼，以及潜在地受到赫伯

---

① 康帕内拉：《太阳城》，陈大维等译，商务印书馆1997年版，第9—10页。
②③ 同上，第11页。
④ 出自《月亮是一个冷酷的情人》(*The Moon Is a Harsh Mistress*)(1966)。
⑤ 《一无所有》中的一个无政府星球。
⑥ 出自《异者海卫一：含糊的异托邦》(*Trouble on Triton: An Ambiguous Heterotopia*)(1976)。

特·马尔库塞和尤尔根·哈贝马斯的启发。第三个的影响主要来自米歇尔·福柯,并通过他,吉尔斯·德勒兹和菲利克斯·瓜塔里也发挥了影响力。①

勒古恩的著名科幻作品《一无所有》设计了一个阿纳瑞斯的星球,这是一个统一的无政府星球。这里的人民是几百年前自愿从另一个星球放逐而来,建立了一个完全无私产的公有制制度。与莫尔的《乌托邦》有些类似,人们集体生活,废除婚姻,生产、生活都按需调配,放弃国家,只进行必要的管理。但是相比乌托邦的监视构想,《一无所有》中的人们自愿选择这样的生活,他们不反悔,而是自愿奉献自己。因而,他们主动节制自己的欲望,听从管理和安排。

乌托邦当中包含着征服,这是最初的乌托邦中不可避免地掺杂着的。对于孤岛乌托邦来说,如何在军事上抵御外部进攻是一个必须要考虑的因素,而孤岛本身就容易形成比较强有力的防御。

> 港口出入处甚是险要,布满浅滩和暗礁。约当正中,有岩石矗立,清楚可见,因而不造成危险,其上筑有堡垒,由一支卫戍部队据守。
> 岛的外侧也是港湾重重。可是到处天然的或工程的防御极佳,少数守兵可以阻遏强敌近岸。②

比如,太阳城的建造是这样的:

> 这个城大部分位于这个广阔平原的一座高高的小山上;它四周的许多建筑物在远远超过山脚的地方,这个小山的面积,也和城市差不多,直径为两英里多,圆周为七英里。而且,由于它建筑在山脊上,所以,它的面积大于建筑在平原上的面积。这个城分为七个广阔的地带,即七个同心圆的城区,并以七大行星的名字命名。由一个城区到另一个城区,要通过四条铺石块的街道,并

---

① Neil Easterbrook, "State, Heterotopia: The Political Imagination in Heinlein, Le Guin, and Delany", in: Donald Hassler, Clyde Wilcox(ed.), *Political Science Fiction*, pp. 44-45.

② 托马斯·莫尔:《乌托邦》,戴镏龄译,商务印书馆1982年版,第48页。

穿过各区东南西北所开的四座城门。这样建城的优点是,假如第一个城区被攻占,必须以加倍的兵力才能攻占第二个,攻占第三个时又要用加倍的兵力;要攻到这个城池的中心,每次势必使用加倍的兵力。因此,谁要想占领这个城池,他就得进攻七次。但是,在我看来,由于它四周的围墙是那样辽阔并以那样多的棱堡、塔楼、以石球为弹的大炮和沟壕来设防,所以占领第一个城区都是不可能的。①

而对于科幻乌托邦来说,地球如何在浩瀚的太空之中保持独立地位,不被其他星球的高级文明所奴役,这是一个必须解决的问题。从根本上来说,军事是乌托邦必须保留的元素。孤岛乌托邦在科学技术上的优势是被预设的,如果缺乏这一点,孤岛乌托邦是不可能成立的。在科幻乌托邦中,这直接表现为科学技术的先进,只有科学技术上远远超出现在程度的进展,才能保障地球作为一个整体去开拓新的星际空间,在与其他星球人相遇的时候,不至于处于弱势地位。当然,科幻文本不自觉地继承了某种殖民主义的观念,这是要批判和警惕的,但也是最初的探索所不可避免的。

> 陌生之域无论是空的还是住着他者、野蛮人,他们的生活被认为是缺失的,他们的文化被看作是粗略而畸形的,但他们仍然在后殖民主义和科幻小说的奇异性中引人注目。陌生人,或他者,以及陌生之域是殖民目标的核心,驱逐他们同样是后殖民主义的核心。②

其次是整体政治文化上的,孤岛乌托邦中,现实政治是一种有缺陷的形态,乌托邦则是一种理想形态;而在科幻乌托邦中,未来的星际和宇宙到底对地球意味着什么,谁也不知道,它可能意味着美好的未来,也可能意味着奴役或者整体性的毁灭。相对而言,地球文明无论其内在的政治体制具有什么样的缺陷,它都充满了温情的内涵,这是

---

① 康帕内拉:《太阳城》,陈大维等译,商务印书馆1997年版,第3—4页。
② Jessica Langer, *Postcolonialism and Science Fiction*, Hampshire, New York: Palgrave Macmillan, 2011, pp. 3-4.

母体自然具有的属性。在科幻作品中,地球被赋予母星的称号,《银河帝国》中,地球被称为盖亚,而盖亚在哪里,却已经是一个谜,寻找盖亚,成为解开银河帝国混乱死结的一把钥匙。

科幻作品向未来无限敞开。一旦人类将目光转向宇宙,外星的挑战就不可避免。人类在宇宙中的命运如何?这并不存在某种预定的完满结尾,所以科幻乌托邦更宏大,更具有乌托邦精神实践的力量。它可能具有政治意味,也可能彻底放弃政治,而转向关心地球人类生存整体。毕竟,无论政治多么重要,这只是地球内部的冲突,而人类一旦被放入与异星冲突的情境下,政治这一内部冲突与整体人类生存相比,无疑就变得微不足道。

对于未来,我们一无所知,只有依赖想象性的文本去开拓道路。放在这个语境当中,批判其军事思维和威权思维是比较苍白的,因为开拓本来就是一种探险,是一种军事化的行动。所谓的人权思考只有在新世界出现细节性结构的时候,简单地说,细节足够多,足够为整体构造赋予血肉时,我们才有可能去思考人性和伦理问题。比如勒古恩的《世界的语词是森林》,在故事情节上,星际间的军事冲突相对较为简单,而星球内的星际种族冲突集中了绝大部分笔墨,某种星际人性和伦理在冲突之中不断显示出其独特面貌。但是如果我们只是抽象地谈论某种人性的光辉,以便在找不到冲突解决途径时使用出来,这只能算作者的无能——任何一种情节以及它所包含的伦理问题,都必须放在它所设置的情境当中,而不能单纯脱离出来进行抽象式的批评,那只是一种无法击中靶心的批评,而不是一种客观性的研究态度。

结语　走向后乌托邦诗学

从政治乌托邦到科幻乌托邦,现实政治能量不断衰减,文化能量却不断得到增强。在这里,我们可以明显看到乌托邦能量和内涵的转换,一种新的乌托邦接管了旧有乌托邦的精神性任务:

> 公开的乌托邦文本或话语已经被当作一般性科幻小说的一个子变种。而令人感到矛盾的是,在乌托邦被认为应当寿终正寝

的关头,在上文所提到的乌托邦冲动的窒息在各处都越来越真实的时候,科幻小说近年来已经重新发现了它自己的乌托邦使命,这导致了一系列强有力的新作品的出现,包括乌托邦文学和科幻小说。①

从乌托邦发展史就可以看到这一点:如果乌托邦仅仅与政治相连,那么对于已经实现的社会政治来说,它完全是"空想的"(utopian),但如果从它的精神内核(乌托邦能量)来说,它却只有保持为空想才得以一直保持下来,并且只有通过叙事作品的展示,才真正成为一块文化"飞地",进而与人类文化整体形成千丝万缕的联系,共同塑造既有的文化观念,从而成为文化中不可或缺的部分。

因而,我们看到,在乌托邦能量不断消耗于现实政治实践之中的时候,我们找到了新的更广阔的范围,以承载这一人类文化的实践,它可能并不那样"实际",但正是这一"不实际",却成为保存人类理想的沃土,并不断向未来开放自身。当然,我们也注意到,乌托邦既是观念性的,又有其基本知觉内涵,也就是说,乌托邦是一种理念建造,但同时,这一理念的支撑基石都来自我们这个世界,"科幻文学将其想象建基于人的故事当中,这一故事中所描画的环境取自我们这个星球,因而,我们意识到这个世界还在起着巨大作用。"②从两个方面来讲,乌托邦与我们这个世界紧密缝合在一起:一是乌托邦来自于我们这个世界,它以现实世界为基础进行变形性取材,任何一种乌托邦变形都要面对现实世界才有意义;二是,反过来,这一看来过于大胆的想象却塑造了我们对未来的"认知",并且在某种程度上成为整体性实践的推动力。这种乌托邦想象与现实实践之间的辩证关联正是乌托邦能量展现自身的方式。

只有从乌托邦政治学转向后乌托邦诗学才能完成乌托邦能量的转换,也就是说,当代乌托邦的存身之处并不在政治叙事中,而在科幻叙事作品中。而随着政治乌托邦叙事的逐渐枯萎,科幻乌托邦叙事将政治乌托邦叙事吸纳入自身也就顺理成章。这一转向既是现实实践

---

① 弗里德里克·詹姆逊:《未来考古学:乌托邦欲望和其他科幻小说》,吴静译,译林出版社 2014 年版,第 380 页。
② Albert Wendland, *Science, Myth, and the Fictional Creation of Alien Worlds*, Michigan: UMI Research Press, 1985, p.63.

的一种"无奈"的产物,同时,也是乌托邦蕴含的内在驱动力——它本身就是文本性的,也必将在文本中保存自身。这也是后乌托邦诗学得以展开的真正基础。

(作者单位:华东师范大学中文系)
学术编辑:张冰

论赛博格理论的生成与发展

江玉琴

内容提要 生物科技、计算机技术与信息技术的发展催生了赛博格形象,并在社科人文领域产生了赛博格理论。赛博格理论是科技文化与人文思想结合的产物。控制论是赛博格理论的本体论和认知论基础。控制论将人类肢体借助机器延伸功能的研究建构了赛博格作为有机体与机器结合的本体论,控制论的自身性与反身性研究推动了赛博格理论的超越二元认知论。总体而言,赛博格理论呈现为三个维度的研究,即后现代文化、身体政治研究和赛博生态研究。赛博格理论关注人类技术发展的未来,寄寓了人类对人性的重新审视,参与了后人文主义/后人类理论的建构。

关键词 赛博格 控制论 后现代主义 身体政治 赛博空间

生物科技与计算机技术的发展催生了人类肉身与机器的融合,"赛博格"成为新式学术话语与大众文化时尚概念。赛博格形象在大众文化与消费文化中,以科幻电影与科幻小说的特殊想象形式为人类预测了通往未来的可能性大门。赛博格现象引发的文化反思与批判随着科学技术发展的深入成为 21 世纪的学术研究热点,赛博格、后人类、后人文主义等概念也成为当代科技领域与人文社科领域的关注焦点。[①] 研究者们的关注也从对赛博格形象、赛博格现象的研究走向相应理论的建构,并以此凸显并变革人类已有的认知形式与思想体系。赛博格作为一种流行文化现象受到普遍关注,大量呈现在科幻小说和科幻电影研究中,但更多是进行小说或电影人物的具象分析,少有研

---

① 此类论述可参阅凯瑟琳·海勒:《我们何以成为后人类》,刘宇清译,北京大学出版社 2017 年版;哈拉维:《赛博格宣言》,严泽胜译,汪民安:《生产》第六辑,广西师范大学出版社 2008 年版;罗西·布拉伊多蒂:《后人类》,宋根成译,河南大学出版社 2016 年版。

究者完整梳理由此产生的赛博格理论建构及其研究维度。本文提出，赛博格理论作为一种文化理论，是跨学科的控制论发展的产物。科学界的控制论研究成果催生了赛博格形象、赛博格概念与赛博格文化。赛博格理论以赛博格的身体与文化隐喻建构了赛博格思想的本体论与认知论体系，并从文化、政治与生态三个维度展开研究。赛博格理论极大推动了当今后人类理论思潮的发展。

一、控制论的发展与赛博格理论的生成

1. 控制论推动了赛博格概念与赛博格本体的生成

控制论（Cybernetics）这个词来源于古希腊语词κυβερνητική，其原意指"舵手、管理者、领航员或者方向舵"。之后则逐渐具有了信息、控制和传播的概念。控制论概念被美国数学家与哲学家诺伯特·维纳（Norbort Wiener）借用，在 1948 年出版的《控制论：或者在动物与机器之间的控制和交流》一书中指出，有关通信、控制和统计力学的一系列核心问题之间存在本质上的统一，不管这些问题是机器中的还是活着的机体中的。因当时并没有一个合适的词语来表述这个领域的发展，所以他们借用希腊语来称呼这个"关于既是机器中又是动物中的控制和通讯理论的整个领域叫作控制论"。① 维纳建构的控制论就是要从动物、人到机器如此不同的复杂对象中，抽取共同的概念并用一种全新的视角，通过全影的方法进行研究。② 控制论为可能高度交合联结的计算机器提供知识与实践的基础。③ 在这本册子的介绍中，维纳发现如果各门学科领域之间的知识和技术缺乏交流，这种研究将很难获得发展。由此他建议科学家之间打破学科界限，展开跨学科的研究。二战后，维纳将不同领域的专家学者聚结组成团队。这个团队很快将创造出一个新世界变为现实。他们称新创造出来的整个控制领域和传播理论为"控制论"。控制论的对象是从自然、社会、生物、

---

① 维纳：原版序，《控制论：或关于在动物和机器中控制和通信的科学》，郝季仁译，北京大学出版社 2007 年版，第 9 页。
② 胡作玄：《控制论》导读，同上，第 3 页。
③ Calum MacKellar, *Cyborg Mind*, NewYork: Berghahn Books, 2019, pp. 9 – 10.

人、工程、技术等对象中抽象出来的复杂系统。"控制论为研究这些完全不同系统的共同特征提供了一种方法，这种方法接近数学方法，但比数学方法更为广泛，特别是用计算机进行模拟和仿真，这显然比传统的数学方法与实验方法对复杂系统有着更为有效的作用，而且适用范围也大得多。可以说，控制论是一种包罗万象的学科群"。①

控制论自1943年到1954年间在信息理论和生物系统中进行的"虚拟生命"研究取得了极大突破并形成了新的范式。这让赛博格作为机器与有机体糅合的一种新存在成为可能，由此生成不同于人类也不同于机器的全新主体——混杂主体。

凯瑟琳·海勒发现，从1943年到1954年之间每年召开的梅西会议对形成这一新的范式至关重要。克劳德·申农擅长于信息领域，麦卡洛克研究一种证明神经像信息处理系统一样工作的神经功能模式，纽曼研究能够处理二进制代码、能够自我复制、可与生物系统相提并论的计算机/电脑，维纳则成为一位能够挖掘控制论范式的内涵并阐明其巨大意义的梦想家。"这项冒险事业的惊人结局，不是别的，恰是一种看待人类的新方式。自此，人类首先会被当作信息处理实体，本质上类似于智能机器。"②人类与机器的结合在科学理论中推导中成为可能。这种研究秉持着科学家如维纳的人类自由人本主义主体观点，强调控制论的建构本质上并非为了证明人是一种机器，而是证明机器能像人一样地工作。正是科学领域控制论的发展成果催生了赛博格概念。

"赛博格"(cyborg)最早来自澳大利亚科学家曼弗雷德·克林纳（Manfred Clyne）和美国物理学家纳森·克莱恩（Nathan Kline）在1960年联合研究的"控制论和有机体"项目。他们发现，创造自我规范化的人类-机器系统将是很有必要的，"因为外在的、已得到延伸的有机体的混合物，功能上就像是一个整合过的同质系统"③，他们把这样的情况称作"赛博格"。赛博格可以让在太空中工作的人类通过机器

---

① 胡作玄：《控制论》导读，《控制论：或关于在动物和机器中控制和通信的科学》，郝季仁译，北京大学出版社2007年版，第3页。

② 凯瑟琳·海勒：《我们何以成为后人类》，刘宇清译，北京大学出版社2017年版，第9—10页。

③ Manfred E. Clynes and Nathan S. Kline, "Cyborgs and space", in: *Astronautics*, Vol. 9, 1960, p. 27.

与人融合而产生同质系统,使人类的有机组织可以像机器人那样自动自主地工作,让人可以自由地探索、创作、思考与感觉。克林纳与克莱恩在当时提出的只是一种潜在设想,希望他们的研究能为人类探索太空提供人工的、类似地球一样的环境。

正是基于控制论研究,"赛博格"成为"通过人类与技术的交合而使得人类功能得到扩张的个体"。① 甚至任何有生命的生物与机器产生的神经交合都可以被认为是赛博格。赛博格作为不同于人类与机器的混杂主体,它不仅指向技术维度,也指向文化维度。因此克拉克(Andy Clark)指出,"赛博格"不仅代表的是系统论有机组织或系统论控制的有机组织,"它也是一种艺术的术语,指向人类-机器的融合甚至正在融合的想象物的特殊天性"。② 这意味着赛博格也正成为一种批评话语,既呈现为控制论理论与计算机技术和生物技术共同发展的结果,更表征了一种新的身体主体,一种新的本体论,彰显了叙述自然与自然本身的所有可能性。

2. 控制论建构赛博格话语的认识论基础

海勒将维纳等人的研究称为第一波控制论,福斯特等人的研究称为第二波控制论发展。在第二波控制论中,反身性概念进入到控制论体系中。反身性是一种运动,即经由这种运动,曾经被用来生成某个系统的东西,从一个变换的角度,被变成它所激发的那个系统的一部分。就犹如小说研究中,原先被认为源于一系列现有条件的某种属性,实际上被用来生成条件。③ 第二波控制论的研究以福斯特、昂贝托·马图拉纳和弗朗西斯·瓦雷拉为代表。福斯特在他的论文集《观察系统》中提出了系统的观察者本身可以构成一个被观察的系统。马图拉纳和瓦雷拉的《自生与认知:生命的实现》中将反身性转向扩展到一种被充分阐释的认识论,将世界看成一套信息性的封闭系统。有机组织对环境的反应方式,取决于他们内在的自我组织。"他们不仅

---

① Calum MacKellar, *Cyborg Mind*, p. 11.
② Andy Clark, *Minds, Technologies, and the Future of Human Intelligence*, Oxford: Oxford Universtiy Press, 2003, p. 14.
③ 凯瑟琳·海勒:《我们何以成为后人类》,刘宇清译,北京大学出版社 2017 年版,第 11—12 页。

是在自我组织的,而且是自我创生的或者自我生成的"。① 到 20 世纪 80 年代末,控制论已经发展为自生系统论。自生系统观抛弃了维纳等人的信息反馈回路理念,强调了世界与我们的一体化。我们看到的不是一个外在的世界,世界也不是与我们分离的存在。而是相反,我们只能看见我们的系统组织允许我们看到的东西。环境仅仅只是触发一些变化,而这些变化是由系统自身的结构属性决定的。"自生系统的核心价值在于,从被观察世界的控制论转移到观察者的控制论。"② 因此系统之间更重要的是相互构成的互动关系,而非信息、信号和讯息。第三波控制论在自生系统观上进一步提出系统生命论,即计算机中自我进化的程序,不仅只是生命的模型,它们本身就是有生命的。这也意味着信息编码具有了生命的形态。这也意味着所有关于生命类型的理论基础将要经历一次重大的转变:一种信息-物质实体的后人类出现,构成了对人类有形生命世界的全面挑战。

控制论的第二波与第三波发展已经远远超过了维纳本人强大的想象力所能设想和承受的范围。维纳的初衷是以控制论致力于增大人类在世界中的潜能的方式。但控制论的反身性与自生性研究已经产生出生命理论革新,提出人工生命概念,这对人类主体及其思想体系建构造成了极大的挑战。这也将赛博格的技术发展和认知思维推向了新的层面。当然这或许对人类主体来说并非是安全合适的。但无论怎么说,控制论的这种发展为赛博格理论提供了知识基础和思想基础。

文化批评家如唐娜·哈拉维(Donna Haraway)从控制论产生的赛博格概念中得到启发,将赛博格概念纳入到文化讨论中,揭示赛博格隐喻的文化内涵,以此批判西方认知论的二元体系。在哈拉维看来,赛博格是"一种控制论有机体,一种机器与有机组织的混合物,一种社会现实的创造,如同虚构的创造……它是父权文化的杂种后代——一种集结的和重新集结的后现代集合体和个人自我"。③ 赛博格身体成为一种矛盾联合体,联结了机器的机械世界与有机身体的"自然"世界,打破了人类历史中的人类-机器、文化-自然、主体-客体

---

① 凯瑟琳·海勒:《我们何以成为后人类》,刘宇清译,北京大学出版社 2017 年版,第 14 页。

② 同上,第 14 页。

③ Donna J. Haraway, *Simians, Cyborgs, and Women: The Reinvention of Nature*, New York: Routledge, 1991, p.181.

二分法。赛博格话语融入到自然中,打破了固有的认知论二分法,人类与机器的边界也消失了。哈拉维的观点揭示了赛博格话语的文化政治,赛博格话语作为一种含混的、矛盾的世界认知形式,批判并对抗西方思想概念的二元对立原则。

二、赛博格理论的三个维度

赛博格概念发展成为赛博格文化理论,主要基于两个层面的发展。一个层面是以威廉·吉布森为代表的科幻作家所展开的赛博科幻小说创作,也称赛博朋克。赛博朋克小说以前瞻性的视角想象了未来世界人类与机器融合产生的赛博格人物形象及其社会经验。第二个层面则始自女性主义批评家哈拉维及其社会文化批评。哈拉维基于社会建构主义立场和女性主义立场,提出自然是建构的而不是发现的,真理是制造的,而不是找到的。女性就是在充满着竞争的性别科学话语及其他社会实践范畴中的建构。因此哈拉维特别发布"赛博格宣言"(A Cyborg Manifesto, 1983)。她尖锐地指出,赛博格在当代世界无处不在,它呈现在科幻小说中,现代药物中,现代生产中,以及现代战争中。"赛博格"人物是"一种钢铁政治神话",也是"一种政治-虚构工具"[①]。哈拉维的这一观点为社会主义女性主义注入了一种潜在的历史理解女性经验的方式,也开启了赛博格概念的文化讨论。赛博格由此成为后工业信息社会中人与技术之关系的隐喻,并成为一种话语表征形式。

1. 赛博格理论的后现代文化维度

后现代文化是赛博格文化之根。科技发展催生了后现代社会,也促成了人类与技术的共谋。后现代文化就是基于晚近各种科学发展成果而萌发出的对传统文化的质询与消解。

后现代主义批评家利奥塔在《后现代状况》中用"后现代"来描述高科技社会中的知识发展状况,以"后现代"标示当今文化的方位和境

---

① Donna J. Haraway, *Simians, Cyborgs, and Women: The Reinvention of Nature*, New York: Routledge, 1991.

况。他认为,"后现代"就是对"后设论"的质疑。而这种质疑就是伴随着晚近各种科学的发展而产生的①。这也意味着,科技的日新月异在不断挑战已有的固定成论。后设论的一整套合法的设置体系已经时过境迁,后现代社会进入众声喧哗的语言游戏竞赛,典章制度土崩瓦解,呈现为碎片化、局部化的状态。"后现代知识的法则,不是专家式的一致性;而是属于创造者的悖谬推理或矛盾性"。② 因此在《后现代状况》中利奥塔致力于用一种充满似是而非的悖谬实现社会规范的合法化。詹姆逊认为,利奥塔借用语言学观念,重新改造了"非"与"后"指涉式的"认识论",巧妙挽救了科学研究和实验,使之保持了一贯性。但詹姆逊也批评利奥塔因从形式上自我限制在知识问题的讨论上,以致把文化范畴摒除在外。③ 而文化恰恰是詹姆逊强调的后现代主义的特性之一。后现代文化呈现为碎片化,琐碎化,平面化,精神分裂式。"'现代'的后来者在他们的创作过程中,早就把生活中无数卑微的细碎一一混进他们切身所处的文化经验里,使那破碎的生活片段成为后现代文化的基本材料,成为后现代经验不可分割的部分"。④ 因此,无论我们喜欢技术与否,我们都在后现代科技环境中与其共谋,我们也必须为此负责,今天没有人能逃离技术。琳达·哈琴(Linda Hutcheon)为人类指出后现代社会的出路,即我们可以在这种共谋中成为共谋的关键点,因为我们有权力来作为参与者构建现实⑤。

科技发展将我们的世界认知推向无限可能性,不确定性成为后现代时代的基石。赛博格的混杂性彰显了这种不确定性。这也是格雷(Chris Hables Gray)所强调的,存在很多不同类型的赛博格,也有很多种不同方式来归类赛博格。我们要认识赛博格,就首先要理解我们生活于其中的后现代社会。因为我们生活的后现代社会已经完全不同于我们祖辈生活的世界。祖辈们生活在稳定的现代世界,他们的信仰不可动摇,但我们的现实是科学与技术革新无尽的延伸,充满着矛

---

① 利奥塔:"引言",《后现代状况:关于知识的报告》,岛子译,湖南美术出版社1996年版,第28页。
② 同上,第31页。
③ 弗雷德里克·詹姆逊:"序",同上,第2—25页。
④ 弗雷德里克·詹姆逊:《后现代主义,抑或晚期资本主义的文化逻辑》,陈清侨等译,北京三联书店1997年,第425页。
⑤ Linda Hutcheon, "The Politics of Postmodernism", in: *Cultural Critique*, No. 4, 1987, pp. 179 – 207.

盾。"我们最先接受的时空自然有限性以及生死有限性已经为恐惧和希望所代替,这种希望和恐惧就是我们犹如对太空旅行的感觉,对天启战争、永恒、全球流行病、虚拟社区、生态崩溃和科学乌托邦,以及赛博格化的感觉……新的科学发现和技术革新已经将崇高推到了极度邪恶的地步。"[1]这也印证了一个这样的观念:我们的后现代社会造就了赛博格观念。

后现代主义理论为赛博格理论提供了思想资源。后人类主义批评家沃尔夫(Cary Wolfe)发现,当我们提出后人文主义/后人类主义的时候,我们无法规避后现代社会思想。他将技术发展产生的赛博格境况追溯到福柯,因为福柯在《词与物:人文知识考古学》(*The Order of Things: Archaeology of the Human Science*)一书的结尾中就预示了后人类的产生,认为被称作"人类"的历史正在进入到信仰和哲学中的某种客体状态中,人类正在走向终结,构成人类精髓的东西也正在碎片化。[2] 哈拉维在赛博格的理论探讨中也追溯到福柯思想,认为福柯的生物政治就是一种软弱的赛博格政治预示,而且呈现为一个开放的领域。[3] 赛博格基于后现代主义的解构策略,打破了传统的西方科学与政治传统,打破了建立在自我-他者二元关系境地之中的资本主义的进步传统。这种传统也包括种族主义与男权主义。

哈拉维还将赛博格神话看作是后现代主义的真正策略,因为赛博格神话颠覆了人类世界金字塔式的有机整体。自然叙述与确定性资源正在成为致命的弱点,超越性的阐释权威也日益丧失力量,西方认识论也在消解。赛博格的本体论将成为人们认识世界和思考世界的基础。[4] 这也意味着赛博格在后现代思想与文化中获得了生机。赛博格以现代机器的日新月异与无所不能成为取代上帝的神,西方文明起源故事中的旧模式让位于流动的机器,因此从隐喻意义上说,赛博格

---

[1] Chris Hables Gray, *Cyborg Citizen*, Abingdon: Routledge, 2001. p13.

[2] Cary Wolfe, *What is Posthumanism*, Minneapolis: University of Minnesota Press, 2010, p. xi.

[3] Donna J. Haraway, "A Cyborg Manifesto: Science, Technology, and Socialist-Feminism in the Late Twentieth Century", in Donna J. Haraway and Cary Wolfe, *Manifestly Haraway*, Minneapolis: University of Minnesota Press, 2016, p. 7.

[4] 同上, p. 11.

已经成为了哈拉维眼中的政治对抗物,一种后现代政治。这也是哈拉维所声称的:"我的赛博格神话就是关于疆界越轨、潜在含混和充满危险可能性的东西,进步的人们可能探索它,把它作为政治工作需要的一部分。"[①]所以说,赛博格理论的反权威、反秩序与跨越疆界等特性本身就是后现代文化的产物,也是后现代思想与实践的延续和发展。

2. 赛博格理论的身体政治维度

赛博格身体既是技术具身化的再现,也是身体政治的表征。哈拉维在"赛博格宣言"中指出,赛博格作为一种物质再现,是通过军事-工业-娱乐等领域混杂整合而成的身体形象,如科幻电影中的赛博格,人类机器战士,以及通过医疗诊治过并装载假体的身体。同时赛博格又是文化的,隐喻性的,甚至是"虚构的产物",它挑战了人类假想的预设,表征为双重性人物,在政治上表现为既是混乱的,又是进步的,并且又因混杂性和有限性而产生出对立的概念。因此赛博格身体政治呈现为二元性的混杂与悖论。

首先,赛博格因技术呈现的具身化反映了人类主体控制自然的主体意愿,但同时又因延伸的机器假体与文化隐喻而沦为异化主体。

技术具身化是控制论发展中的机器与有机体混合的后果,也是一种自我规范的人类-机器体系,即机器作为人类身体的部分延伸,完成人类原有身体无法实现的目标。机器与人类身体进行整合并能有效行动,就像是给有机体补充或扩大了身体的潜在能力。技术具身化后的身体形象将人类身体延伸到包括任何外在的客体和补充物,人类主体可以与它们融合,包括汽车,外科医生手术刀,手提电脑等等。而且随着生物技术、基因工程和纳米技术的崛起,技术具身化也相应发生了改变,并呈现为一种隐喻,技术改变了人类的生存方式,甚至使得有些人可能认为不远的将来产生的下一代人可能是人类世界最后的纯粹人类。人类在与技术工具联结的过程中甚至丧失了独立自主性。这也是人们预测赛博格作为一种后生物昭示了人类主体的丧失。"我们已经是赛博格……基因工程和纳米技术为我们提供了能够将我们

---

① Donna J. Haraway: "A Cyborg Manifesto: Science, Technology, and Socialist-Feminism in the Late Twentieth Century", in Donna J. Haraway and Cary Wolfe, *Manifestly Haraway*, p. 14.

身体改变进入到新的不同形式的可能性……一种后生物的人性形式可以在接下来的五十年中实现。"①技术上的发展走向了后身体和后人类存在形式的可能性。如果技术发展包括了身体的延伸性过程以及使用身体功能来让我们更有效地控制环境，那么物质身体最终也有可能从直接的生活空间局限性中移除出来。因此费瑟斯通（Mike Featherstone）认为，"并不是技术-人类的混杂导致了新的具身化形式的发展，这一点很值得观察；它还是新信息环境的生产与控制，以及身体机器与其他实体的发展，使这种研究置于让人激动的研究前景中。"②这其实是看到了技术统治带给人类的异化，因此它产生的不只是身体的创造和重新创造，而是世界的创造和重新创造。人类应该对这样的发展持谨慎态度。

其次，赛博格的技术具身化呈现为人类主体与他者的混杂与斗争，这本身表征为一种政治隐喻。

哈拉维是这种身体政治的发现者和批判者。哈拉维认为，"赛博格是一种颇具成果的伴生物，这个成果来自于对我们社会与身体现实的虚构和一种想象资源"。③哈拉维将赛博格直接指向我们的社会现实，指向我们最重要的政治建构。"赛博格是我们的本体论；它赋予我们自己的政治。赛博格是一种包括想象和无知现实的浓缩形象，是两个联结的中心，建构了历史革新的任何可能性"④。斯塔西·阿莱默（Stacy Alaimo）发现，哈拉维的写作和生态女性主义的文本为讨论女性主义的环境主义提供了一种极其不同的路径。通常生态女性主义是通过批判平行压迫，鼓励关爱伦理与稳固性政治来寻求女性与自然联系的加强，但哈拉维则是消解自然/文化二元论的稳定性，认为正是这种二元稳定性奠定了对于女性与自然的压迫。生态女性主义优先考虑女性价值，但哈拉维则致力于从赛博格呈现的后现代女性主义视角来介入自然，即"哈拉维以人工主义的理论和赛博格概念突破了自

---

① 转引自 Mike Featherstone and Roger Burrows, "Cultures of Technological Embodiment: An Introduction", in: *Body and Society*, 1995, Nov.1(3-4), p.3.

② Mike Featherstone and Roger Burrows, "Cultures of Technological Embodiment: An Introduction", in: *Body and Society*, p.1.

③ Donna J. Haraway, "A Cyborg Manifesto: Science, Technology, and Socialist-Feminism in the Late Twentieth Century", in: Donna J. Haraway and Cary Wolfe, *Manifestly Haraway*, p.6.

④ 同上，p.7.

然与文化、自然与科技之间的分裂,因此解构了'自然'整个概念的稳定性"。① 阿莱默认为在哈拉维的赛博格概念中是存在赛博格意识形态的建构,因为赛博格将女性与自然组成了联盟共同来对抗父权制度,但另一方面,赛博格与女性之间又产生了相互之间的斗争。这一观点也在阿莱默之后的一篇文章——《这种可持续性,那种可持续性:新唯物主义、后人类主义与未知的未来》——中得到了推进。阿莱默认为,一个物质的自我无法摆脱这样的一个网络,即自发的经济的、政治的、文化的、科学的、可持续性的网络,这些表面曾经与人类主体捆绑在一起的东西进入到一种不确定性的转动的场景之中,在这个场景中甚至并未远离伦理或政治事端的实践和行动突然成为了危机的核心。这些跨身体认识论也是不确定性的、经验的,不专业的,依情况而定的,也是介入性的②。

哈拉维阐述的赛博格身体政治让威尔森认识到,知识的生产建构了赛博格形象。这些形象寻求超越女性主义的极端化,以"既…又…"的策略,特别是认同政治呈现为双重性,赛博格身体政治阐释了性别认同的异质性,看到了本体论混杂与认知论混杂的想象。而赛博格作为叙事装置,镶嵌和刻画关联,呈现历史差异性,在事实/虚构的混杂、主体/客体和思想/身体的混杂叙事中开辟一个在符号和物质疆界之内关于连续性、关系和差异性的新政治地理学。③ 加比兰多(Joseba Gabilondo)则以更直接的马克思主义视角描述了赛博格,聚焦在哈拉维的术语"全球意识形态的装置"。两个装置就是大众文化和赛博空间。她提出,要追溯我们的恋物过度依赖赛博格,就是要追溯在赛博空间中的地缘政治和意识形态的有限性。赛博格并不是简单的"跨国资本主义所创造的后现代的主体性形式的表征,而是它的意识形态特权化的霸权主体地位。"④

由此技术具身化进入到性别与种族身体的文化讨论中。而在这

---

① Stacy Alaimo, "Cyborg and Ecofeminist Interventions: Challenges for an Environmental Feminism", in: *Feminist Studies*, Vol. 20, No, 1, 1994, p. 133.

② Stacy Alaimo, "Sustainable This, Sustainable That: New Materialisms, Posthumanism, and Unknown Futures", *PMLA*, Vol. 127, No, 3, 2012, p. 561.

③ Matthew W. Wilson, "Cyborg Geographies: Toward Hybrid Epistemologies", in: *Gender, Place and Culture*, Vol. 16, No. 5, 2009, pp. 502 - 503.

④ Joseba Gabilondo, "Postcolonial Cyborgs: Subjectivity in the Age of Cybernetic Reproduction", in: Chirs Hables Gray (ed.), *The Cyborg Handbook*, New York: Routledge, 1995, pp. 423 - 429.

个讨论中,赛博格身体政治又是矛盾性的,它产生于信息网络和权力知识的封闭系统中,批判它但同时也依赖于这种知识体系,并维持和推动这种知识体系的发展。所以格雷和门特(Gray and Mentor)指出,"我们称之为话语权力的假体技术的隐喻……它们贯穿在权力领域,必须由其他话语进行测试,并基于其他身体、权力以及与技术结合的经验。"①

3. 赛博格理论的生态维度

赛博格理论的生态维度主要呈现为赛博空间作为赛博格的环境场域与自由隐喻。

赛博空间是居于计算机之中的环境,由计算机网络和信息高速公路创造。赛博空间最初被认为是一种电子媒介,这种电子媒介重构了虚拟散漫空间的技术-社会身体。②随着技术发展并进入人们日常生活,赛博空间则越来越多"指涉潜在的'生活方式'或总体上经由先进技术创造出来的文化存在模式。人工产物、实践和关系都揉和在计算之中。"③赛博格与赛博空间相辅相成。赛博格是信息环境创造的产物,这意味着赛博格并不必须是装载假体的混合物,赛博空间成为所有人的假体。每个人都是赛博格。但赛博空间并不是实体场所,它是一种虚拟现实的场域,任何人都可以在其中停留和生活,任何人都可以在赛博空间中得到自己的小空间,可以自由上传和下载信息,掌控信息,创造信息。赛福(Staša Sever)由此称赛博空间呈现为假体时代。④ 赛博空间作为一种虚拟现实,同时借助电子化将计算机屏幕后面的赛博格延伸进入到真实世界的繁荣之中。赛博空间成为人类与机器相结合的赛博格的虚拟现实之家。以库兹韦尔(Ray Kurzweil)预测的奇点时代来看,纳米机器人最终将扩大人类经验,通过创造神经系统的虚拟现实来实现赛博空间的具象化。赛博空间前置了赛博格的环境。

---

① Gray and Mentor, "The Cyborg Body Politics: Version 1. 2", in: *The Cyborg Handbook*, Chris Hables Gray, with Heidi J. Figueroa-Sarriera and Steven Mentor, (ed), New York: Routledge. 1995, p. 463.

② C. H. Gary, *The Cyborg Handbook*, Oxfordshire: Routledge, 1995, p. 436.

③ D. Hakken, *Cyborg@Cyberspace? An Ethnographer Looks to the Future*, New York: Routledge, 1999, p. 1

④ Staša Sever, "Prostheses, Cyborgs and Cyberspace—the Cyberpunk Trinity", in: *ELOPE*, Vol. 10, No. 2, 2013, p. 87.

今天的生命本身也前置了赛博格的存在。因此赛博空间建构了赛博格的生态环境,并将推进赛博格本身的发展。

赛博空间在20世纪80年代首先使用在科幻小说中。赛博空间作为一种全球计算机网络——被科幻作家威廉·吉布森称之为"母体"——是"数亿合法操作者日常体验的交感幻觉"。[1] 操作者可以通过头套经由计算机终端进入。一旦进入母体中,操作者可以飞往任何地方,这些地方经由三维信息系统代码进入到各种丰富多样的建筑形式中,犹如一个大都市,一个信息都市,一个储存着财富的文化场馆。随着全球互联网的发展与快速增长,赛博空间的概念在20世纪90年代变得流行。现在赛博空间成为"全球社交网络,在这个网络中人们可以交换思想,分享信息,提供社会支持,进行商业活动,指导活动,创造艺术媒介,玩游戏并介入政治讨论"[2]。麦考利和洛佩兹认为,赛博空间已经"塑造了真实或虚拟的环境,让参与者直接感知和遨游其中。赛博空间作为一种媒介,既包围在虚拟的话语空间中,同时又在重构技术-社会主体。"[3]这表明赛博空间既在生成赛博格,也在重新界定现实。所以葛兹(Raymond Gozzi)将赛博空间看作是一种隐喻,既彰显自由又限制自由。[4] 赛博空间并不是"真实的",但确实是一个真正的地方,在这里很多事情产生了真正的结果。我们可以在赛博空间完成自己的事业,可以在赛博空间做各种事情,也可以将自己的日常生活记录并储存在赛博空间中。

赛博空间从某种程度上来说也真正实现了人的平等和自由。赛博空间以人人可以进入和使用的计算机网络拉平了官僚主义的金字塔结构,赋予个人使用者以权利,并降低核心化管理的作用。因此赛博空间隐喻了自由与平等。但另一方面计算机网络具有潜在的力量将权力设置赋予极少数人,在这种场景下,赛博空间也可能成为极端权力统治的场域。总而言之,赛博空间建设了并还将继续建构赛博格

---

[1] William Gibson, *Neuromanticer*, Aleph, 1984, p. 51.

[2] Calum MacKellar, *Cyborg Mind*, Berghahn Books, 2019, p. 13.

[3] 郭倩:《科幻电影及电子游戏中的赛博空间与符码消费》,《中北大学学报》(社会科学版),2020年第2期;原文来自Macauley W. R., Gordo-Lopez A J. *From Cognitive Psychologies to Mythologies: Advancing Cyborg Textualities for a Narrative of Resistance*, New York: Routledge, 1995, p. 444.

[4] Raymond Gozzi Jr., The Cyberspace Metaphor, *ETC: A Review of General Semantics*, Vol. 51, No. 2, 1994, pp. 218–223.

的自然、人、社会、技术的关系。

三、赛博格理论在当代文学研究中的作用

1. 赛博格理论来源于赛格朋克并阐述赛博朋克的主旨

海勒在借助文学作品阐述技术发展带来的人类身体和思维的改变时特别指出,在讨论控制论技术、道德与文化的内涵时,文学文本的范围跨越了只有科学文本才能彻底阐明的话题,而且不止如此,"文学文本绝不只是被动的管道。它们在文化语境中主动地形塑各种技术的意图和科学理论的能指。"[①]这也意味着科幻文学以假说的方式呈现出相似的科学理论观念,将技术发展的设想预示在文学创作之中。20世纪80年代兴起的赛博朋克文学就是这样的作品。作品中描述的大量高度复杂的装置远远超越了那个时代的技术。它们很早就昭示出人类丧失身体部分肌体而装载假体。赛福发现,假体的概念很早就出现在欧洲医学上,早在1704年就已经存在了。但这个词进入人类身体与技术关系的描述语境中,则是发生在20世纪八九十年代,特别是唐娜哈拉维的论文《赛博格宣言》。假体这个词已经超越了时代,从基本的意义即装置简单的人工肌体发展为复杂的意义,甚至指涉我们日常生活中使用的技术[②]。赛博朋克将人类装载的假体推进到一个更高层面,即描绘了人类堕落身体的重要性,并由此强调了身体的真实价值是它的 DNA 信息和大脑,而不是它们使用者装载的技术设备。

赛博格形象是赛博朋克中的核心人物。赛博朋克以赛博格的生活与体验故事来表达这样一种观点,即我们应该打破这种固有认识,认为人类与机器、个人意识与机器意识之间具有着基本的矛盾。赛博朋克小说的这些突破性观点都指向跨国资本力图创造更好人类的愿望。但同样邪恶也来源于人类公司的世界,这个世界使用他们巨大的技术资源来创造类人类,而人类成为程序之外的人类。因此赛博朋克

---

① 凯瑟琳·海勒:《我们何以成为后人类》,刘宇清译,北京大学出版社 2017 年版,第 28 页。

② Staša Sever, Prostheses, Cyborgs and Cyberspace—the Cyberpunk Trinity, *ELOPE*, Vol. 10, No. 2, 2013, p. 85.

一方面犹如沉迷在致幻剂中，无法控制自己，将赛博格人物优雅地贯穿在一个非道德世界，以速度战胜生活。另一方面它以后现代的表现方式质疑思想的深度，质疑存在与意义。这也是我们经常发现的，赛博朋克文学"具有明显后现代主义特质的表现在其内爆式的命名方式，'高科技'与'低生活'得融合在内爆的创作手法上。"① 赛博朋克小说往往也探讨它所进入的社会领域与电子关联的政治关系。赛博朋克小说的影响力还从科幻文学内部延伸到大众文化领域，成为一种新文化表现形态。

2. 走向宏大的后人类主义研究

哈拉维的赛博格理论在布拉伊多蒂那里得到回应。布拉伊多蒂进一步提出后人类问题，并指出"后人类状况不是一系列看似无限而又专断的前缀词的罗列，而是提出一种思维方式的质变，思考关于我们自己是谁、我们的政治体制应该是什么样子、我们与地球上其他生物是一种什么样的关系等一系列重大问题"②。赛博格打破了二元思维方式，布拉伊多蒂将之理解为某种后人类主体的建构，即后人类其实是以"批判性的工具来检视一种新的主体立场的复杂建构"③。

纳亚（Pramod K. Nayar）将赛博格研究纳入到后人文主义/后人类主义研究领域，认为"后人文主义"一方面是纯粹指向后人类的本体状况，其中很多人类现在生活在化学的、手术的、技术等修订的身体之中，以一个封闭的，与机器、其他有机形式联结（网络）之中，如通过异形器官移植身体的部分与其他物种连接在一起④。赛博格的假体隐喻与身体政治一直也是后人文主义研究的核心，因为它一方面昭示了新的人类的概念，另一方面在文化层面上强调了人类处于技术修订与混杂生命形式，重新理解生命本身的意义。这也意味着在思想史上重构人文主义，寻求超越传统人文的方式来思考自动的、自我意愿的个体代理，以此将人类本身看作是一个集合体，杂糅了其他生命体形式，融

---

① 束辉：《赛博朋克小说的后现代主义特质》，《社会科学家》2013 年第 9 期，第 121 页。
② 罗西·布拉伊多蒂：《后人类》，宋根成译，河南大学出版社 2016 年版，第 2 页。
③ Rosi Braidotti and Maria Hlavajova, "Introduction", in: *Posthuman Glossrary*, Bloomsbury Academic, 2018.
④ Pramod K. Nayar, *Posthumanism*, Cambridge: Polity Press, 2014, p.13.

合到环境与技术之中。因此正是赛博格的身体与文化隐喻推动了后人文主义的讨论。

结语

赛博格概念源自科学研究领域的设想,在控制论跨学科研究中逐渐成为可能,并在科幻文学与电影文化中成为流行时尚。赛博格理论经由哈拉维宣言成为一种思想建构,从本体论与认识论上打破西方传统二分法,生成赛博格混杂主体认知与身体政治体系。赛博格理论继承了后现代主义文化遗产,以赛博格形态重新思考后现代文化的主体间性与不确定性,以技术具身化呈现并反思身体政治,同时以赛博空间探讨虚拟现实与真实世界的矛盾关系,由此推动我们面对科技文化产生的人文主义再思考,并全面进入后人类思潮。赛博格无所不在,赛博格理论引导我们思考科技文明发展下的人类未来。

【本文为广东省十三五哲学社科规划课题"后人类理论生成机制与批评范式研究"(项目编号:013118)的阶段性成果。】

(作者单位:深圳大学人文学院)
学术编辑:胡镓

西方后女性主义话语的悖论

都岚岚

内容提要 近年来,后女性主义成为西方女性主义文化批判的一个关键词语,然而其内涵并不明确,甚至语义矛盾。本文通过分析存在于后女性主义话语中的三个主要悖论,即女性赋权与渴望性感的女性特质之间的困境、女性主义与反女性主义意识形态的纠葛以及后学语境中女性主体的消解,认为应对后女性主义话语加以甄别,区分作为一种文化现象的后女性主义与作为一种批评概念和分析范畴的后女性主义,在具体语境中对其进行批判性的分析。

关键词 后女性主义 女性主义第三次浪潮 反女性主义

自20世纪80年代[①]以来,"后女性主义"(Postfeminism)一词持续出现在西方主流媒体、大众文化和欧美学术界等文化语境中,目前它已成为西方女性主义文化批判的一个关键词语。然而,后女性主义的内涵却并不清晰,它究竟是指"女性主义之后",即女性主义已完成其历史使命,还是指与女性主义发生彻底的断裂,抑或是指它与女性主义仍然具有一定的连续性,但却在认识论的范式上发生了变化?后女性主义不仅语义模糊,而且它似乎总是与"女生权力""女性主义第三次浪潮""权力女性主义"等词语混淆在一起。那么是否可以将后女性主义等同于这些术语呢?况且,随着时间的推移,后女性主义的内

[①] 对"后女性主义"这一术语的使用,女性主义学者苏珊·法鲁迪(Susan Faludi)追溯到了20世纪20年代,她认为在女性主义者争取选举权的过程中,新闻界就已经出现了反对女性主义运动的"后女性主义"言论,但实际上是在1982年10月17日《时代》书评编辑苏珊·波罗丁(Susan Bolotin)在《纽约时代》(*New York Times*)上发表了题为"来自后女性主义一代的声音"(Voices from the Post-feminist Generation)的文章之后,这一词语才开始广泛出现在主流媒介中。参见Sara Gamble, *The Routledge Companion to Feminism and Postfeminism*, London and New York: Routledge, 2001, p. 45.

涵是否也在发生变化？要想回答上述问题，梳理和厘清后女性主义这一颇具争议性的概念在不同语境中的具体使用就显得非常必要。

后女性主义这一词语在不同的语境中有不同的含义。女性主义第三次浪潮学者莱斯利·黑伍德(Leslie Heywood)认为，尽管有简单化的可能，后女性主义通常有两种用法：媒体中的"后女性主义"和学术界中的后女性主义。① 罗萨琳德·基尔(Rosalind Gill)则认为，有四种对后女性主义的理解：(1)在欧洲、澳洲和美国的学术界，后女性主义因与后现代主义、后结构主义与后殖民主义等反基础主义运动的多维交叉，而发生女性主义内部认识论范式的转变。后女性主义成为一种分析视角，标志着女性主义理论在吸收后学思潮的过程中走向成熟。(2)后女性主义是女性主义第二次浪潮高峰期之后的一种历史性转变。这种在大众媒介形式中广泛播散的后女性主义认为，女性主义已成为明日黄花，无论人们对这种过气的状态是表示遗憾，还是大加庆贺，女性主义都已走向终结。(3)后女性主义指对女性主义的回潮或反挫。回潮话语起作用的方式是将女性的不幸统统归咎于女性主义，它采用多种矛盾的形式，比如它或者宣扬"所有的战争已经完结"，或者告诫女性"你不能什么都拥有，有些你要舍弃"，或者发表"(白人)男性是真正的受害者"、"政治正确已成为一种新的暴政"等言论。这种回潮话语建立在对男性霸权崩塌的恐惧之上，以重新回退到性别歧视为特征，具有反动的特点，是反女性主义的。(4)在主流媒体话语中女性主义与反女性主义话语纠缠在一起。这种纠葛引发对后女性主义的第四种理解，即认为后女性主义是出现在大众文化中的一种矛盾感受。② 可见，因使用语境不同，后女性主义话语呈现出分裂、多元和矛盾的特点。本文重点分析存在于后女性主义这一术语中的三个主要悖论，即声称女性赋权与渴望性感的女性特质之间的困境，女性主义与反女性主义意识形态的纠葛，以及后学语境中女性主体的消解。就此认为对后女性主义话语应加以甄别，辨别作为一种文化现象的后女性主义与作为一种批评概念和分析范畴的后女性主义之间的区别，

---

① Leslie Heywood, ed., *The Women's Movement Today: An Encyclopedia of Third-Wave Feminism*, Westport, Connecticut, London: Greenwood Press, 2006, pp. 252–256.

② Rosalind Gill & Christina Scharff, eds., *New Femininities: Postfeminism, Neoliberalism and Subjectivity*, Hampshire, New York: Palgrave Macmillan, 2011, p. 4.

在具体语境中对其进行批判性的分析。

悖论一：女性赋权与渴望性感的女性特质之间的困境

20世纪八九十年代以来，欧美大众文化中麦当娜（Madonna）、辣妹（Spice Girl）、暴女（Riot Grrrl）等歌手、乐队和音乐类型向公众表达了女性可以拥有自主选择权的状态：舞台上她们身材火爆，衣着暴露，极力展示满足男性欲望的性感身姿，音乐里她们表达了女性可以主宰自己的身体，可以我行我素，独立自主。世纪之交的许多电影、电视节目如《老友记》（Friends）、《欲望都市》（Sex and City）、《单身女士日记》（Bridget Jones's Diary）、《查理的天使》（Charlie's Angel）、《假日》（The Holiday）等都在刻画这样的年轻女性：经济自立、我行我素、性生活随意自主。但无论怎样，与男人的和谐关系才是她们成功的真正标志，否则她们就会陷入情感的焦虑和自我怀疑之中而变得神经质，甚至不可理喻。2014年碧昂丝·吉·诺斯（Beyonce Giselle Knowles）在专辑《碧昂丝》（BEYONCE）中也表达了一些女性主义主张，但她并不是想要取代男性在社会中的地位，而是主张在现实中通过与男性的关系来发展女性的自我。她们向大众传达的主要信息是：性感的女性特质是女性的身体特点，拥有性感的身体是改变性别权力关系的关键，是为自己赋权的资本。在大众文化语境中，后女性主义因而指为自己赋权的年轻女性崇尚自由，强调自主性和选择权的姿态和立场。但是，这种后女性主义话语真正的悖论在于：年轻的职业女性"以赋权的名义表演了对刻板的女性客体形象的奴从"[1]。

罗萨琳德·基尔在《后女性主义媒体文化：一种感觉的要素》中认为，后女性主义是能够描述越来越多的电影、电视节目和其他媒体产品的一种感觉。[2] 在当代西方大众文化中，女性特质不再是社会和心理建构的产物，而是身体的特性，拥有性感的身体是女性获得自主权的关键。在后女性主义的媒体文化中，女性的身体被进一步性化，"引起色情联想的时髦女郎"（Porno Chic）已成为广告、杂志、网页、有线电视等媒介的主要表现形式。在这些媒介的宣传和影响下，很多年轻女性不仅甘愿成为男性凝视的对象，而且希望通过性的主动权使自

---

[1] Yvonne Tasker and Diane Negra, eds. *Interrogating Postfeminism: Gender and the Politics of Popular Culture*, Durham and London: Duke University Press, 2007, p. 3.

[2] Rosalind Gill, "Postfeminist Media Culture: Elements of a Sensibility", in: *European Journal of Cultural Studies*, 10,2(2007), p. 148.

己成为欲望的主体。但是,由于女性赋权建立在拥有性感的身体之上,许多女性为了能拥有这种女性特质而甘愿接受对身体的改造,这种日渐狭隘的审美标准使她们成为自我监视和自我规训的对象。大量充斥于欧美电视中的"改装换面"节目(makeover program)便是女性进行自我监督、自我约束和自我提升的明证。英国电视节目"年轻十岁"(Ten Years Younger)将日渐衰老的女性身体视为卑贱物,鼓励女性使用整容手术等方法重构自己的身体。她们做出的选择很容易将自己变成消费主义的对象,成为商业审美文化的消费支柱。跨国公司主导的消费主义观念让女性相信拥有美貌,便可以拥有一切,包括获得职场上的傲人成就和美妙的性生活,这让她们心甘情愿为美容、化妆品、时装等买单。可见女性一方面通过个人选择和日常实践为自己赋权,另一方面其身份建构与消费主义密切相关。年轻、美貌、性感的身体成为商品拜物教中的崇拜对象,拥有上述优势的女性便会获得主体地位。女性看上去既是获得承认的主体,却同时也是消费主义陷阱中甘愿消费的消费者。这种女性既是主体又是消费者,既自由又受到束缚的状态是后女性主义文化矛盾的核心。一些女性不断按照挂在墙上的张贴美女像(pinup girl)的标准重构自己的身体,并且相信长而久之就会保持和长存女性作为欲望对象的社会地位,这是非常不利于女性的健康发展和获得社会尊重的诉求的。

　　基尔认为,随着时间的推移,大众文化中的后女性主义话语呈现出相对稳定的特点,即"女性特质是一种身体的特性;从客体化转向臣服化;自我监控与规训;关注个人主义、选择与赋权;改装换面模式占据主导;自然的性别差异观念重新回归;对女性身体的显著性化;强调消费主义与差异的商品化"①。虽然媒体中的后女性主义不断鼓吹自我选择、自我决定和自我赋权,好像今天的女性已经完全不受不公正的两性权力关系的限制,但是西方当代女性的现实状况远非如此。实际上能够成为欲望主体的女性只是年轻、性感的少数人,绝大多数相貌普通、肥胖、老年的女性仍然是各种媒介渠道嘲笑、鄙视和恶意攻击的对象。对女性身体的监视已成为各种媒介关注的主要内容之一。因此,基尔认为后女性主义是"这样一种感受,即自主性、选择与自我提升的观念

---

① Rosalind Gill,"Postfeminist Media Culture: Elements of a Sensibility", in: *European Journal of Cultural Studies*, 10,2(2007), p.149.

与监控、规训和诋毁做出'错误'选择的人的感受交织在一起"①。在大众文化语境中,比起认为后女性主义是回应前代女性主义,或是回应后学思想的一系列理论来说,后女性主义更是一种矛盾的情感。

这种作为矛盾感受的后女性主义与新自由主义观念密切相关。新自由主义的基本理念,如自主选择、创业、竞争和精英管理等,已经逐渐渗透到西方社会人们的日常生活中。它将个体建构为企业家式的表演者,充满理性,工于心计,善于自我营销,并能自我管控。新自由主义强调个人主义与主观能动性,认为无论行动受到多大的束缚,个体必须对其生活负有全部责任。若个体在生活中未能成功,便被认为这是个体进行自我决定的结果。当新自由主义观念作用于女性群体时,它鼓吹无情的个人主义,为资本主义社会的各种父权机制开脱,将对女性身体的严密监控视为当然,同时越来越青睐自我提升带来的幸福感和所谓"积极的精神态度",让女性陷入追求完美女性特质的漩涡中。正是从这一角度,基尔认为,大众文化中的后女性主义其实是"新自由主义的性别化"②,它已成为当代西方文化的新常态。而作为文化现象的后女性主义情感正在不断增强,并占据主导地位,控制着女性的生命历程。

研究大众文化文本非常重要,因为大众文化形塑人们的性别观念,尤其会引导女性不断认同流行于大众文化中的某种性别体制。当代西方社会一方面为年轻女性提供了教育、职场和开放的性欲观,赞颂性感的年轻女性所取得的成就,另一方面却将这种成就建立在消费主义和新自由主义观念之上,从而挖掘了一个更加隐蔽的父权制陷阱。对于这种作为文化现象的后女性主义,笔者认为应将其看作批判的对象,在更具体的语境中分析产生这种后女性主义话语的原因,对西方后女性主义话语通过赞颂成功的年轻女性而将广大女性置于更严密的自我规训中要保持清醒的认识和批判的态度。

悖论二:女性主义与反女性主义意识形态的纠葛

当代西方后女性主义文化既有对女性主义立场一如既往的支持,

---

① Rosalind Gill, "Postfeminist Media Culture: Elements of a Sensibility", in: *European Journal of Cultural Studies*, 10,2(2007), p. 163.

② Rosaland Gill, "The Affective, Cultural and Psychic Life of Postfeminism: A Postfeminist Sensibility Ten Years On", in: *European Journal of Cultural Studies*, 20.6 (2017), p. 609.

又有反对女性主义的意识形态在作祟。进入21世纪以来，言说女性主义问题的场域越来越多地出现于网络行动主义之中，出现了女性主义第四次浪潮。[1] 尽管西方主流媒体断言女性主义已经走向终结，但人们对性别问题的关注并没有消失。2012年4月16日英国女性主义作家劳拉·贝茨（Laura Bates）发起网络上的女性主义运动"日常性别主义项目"（Everyday Sexism Project）[2]，旨在记录日常生活中女性遭遇的种种性别歧视案例。来自25个国家的女性在该网站上倾诉她们经历的职场中的性别歧视、公共交通或职场中的性骚扰等遭遇，为女性提升性别平等意识和伸张正义提供了平台。贝茨的网络行动主义也从另一方面说明，当代西方社会的女性远未获得与男性平等的社会地位，不正义与性别化的不平等从未消失。而2015年电影《女权之声：无惧年代》（suffragette）的拍摄体现了大众文化对女权运动的重新关注，体现了女性主义在文化上的新地位。这些例子都说明反对性别不平等的行动主义仍在进行，女性主义的性别平等意识已深入人心。

然而20世纪90年代以来的大众文化既有"女生权力"和女性成功的种种宣传，却也不乏对女性充满敌意的审视和厌女倾向。可以说当代欧美文化中女性主义与反女性主义思想是比肩共存的。在主流媒体的具体语境下，"后女性主义"无论在时间上还是在语义上，都指"女性主义之后"，即女性主义的理论与实践已经走向完结，或者说它是不合时宜、没有必要和让人窒息的刻板纲领。主流媒体一方面宣扬女性主义已经死亡，美国社会步入"后女性主义"时代；另一方面则竭尽所能树立与第二次浪潮女性主义者有很大不同的年轻的"新女性"形象，支持大众刊物出版界中的"后女性主义者"著书立说。这些"后女性主义者"往往并不排斥"女性主义者"这一称呼，反而自诩为女性主义者，但是她们对女性主义第二次浪潮持批判态度，很多观点与第二次浪潮背道而驰，甚至是反女性主义的。例如，卡米莉·帕格利亚

---

① 2013年12月10日英国《卫报》（The Guardian）特写栏目执行主编Kira Cochrane在《卫报》上发表题为《女性主义第四次浪潮：拜会叛逆的女性》（"The Fourth Wave of Feminism: Meet the Rebel Women"）的文章，宣告了女性主义第四次浪潮的到来。她认为女性主义第四次浪潮以网络技术支撑为特征，以微观政治为核心，利用博客、推特等社交媒体表达女性主义主张。对她而言，当代女性主义可以用务实、开放、包容与幽默加以界定。关于女性主义第四次浪潮，参见 Nicola Rivers, *Postfeminism(s) and the Arrival of the Fourth Wave: Turning Tides*, Hampshire, New York: Palgrave Macmillan, 2017.

② 参见网站 https://everydaysexism.com

(Camille Paglia)认为第二次浪潮女性主义者反对选美、反对色情、反对性愉悦的主张是错误的。在她的著作《性的表象》(Sexual Personae)中,帕格利亚认为女性只有掌握性的权力,才能为自己赋权并控制男性。对此女性主义学者伊梅尔达·维勒汉(Imelda Whelehan)不无讽刺地说:"对帕格利亚而言,真正的女性主义者是掌控自己生活的性感的麦当娜。"[1]凯迪·罗伊菲(Katie Roiphe)在著作《之后的清晨:性、恐惧和女性主义》(The Morning After: Sex, Fear and Feminism)中认为约会强奸是脆弱的、意志薄弱的女性编造的神话。第二次浪潮女性主义者发起的"收回夜晚"(Take Back the Night)活动是自我溃败的,因为它宣扬的是女性的脆弱,这已不符合当代女性的状况。[2] 雷恩·丹菲尔德(Rene Denfeld)在其《新维多利亚人:年轻女性对旧女性主义秩序的挑战》(The New Victorians: Young Woman's Challenge to the Old Feminist Order)中认为,女性主义第二次浪潮培育了女性受害者的不合适的形象:"以女性主义的名义,这些极端主义者开启了一种道德和精神的十字军东征,将我们带到比我们的母亲时期更糟糕的时代,她们把我们带到关于性道德、精神纯洁和政治无助的19世纪价值观中。通过结合有影响力的声音与未受质疑的事业,现在的女性主义塑造了一个道德纯洁却茫然无助的殉道者形象,一个世纪前的妇女扮演的正是这种角色。"[3]丹菲尔德认为女性主义第二次浪潮复制了19世纪维多利亚时代的女性特质观念,这其实完全否定了女性主义从第一次浪潮以来的艰苦斗争的成果,这种对女性主义简单化的批评弊大于利,是十分危险的。纳奥米·伍尔芙(Naomi Wolf)在《用火射击:新女性的权力及它怎样改变21世纪》(Fire with Fire: the New Female Power and How It Will Change the Twenty-first Century)一书中认为,第二次浪潮中的女性主义者把女性看作父权社会的牺牲品,而当代的女性无论在教育、经济、就业还是性等方面都已经有很大的自主权,她们已不再是可怜的

---

[1] Imelda Whelehan, *Modern Feminist Thought: From the Second Wave to "Post-Feminism"*, New York: New York University Press, 1995, p. 235.

[2] 参见 Katie Roiphe, *The Morning After: Sex, Fear and Feminism*, Boston: Little Brown, 1993.

[3] 转引自 Sara Gamble, *The Routledge Companion to Feminism and Postfeminism*, London and New York: Routledge, 2001, p. 39.

牺牲品,而是在很多方面都已被赋权的独立自主的女性,因此针对第二次浪潮的"牺牲品女性主义"(Victim Feminism),伍尔芙提出了新一代的女性主义是"权力女性主义"(Power Feminism)的观点。① 但是,正像后来许多回应伍尔芙这一观点的评论家所指出的那样,伍尔芙的假设是:权力对女性而言唾手可得。伍尔芙的主张只适用于像她这样受过高等教育、有支付能力的中产阶级白人女性,绝大多数处于政治、经济和文化结构边缘地位中的女性是无法获得这种成就感的。

可以看到,后女性主义中的前缀"后-"在语义上是不确定的,我们通常所理解的"后-"意思是"之后",是指在时间或顺序上处于之后,它通常并不指涉拒斥或否定的含义,但是西方主流媒体宣扬的"后女性主义"中的"后"则包含对女性主义斗争史的背叛,尤其是上述活跃于大众刊物出版界的后女性主义者完全摈弃了女性主义运动带来的裨益。在该语境中宣扬后女性主义的到来,实际上就间接参与了否定和削弱女性主义目标的活动。对此,苏珊·法鲁迪(Susan Faludi)认为,后女性主义就是"披着羊皮的狼"②。安吉拉·麦克罗比(Angela McRobbie)认为后女性主义文化的一个显著特征是:某种经过选择性界定的女性主义"被考虑进去"③,然后再声称女性主义已经死亡。它既赞扬某种形式的女性主义,又试图抹除和消解女性主义政治的目标。罗萨琳德·基尔认为,后女性主义的话语是女性主义和反女性主义的观点相互纠结,甚至是盘根错节的产物。也就是说,很多女性主义的观点在主流媒介中被篡改、被去政治化,甚至被攻击。笔者认为,正是后女性主义话语中的反女性主义潜流让后女性主义这一术语充满了矛盾,而且,某种特定的自由和选择权针对的只是少数的(年轻)女性,以这种个人赋权替代更为迫切的女性主义政治和变革诉求,未免有些过于乐观了。这种排他的后女性主义话语抹除了女性主义政治中关于家庭暴力、贫穷的性别化、女性在种族歧视中遭受的双重压迫、在环境问题中的脆弱处境等更为急迫的现实问题,因而对于这种

---

① Naomi Wolf, *Fire with Fire*: *The New Female Power and How It Will Change the Twenty-first Century*, New York: Random House, 1993.
② 转引自 Sara Gamble, *The Routledge Companion to Feminism and Postfeminism*, London and New York: Routledge, 2001, p.50.
③ Angela McRobbie, *The Aftermath of Feminism*: *Gender, Culture and Social Change*, Sage, 2009, p.12.

既赞颂某种特定形式的女性主义,又对女性主义进行去政治化的做法要保持清醒的认识,同时,呼吁坚持多样化的女性主义政治潜力是非常重要的。

悖论三:后学语境中女性主体的消解

在欧洲、澳大利亚和美国的学术界中,后女性主义还有另外一种与主流媒体中的"后女性主义"完全不同的含义:其前缀"后-"并不指与女性主义的决裂,而是讨论女性主义的理论范式发生转变的方式。它强调的是女性主义已从争取男女平等的理论与政治实践转向关注女性内部的差异,其关注点已不仅是传统意义上要求女性在公共领域争取与男性平等的地位与待遇,而是将女性的范畴具体化,从多维的角度看待社会性别与种族、族裔、阶级、宗教、年龄、性、身体、流行文化、环境问题等相交叉时产生的具体的女性问题。这也正是莱斯利·黑伍德等女性主义者所倡导的第三次浪潮与理论中的后女性主义相重合之处。两者强调的都是身份的流动性和多种身份的交叉性。从争取男女平等到重视女性内部的差异这种思维范式上的转变显然是受到后现代主义、后结构主义等思潮的影响。

后现代主义与后结构主义思潮对女性主义理论的发展具有巨大的推动作用,但女性主义内部对是否应接受后现代主义和后结构主义思潮曾经出现过分歧。后现代主义非政治甚至是反政治的特点使她们认为后现代主义与女性主义是不相容的。如果后现代主义质疑宏大叙事,那么以宏大叙事为特征的女性主义也必定会受到质疑。女性主义学者陶丽·莫伊(Toril Moi)认为,从后现代的视角来看,女性主义其实"在言说一个不可能的立场"[①]。后现代女性主义的最大问题是它无法解决自身存在的两个悖论:女性主体的消解和政治斗争形式的弱化。后现代主义质疑统一的女性主体,而女性主义认为存在一个统一的妇女范畴,离开一个对历史和性别具有可靠的先验感觉的统一主体,就没有女性主义意识,女性主义政治也不可能存在。在女性的概念上没有了基础,女性主义似乎会陷入相对主义,这是不利于女性主义政治的。假如通过解构而使女性的主体消失,那么女性主义斗争的真正基础就不复存在了。而且妇女之间的多元化一旦被承认,并被

---

① Toril Moi, "Feminism, Postmodernism, and Style: Recent Feminist Criticism in the United States", in: *Cultural Critique*, 9(1988), p.5.

认为比妇女的群体更重要,任何以妇女为类别和以改变妇女的从属地位为目标的集体行动就会受到质疑。这种强调女性内部差异的理论导致这一时期女性主义理论的发展集中在对内部的不同派别和成分及其相互矛盾的主体立场的质疑上,因此消解了女性主义理论的实体和斗争的形式。而且这种差异理论认为由于差异,女性只能根据各自的境遇决定各自的斗争目标和方法,不可能有共同之处,这无疑会分散和削弱女性进行集体斗争的力量和可能性。这样在后现代主义消解一切宏大话语的策略下,一切崇高的理想归于平庸,宏大的政治目标变得虚无。

针对这些分歧和困惑,南希·弗雷泽(Nancy Fraser)和琳达·尼科尔森(Linda Nicholson)在《没有哲学的社会批评:女性主义与后现代主义的一次对话》(Social Criticism without Philosophy: An Encounter between Feminism and Postmodernism)中,为放弃了基础主义的后现代女性主义作了辩护。弗雷泽与尼科尔森认为,女性主义和后现代主义之间可以互补不足:女性主义者提供了强有力的社会批评,但容易陷入基础主义和本质主义的陷阱中,而后现代主义者对基础主义和本质主义进行了雄辩的批判,但是在社会批评这一方面显得软弱无力。从后现代主义的角度对女性主义理论进行思考可以暴露本质主义的局限性,而从女性主义的视角分析后现代主义可以看到后现代主义男性中心主义和政治幼稚的一面。① 女性主义理论家朱迪斯·巴特勒(Judith Butler)在《不确定的基础:女性主义与后现代主义的问题》(Contingent Foundations: Feminism and the Question of "Postmodernism")中也指出,问题不在于维护还是放弃基础,因为所有的理论和政治主张都对社会现实和知识的本质作出假设。关键是我们看待基础的方式,因此她并不主张放弃女性这一范畴,认为应该把女性这一范畴看成长期可质疑的假设,并用语用学的方法来加以研究,使之赋有多元的意义,这样我们既可以在女性争取权利的旗帜下团结起来,又可以聆听来自不同位置的妇女的多种声音。强调差异必须总是在语境中确定。② 后殖民女性主义理论家佳娅特里·斯皮瓦克

---

① Nancy Fraser and Linda Nicholson, "Social Criticism without Philosophy: An Encounter between Feminism and Postmodernism", in: *Social Text*, No. 21(1989), p. 84.

② Judith Butler, "Contingent Foundations: Feminism and the Question of 'Postmodernism'", in: *Praxis International*, 11,2 (July 1991): pp. 150 – 165.

(Gayatri Spivak)针对女性主义理论在遭遇后学思潮时所面临的困境提出了策略性的本质主义的概念。她认为,在政治上女性主义应将妇女这一类别作为暂时的策略,以妇女的共同利益来组织改变妇女从属状况的斗争。斯皮瓦克主张在策略上用本质主义来创造特定情况下不同妇女之间的暂时的政治同盟。可以看出,后学语境中女性主义者提出的核心问题围绕"在缺乏单一性的女性主义议程和身份的情况下女性主义者如何促进能动性,并反思政治行动的特定性质"[1]。

在后学思潮的影响下,新西兰女性主义学者安·布鲁克斯(Ann Brooks)认为,后女性主义指的是女性主义思想的当前状态,是一种与后现代主义、后结构主义和后殖民主义等思潮结盟的女性主义的多元认识论,它旨在打破普遍的、一统的思想。[2] 早期的女性主义理论建立在启蒙现代性的自由人文主义思想之上,它并不质疑具有层级性质的二元对立思维,却认为只要逆转二元对立中的男性/女性的层级秩序,女性就会得到公正的待遇。然而正像自由女性主义、马克思主义女性主义、激进女性主义、文化女性主义等女性主义理论和实践所证明的那样,这种简单的逆转并不能从根本上改变具体女性的从属地位,必须从根本上解构父权制意识形态得以稳固的二元对立思维。因此布鲁克斯并没有讨论帕格利亚、罗伊菲、伍尔芙及丹菲尔德等主流媒体所宣扬的"后女性主义者",而是讨论了朱利亚·克里斯蒂瓦、伊莲娜·西苏、劳拉·穆尔维(Laura Mulvey)、朱迪斯·巴特勒等受后现代主义和后结构主义思潮影响的女性主义理论家,以说明女性主义理论自20世纪80年代起已从要求男女平等的诉求转向注重女性内部差异的论争。学术界中的后女性主义促进了女性主义应用的广阔基础与多元概念,通过讨论边缘的、流散的和被殖民化的文化,使女性主义成为非霸权的话语,从而让地方的、本土的和后殖民的女性主义发声。

苏红军在《成熟的困惑:评20世纪末西方女权主义理论上的三个重要转变》一文中也论述了20世纪最后20年西方女性主义理论的三个重要转变,即从启蒙主义的宏大叙述转向探索局部、动态和多元的

---

[1] Stéphanie Genze and Benjamin A. Brabon, *Postfeminism: Cultural Texts and Theories*, Edinburgh: Edinburgh University Press, 2009, p. 60.

[2] Ann Brooks, *Postfeminisms: Feminism, Cultural Theory and Cultural Forms*, London and New York: Routledge, 1997, p. 7.

认识论,从对事物的研究转向对语言、文化和话语的研究,以及从追求男女平等转向强调妇女之间的差异。① 女性主义理论家曾试图用宏大的理论来解释跨文化语境下所有女性面临受压迫的原因,这显然是行不通的,因此自 20 世纪 80 年代起,女性主义学者开始放弃用来阐释性别主义的跨文化的、宏大的理论,而转向更为地方化的、具体语境下的社会理论。在这种思维范式的转变下,当代女性主义学者反对对女性身份的本质主义建构,主张解构固化的性别身份,强调女性内部的差异。这种尊重差异的思维模式促使当今的女性主义者反对一统的"妇女"范畴而更加关注具体的个体经验。在后学思潮的影响下,当代女性主义者强调个人和集体的身份都应是多元的,甚至是矛盾的。由于身份政治总是具有排他的局限性,与后学思潮结盟的后女性主义因此主张,女性应以联盟政治替代以前的身份政治,即根据具体问题建立"不可预测的联盟",倾听多元的声音,从而纠正早期女性主义者以一己经验代表所有其他女性的倾向,避免脱离以政治能动性和社会行动主义为特点的现实的性别问题。由此可见,后女性主义在理论界中的含义指的并不是主流媒体意义上的女性主义的终结,它不是指反对女性主义(against feminism),而是指发生根本转变的今天的女性主义(about feminism today)。② 第二次浪潮基于启蒙现代性的自由人文主义的观点对男性/女性的二元对立进行简单的逆转,而与后学结盟的女性主义则质疑自足主体的稳定性。这种与后学思潮结盟的后女性主义用多样性代替二元主义,用差异性代替一言堂,是从认识论层面对女性主义理论做出的深刻反思,因此这一语境中的后女性主义是动态的、充满活力和自省性的智性争论。

结语

后女性主义已成为西方当代女性主义文化分析中最重要,同时也

---

① 苏红军、柏棣:《西方后学语境中的女权主义》,广西师范大学出版社 2006 年版,第 2 页。

② Ann Braithwaite, "The Personal, the Political, Third-Wave and Postfeminisms", in: *Feminist Theory*, 3,3,(2002), p.341.

是最具争议性的词语之一。正如女性主义理论不是铁板一块，后女性主义也不是单一、统一和确定的，而是一种复杂、多元和动态的话语。它可以指一种针对女性主义思潮的历史转变，可以指父权社会反对女性主义思潮的防御机制，可以指吸收后学思想过程中的理论回应，也可以是一种存在于大众文化中的矛盾感受，这种感受强调后女性主义话语的矛盾特点及其内部的女性主义与反女性主义的纠葛，因此要理解后女性主义，必须将其置于具体的语境中。作为一种文化现象，后女性主义已成为西方当代女性主义文化分析中的批判对象。作为一种批评概念和分析范畴，后女性主义并不意味着女性主义走向终结，而是指女性主义的范式发生了转变。对于后女性主义，应进行具体的语境化和批判性的分析。

【本文为上海交通大学外语学院青年教师激励计划和双一流建设重点项目的阶段性成果】

（作者单位：上海交通大学外国语学院）

学术编辑　张冰

当代理论前沿

信念的泛滥
——结合宗教经验与审美经验所进行的考察

[英]大卫·库珀 文
院成纯 译

内容提要 信念的泛滥是当前学界讨论较多的一个问题。对这种泛滥持彻底批评态度的人们抱怨说,在某些情况下"信念"这一术语被误用了。较为委婉的批评则认为,对信念的谈论没有深入问题的核心,而是曲解了其实质。现代对信念泛滥的批评在宗教领域中尤为突出。人们意识到,审美经验的个体性特征以及生命意味同样存在于宗教经验中。这种相似性表明:对前者的思考有助于阐释后者,从而找到一种可以用来确证信念泛滥的精神体系。

关键词 信念 泛滥 宗教经验 审美经验

一

信念(belief),确切地说信念这个概念,如果被运用得过于宽泛、过于随意(例如被放置和搭配得不恰当时),就显得泛滥了。对这种泛滥(promiscuity)持彻底批评态度的人们抱怨说,在某些情况下"信念"这一术语被误用了。情感论者认为,人们无法对不合道德的东西产生"信念",这是因为道德判断是对情感和劝诫的表达,而不陈述信念的合宜的对象——命题。较为委婉的批评则认为,对信念的谈论没有深入问题的核心,而是曲解了其实质。这是维特根斯坦对语言游戏的"稳固基础",也就是我们用以判定论断真伪的"传统背景"所持有的态度。确切地说,一些信念并无错谬,比如世界已经存在超过十载,或自然法则不会在明天崩溃,但是这样的谈论把对我们来说"可靠"的东西,与有待于确认或怀疑的东西混在了一起。"可靠"的东西不是命题,而是使一些实践成为可能的"行为方式",这些实践包括验证命题与达成信念①。

二十世纪哲学中还有一些人们熟悉的例子可以用来解释对泛滥的指责,其中有一则典型的例子与后文的主要任务相关,这里先不讲,即加布里埃尔·马塞尔(Gabriel Marcel)所说的"我相信(I believe)在(我们的)精神(或宗教)体系中所处的位置"②。下面先来看另外三个例子:

(a) 虚拟条件句,还有科学中类似于定律的陈述都不是命题,因此不能被相信为真或者为假,它们是用来从一个命题导向另一个命题的"推理标签"。一旦发现前提为真,就可以推断结论为真。

(b) 像"我很痛苦"这样的第一人称陈述句,并不是在表述有关某人状况的信念,而是体现了这种状况,以便引起注意或寻求帮助,或其他的什么。

(c) 海德格尔认为,我们与世界的基本心理关系——这种生存于世所发源的或"被设立的"模式——并不属于信念或知识,而是以一种比信念和知识更为"原初的"方式向我们"揭示"世界及其内容的"情绪"(Stimmung)③。因此,描述我们与世界的这种基本关系就不应像笛卡尔(Descartes)或康德(Kant)那样,用"表象""信念"或"判断"等可以唤起信念的语词来进行。

这些指责,与我们先前所提到的例子掺杂在了一起,其中一些无疑更有说服力,另一些似乎反被指责犯了"言语行为谬误"——混淆了在言谈中使用一个术语与正确使用一个术语所需要的两种条件。(没有人会说"我相信我处于痛苦中",但这种说法有误吗?)另外的一些指责似乎依赖于信念与其他态度间的某种值得怀疑的对立关系(为什么道德判断不能既表达信念又表达情感?)我认为,恰恰是对泛滥较为委婉的指责一般来说才是更有说服力的——批评信念与言谈之间的某些联系并非错误,它遮盖,又或者曲解了二者的本质关联。

---

① L. Wittgenstein, *On Certainty*, trans. by D. Paul and G. Anscombe, Oxford: Blackwell, 1969, §94, §110, §205, §209.

② G. Marcel, *Creative Fidelity*, trans. by R. Rosthal, New York: Noonday, 1964, p. 172.

③ M. Heidegger, *Being and Time*, trans. by J. Macquarrie and E. Robinson, Oxford: Blackwell, 1980, p. 175.

即便如此,一些对泛滥的指责确实与形而上学问题相关,它们往往发源于这些问题。有些事实不能用虚拟语句陈述,因为这些"事实"不能被还原成"原子"事实,后者是被认可的、最终的、仅有的事实。道德判断不能用来表达真或假的信念,因为这需要它与道德事实对应起来,而这种事实太过离奇以致不能进入以科学方式所把握的宇宙之中。把语言游戏的"稳固基础"或在世存在的"原初"方式说成是存在于信念之中的,这一点表明了其作者拒斥我们与世界之间的主体—客体关系,拒斥整个存在观念,在这种观念中,最具优先性的是观察和记录物的显现(lay-out)的心灵。

二

形而上学所关注的问题之一是宗教,与这个领域以及其他哲学所关注领域相关,对泛滥的指责在现代显得最为强烈。例如(借用一位学者的描述)出现了一种"与德维·菲里普(Dewi Phillips)有关的强大哲学",这种哲学受了维特根斯坦的影响,"坚持用一种图像的概念,而不是信念,来阐释宗教实践,认为这个图像给了心灵及其精力以形式"[1]。

问题不在于是否必须去除所有关于宗教信念的谈论。因为,首先,确实有这样一种意义上的信念——作为信仰、信任或信心的信念——它确实是一切被当作宗教相关物的东西的核心。那些不听从圣·保罗的号召,不相信基督的人,将不被当成基督徒;对佛祖的"三宝"、教导和诫命(monastic order)缺乏"信"(saddha)的人,也不会是佛教徒。其次,如果某人没有相关的信念——此处的"信念"即今天通常讲的一种命题式的态度,或某一命题的适用——他也就不会被视为赞成某种宗教体系的人。

因此,问题必将触及一些对泛滥较为委婉的指责,围绕信念(命题态度)是否是"精神体系"的中心,是否处于宗教活动的核心进行探讨。在本节里,我不会为指责辩护,而是要揭示对恰当的指责有利的内

---

[1] M. McGhee, *Transformations of Mind: Philosophy as Spiritual Practice*, Cambridge: Cambridge University Press, 2000, p. 122.

容——那些因在宗教体系中给予信念以特殊地位而导致的、实际存在的不当倾向。并且,我还将指出那些给予信念以特权的人们所使用的、在我看来很糟糕的论证。

以下是一些不当的倾向:

(a)夸大和牵强地运用维特根斯坦的方法,认为宗教是无关乎信念的生活方式。这里引起我兴趣的不是这种观点的牵强之处,而是它的形成思路:如果宗教观是由一整套信念构成的,那么这些信念应当"只是"信念,因为它们不能够凭借任何常用的可靠方法,比如演绎论证或归纳论证,转化为知识。因此,比起信念的其他载体,例如自然科学中的那些,这样的宗教就显得很糟糕。如果这种宗教要保持体面,最好是摆脱所有的盲信或教条的陷阱。

这种思路也许不会有什么说服力。首先,它忽视了奥斯汀(J. L. Austin)的教导,即信念不是低等的知识。虽然有时人们不愿将相信某事说成是知道某事,这确实是可能的,如奥斯汀所说,人们也许会感到无权将自己的信念强加给别人,但是知识却不是"高于同一等级的相信(believing)和确信(being sure)、甚至非常确信(being quite sure)之上的知觉的专属能力"[1]。问题在于,几乎所有人都无视奥斯汀的教导,把人们不愿强迫别人接受的那些信念当作"纯粹"信念,当作知识低等的相似物。因此,如果一再强调信念在精神体系中的地位,那么一些宗教人士就会产生畏惧,将婴儿和洗澡水一同倒掉,以清除由信念所引发的宗教体系中的任何一点塌陷,这也就不足为奇了。

(b)在我们这个原教旨主义、自杀式爆炸流行的时代,自由派的和世俗的批评家容易将激情的、独断的、甚至是拥有狂热信念的人当作"真正的宗教"信徒,这是一种令人遗憾的倾向。比如,在7月7日伦敦爆炸事件后,小说家汉尼夫·库瑞什(Hanif Kureishi)写道,"真正的教徒……是可怕的",因此,我们并不想要过多的宗教信仰。[2]

这种观点同样令人无法信服。为什么将成为"真正的信徒"与顽固坚持某些特定教派的教义的做法联系起来呢?实际上,这种观点为包含某些信念的宗教图景所支撑,在许多情况下,这些信念往往倾向

---

[1] J. L. Austin, "Other Minds", in his *Philosophical Papers*, Oxford: Clarendon Press, 1961, p.67.

[2] M. McGhee, "Seeke True Religion, Oh, Where?", in *Ratio*, XIX, 4, 2006, p.454.

于将"个人的信念"等同于那些令人激动的、被人狂热追随的信念。(如果在某个电视节目中,有人问我"我的信念"是什么,而我却开始背诵"2＋2＝4;草是绿色的;巴黎是法国的首都……",我想我会令人失望。)

(c) 像库瑞什一样的自由派不可知论作家还有另外一种倾向:建议"真正的信徒"成为理智的(sensibly)信教者,这里的信教者是指拥有宗教信仰,然而却以科学家对假说所采取的那种批判、证伪精神来对待信念的人。理智的信教者要在同敌对假说的捍卫者、信徒或其他人的"对话"中,不断地检验自己的信仰。他们关注诸如世界由某种智慧创造的可能性或神迹的历史证据一类的问题。

在此,如果我们听任批评信念泛滥的声音,去指责理智宗教的形象是扭曲的,就回避了问题的关键。但是,有一点是合理的,即这种形象因为过于轻信"对话",所以在原教旨主义和狂热主义之风盛行的现代确实引起了太多的嘘声。另外,指出这种形象的关注点偏离了信仰、信任或信心这些信念的旧有意义的做法也是合理的("相信"源自于一个古德语词汇,意指去珍重或珍视所爱的人,它被用来指称命题态度则要晚得多)。这种形象甚至会引发一种错误的观点,即认为旧有意义上的信念可以被还原为一整套作为命题态度的信念——还原为观念、预设。如果确如马塞尔下面所说的那样,那么这个结论就不可能是正确的;马氏指出,信念在"强的"或较早的意义上是在"某个你(thou)中的信念,例如在某个现实中,不论这个现实是个人的还是超个人的,这种信念可以被唤起,并且一直都处于所有的判断之外"[①]。这种形象遮住了我们的视线,使我们没有意识到理智信徒的特征不在于他们持守信念的方式,而在于他们对超凡之物的信仰、信任或信心本身的风格(style)和样态(demeanour)。

对信念泛滥的指责不是通过在精神体系中找出一些由信念的特权化而导致的不当趋向而确立的,也不是通过找出某个似乎隐藏在这种特权化之下的糟糕论证而确立的;然而为了反驳那种认为信念必须立于宗教之核心的观点,找出这种论证也是很重要的。这种论证在威廉·詹姆士(William James)的论文"信仰意志"中显而易见。在对

---

① G. Marcel, *Creative Fidelity*, trans. by R. Rosthal, New York: Noonday, 1964, p.169.

培植一种宗教立场的辩护中,詹姆士明确地指出了某种思维规则的非理性,"即使某些真理真的在那儿,这种规则也将绝对阻碍我去确信这些真理"①。换句话说,不要放弃你遇见宗教真理的可能性。但是詹姆士错误地将走向宗教真理与实际上相信它们——尽管只是尝试性地或暂时地相信——等同起来。这样做的原因在于,他确信做任何事,无论以何种方式生活,都假定了一种贯穿于其中的信念。这是一种"相信的趋向,它伴随着任何一个行动的意愿"②。这是一种误导:为了发现自然界的真理,一名科学家会基于一些假说展开调查,但他并不需要去相信——无论尝试性地还是暂时相信——这些假说是真实的。他只要相信通过检验这些假说,他就会取得进步,这就足够了。举个更贴切的例子,始终想去确知"无我"学说这类真理的佛教徒,当在这条"道路"上止步不前时,被劝告不要被教条所束缚,而是要去树立对佛的"信"(saddha)——遵循佛所引导的"道路",从而能自己洞见那些真理③。不论在科学家那里,还是在佛教徒那里,都不必确认某些命题为真。这两个例子共用的策略是,嘱托人们去寻找那条也许会导向这种信念的道路。

我认为,这里已经暗示了一种精神体系概念,在这个体系中,信念并不处于核心地位。为了保证对泛滥的指责的有效性,为了再次强调人们并不是仅仅通过提出对其有利的结论,或质疑与其相对的论证来确立这种指责,那么有必要进一步完善这个概念。我将在接下来的讨论中去完善它。

三

为了推进这一工作,让我们先来进入一个对信念的谈论相当泛滥的领域——审美经验领域,或者更准确地说,对美的经验的领域。

---

① W. James, "The Will to Believe", in *The Writings of William James*, J. McDermott (ed.), Chicago: University of Chicago, 1977, p. 733.

② Ibid., p. 718.

③ M. McGhee, *Transformations of Mind: Philosophy as Spiritual Practice*, Cambridge: Cambridge University Press, 2000, chapter 10. C. W. Gowans, *Philosophy of the Buddha*, London: Routledge, 2003, chapter 5.

康德提出了一个有力的理由,用来否定审美判断是"认知判断"并因而是信念之表达的观点,然而他没有把这一点说清楚。如果审美判断是认知判断,那么其中就包括了那些在概念对象上的运用规则,即支配着谓词用法的规则。康德认为实际上并不是这样的:审美判断"并不建立在任何概念之上","不可能有那种任何人都可循着去认识美的事物的规则"①。因此,为了去认识某种美的事物,我们需要去"用自己的眼睛去看那个事物"。审美判断必然是个体性的,它要求直接认识某个对象,这使它完全不同于关于对象属性的"认知"判断或"逻辑"判断——因为在后者那里,间接证据和别人提供的证明都可以用来支撑判断。(注意,这里康德并没有——如同审美领域中某些对泛滥的指责那样——证明审美判断"纯粹"属于意见问题、无真伪之别,因而具有"主观性"。)

康德用一个判断强调了他的观点,即"玫瑰花通常是美的",这个判断确实是认知性的,或者说它陈述了某种信念,正是因为这一点,它就不再是审美的。这个判断实则是一个预测,即根据先前见过的花朵,预测所见的任何玫瑰花都是美的(对比"我虽没有亲见,但却相信她非常美。大家都这么说。"——这同样不是审美判断,而是一种预测:预测自己真正见到她时会做出的判断)。即使我们不认同对泛滥的彻底指责,指出这种判断并没有误将"我相信它是美的"当成对对象之美的认识,康德的观点仍然成立。假如当我凝视着将要坠入印度洋中的太阳时,有个烦人的人问我:"你相信那是美的吗?"我想我会说"是的",因为如果回答"不",也许那位询问者会以为我没有发现这个美景。实际上,我只是认为"我相信"并不必定严格地表达一种康德意义上的认知判断,但是这并没有弱化康德对"我相信"所表达的判断与审美判断所作的区分。

我们赞赏康德的观点,这并不需要我们接受他的这个缺少活力的论断:美的经验是对某个对象所作出的愉快或不愉快的反应。当我们转向更有说服力的论断——去体验那种不仅是漂亮的、动人的或好看的美,那种"庄重的"美时,对泛滥的指责就更为有力了。我想起了这样一些观点,例如,亚历山大·尼哈马斯(Alexander Nehamas)在他

---

① I. Kant, *The Critique of Judgment*, trans. by J. Meredith, Oxford: Clarendon Press, 1952, §8.

的《丹纳十讲》中关于"美的地位"所作的讨论。他写道:"发现了某个美丽的人","丝毫不像做出了一个判断"——或者,有人也许会说,不像获得了某种信仰——而是"像产生了一种跟他们继续交往的欲望",引起一种"如果(他或她)是我们生活的一部分,生活就会更有价值的感觉"。从更广泛的意义上讲,我们发现美的东西"在我们心中激起一种……与它交流……使它成为我们生活的一部分……的需求"。能够描述审美经验的词汇,不是"相信"或"判断"之类的术语,而是"希望""爱"和"欲望"一类的词。① 如同最近讨论过美的另外一位著作家伊莱恩·斯卡丽(Elaine Scarry)所说的那样,美的对象是一种"渴望的所在",它"激活"(quicken)并给予了一种更鲜活的(和)更值得过的生命前景。人们回应它如同回应祝福。② 可以确定的是,对美的经验也许伴随着一种确信感,但这并不是非常强烈地去持守信念意义上的确信,而更像是由一种温馨的、真诚的祝福所带来的确信或信任——对某种值得追求并纳入生活之中的东西的信任。尼哈马斯用司汤达(Stendhal)的格言来当作他的标题——"美是一种对幸福的承诺"。人们发现,对美的事物的确信,确实更类似于做出承诺的人所具有的信心;正如奥斯汀所指出的那样,这种信心或信任不可还原为一套关于这个人或关于未来进程的信念。

同样,把一个人体验到美说成他相信某物为美是否错误,这不是最终的关切点。让我们暂且允许有人坚持这么做。问题在于,这样来描述一个人将远远无法触及其体验的核心。在可供我们使用的词汇体系中,有一种比表达信念的词汇更丰富、更恰当、并且在现象学层面更具揭示性的词汇。

四

然而,如此涉足美学跟指责宗教领域中信念的泛滥有什么关系?

---

① A. Nehamas, *A Promise of Happiness: The Place of Beauty in a World of Art*, 2001; www. tannerlectures. utah. edu//lectures/Nehamas_02pdf, p. 202, p. 205, p. 207, p. 208, p. 216.

② E. Scarry, *On Beauty and Being Just*, London: Duckworth, 2001, pp. 24-25.

康德在《判断力批判》(第 59 章)中那个以晦涩著称的部分指出,美是道德的象征,美的判断和道德判断之间有一种"相似",这使得对前者的反思可以启发性地解释后者。若真能找到这种相似,那么审美的和宗教的判断及经验之间也应该有这样一种相似。如果在相关的方面都有这种相似的话,那么用来限制某一信念范围的理由,应该也可以审慎地用于限制其他信念。实际上,这种相似将有助于界定某种精神体系———一种可以确证信仰泛滥的体系。

实际上,许多著作家很早就发现了两种情况之间的相似。例如,丢尼修(Dionysius the Areopagite)——先于康德审美判断"无利害"的观点——指出关于上帝的知识,就像对美的认知一样,要求一个去除那些"妨碍……清晰知觉的""障碍"(情感方面的、观念方面的或任何其他方面的障碍)的过程①。我正是想要在前面提到的关于美的经验的各项内容中,找出相似的条件来。

首先,在美的判断中至关重要的个体性特征也表现在宗教判断中。有位著作家就曾这样指出,"粗略地类比一下",如同"真正的审美判断是基于某人自己而不是别人在一个对象那里所获得的愉悦"一样,"只有当理解了或感到了某种超验之物时,我才会做出一个宗教判断"②。有的人的宗教信念仅在于将"上帝存在"这个命题据以为真,他之所以这样认为,是基于可信的朋友的见证或他被阿奎那的"四条道路"所打动,这种人与我早先所列举的那个还没看到一个女人,就说"我相信她是美的"的人是半斤八两。正如后者不是审美判断一样,那种别人的"信念"也不是真正的宗教判断。例如,在佛教中,真正的信徒或"善知识"并不是赞同达摩话语的人,而是"遵循着教导"、"自己用眼"去看的人③。

个人经验对宗教判断来说是必要的,其中一个理由也许就是当代希腊神学家克里斯托·雅奈里斯(Christos Yannaris)称作宗教信仰的

---

① Dionysius the Areopagite, *On the Divine Names and the Mystical Theology*, trans. by C. Rolt Berwick, ME: Ibis, 2004, p.195.

② M. McGhee, "Seeke True Religion, Oh, Where?", in *Ratio*, XIX, 4, 2006, p.463.

③ C. W. Gowans, *Philosophy of the Buddha*, London: Routledge, 2003, p.58.

"色欲"层面①——它是纯粹命题态度所缺乏的东西。这就指出了审美和宗教之间更深层的相似点。雅奈里斯和其他几个人都认为宗教之中包含了一类表达情感的词——"欲望""爱"和"渴求",等等诸如此类,这种词所捕捉的不是与宗教信仰相伴随的偶然的东西,而是信教之人精神体系的本质特征。然而如我们所了解,这类词恰恰就是完整的美的经验的现象学也必须要援用的那一种。某个充满了对超验之物的欲求和渴念的人,在被诘问时,也许会这样回答:"是的,我相信有一个超验的秩序"——这让我想起前面那个被问到我是否相信落日的美的例子,带着我可能同样也会产生的些许恼怨和细微感觉,我对这个回答表示怀疑。这些都不是要排除宗教判断中具有某种确信(conviction)的可能,尽管看起来是的——与类似的美的判断相比,宗教判断中的确信并没有更多地被排除。在这两种情况下,确信都不应该被视为提升了命题信念(propositional belief)为真的概率。这里的确信更像源自某种承诺:对有某种东西可以依靠、可以给予更亲近的关照、更值得融入人们的生命的那份从容的信心。

最后,让我们将融入生命的观点推进到更深层的相似点。斯卡丽将美的经验夸张地说成可以"拯救生命",并且不无夸大地指出,如果这种经验与生命融为一体,那么它可以"提升"生命并且导引更伟大的"生活"(aliveness)。尼哈马斯也认为,美的经验本质地构成"生命的一部分",而不是附属于生命。他讲述了自己与莫奈的《奥林匹亚》的邂逅如何"真实地改变了我的生命形态"——引他踏上一个身体的和精神的漫长旅程,去探寻这幅画所带来的那种独特和深刻的吸引力②。

如果这是关于"庄重"的审美经验有说服力的反思,那么它也是关于宗教经验的类似反思。因为,如果他或她所信仰的宗教并没有改变、影响或塑造其生命进程,我们会不愿将这类人称作是有信仰的。这种不愿已被说出,例如在克尔凯郭尔那里:在抨击同时代那些纯属自诩的宗教信仰者时,他通过强调"主体化真理"——一种融贯生命的"与绝对的关系",一种"上帝—关系"——相比于"客观"信念的优先性,做到了这一点。因为任何信念、任何命题态度都不可能拥有改变

---

① C. Yannaris, *On the Absence and Unknowability of God*, trans. by H. Ventis, London: T. & T. Clark, 2005, p.105.

② A. Nehamas, *A Promise of Happiness: The Place of Beauty in a World of Art*, 2001, www.tannerlectures.utah.edu//lectures/Nehamas_02pdf, p.222.

或构造生命方向的力量——能这样做的确实属于宗教信仰。与此相似的观点也许在马塞尔那里被提出过，他认为信念在其"强的"意义上不是"曾拥有"或"曾持有"的东西，因为如果这样，它会成为一种可以被冷静审查和"怀疑"的潜在对象；它是某人如其所是的东西，它可以亲密地融入到人的生命之中。① 以上这些并不是要将宗教信仰还原为一种"生活方式"，还原为一种特殊类型的实践。对世界的超验性的感知仍然是需要的，一种对人们所契合的——或者希望契合的——世界的某种真理的感知。

五

因此在审美的和宗教的判断及经验之间有某种相似性，我希望对前者的思考有助于阐释后者——正如康德希望它可以用来阐释道德判断那样。伊莱恩·斯卡丽也希望对美的反思能有助于思考正义，但是她接着提出了一个有趣的问题：这种跨领域的实践，是否仅仅因为相似（比如在两种情形中都产生了"对称"的概念）——或者是否还有比单纯的相似更多的东西。也许如同她简略提到的那样，美"引导着我们走向"正义。

我想通过简要地评论关于美和宗教的一个类似的问题来收尾。如果所明确的二者间的相似是有利的，那么对泛滥的指责在审美领域内所取得的成就会促进其在宗教领域收到成效。如果美的经验和宗教经验并非仅仅相似，而是密切相关，趋近同一，那么这种成效就会是自然的和确定的。就是这个想法——源于中世纪，并且可以追溯到柏拉图那里——近期被许多著作家提及，包括西蒙娜·薇依（Simone Weil）和巴尔塔萨（Hans Urns von Balthasar）。薇依写道，"真正的美"是"上帝的在场"，"世界的美"也许是"上帝（可以）进驻我们的唯一方式"②。

---

① G. Marcel, *Creative Fidelity*, trans. by R. Rosthal, New York: Noonday, 1964, p. 171.

② S. Weil, "Love of the Order of the World", in: G. Panichas (ed.), *Simone Weil Reader*, New York: Mayor Bell, 1977, p. 473, p. 482.

与神圣的美的辞令相比,现代心灵更熟悉神圣的力量、智慧和善这些辞令,对这些现代心灵来说,这种思想是惊人的。打算去阐明美学和宗教之间的关系比相似还要密切,这种做法确实可钦可敬。但是如何来落实这个打算呢?

在我看来,下面这种方法徒劳无益,其仅有的好处也不过类似于盗窃之比于诚实劳作。巴尔塔萨写道:"美学"给我们提供了某种纯粹神学上的感觉,使我们"满怀信心地感知……上帝的爱的荣耀"。[①] 这一意义的确可以确证审美经验等同于宗教经验,但同时也使这种等同变得毫无价值。人们不会从审美感知的角度来阐释宗教感,因为前者已用明确的神学术语重新定义过了。当巴尔塔萨爽快地坦陈,他的"神学美学"与菲奇诺(Ficino)及其他文艺复兴巨匠的基督教化的柏拉图式美学截然不同时,他接近于承认了这一点;菲奇诺和那些文艺复兴时期的著作家在体验一般意义上的美时,也察觉到了一种神学意味。

另外一种方法却更有希望。在南西·艾科夫(Nancy Etcoff)的那本生动的书(《美者生存》,副标题为"美的科学")中,她意图用广义上的达尔文主义术语去解释我们偏好和喜欢什么样的外貌。然而这个副标题不准确,因为这本书所关注的实际上是靓丽——而且是可爱、"让人窒息"的好看、性感等等——它所关注的并不是"庄重的"美的事物。就像许多对审美趣味的"自然主义的"解释一样,在艾科夫笔下,我们对"庄重的"美的经验——那种存于尼哈马斯和斯卡丽心中的经验——成为一个谜。我认为,那种"庄重的"美恰恰正是美的和人们所加给美的巨大意义之所在。这就是为什么需要去指出,任何对美的解释都不应循着"自然主义"的路径,而应在超验的层面进行。也许我们只能像柏拉图那样,将"庄重的"美的经验解释或阐发为对世界超验性的展现(intimation),这种世界的超验性的美打动着我们。当然,这是华兹华斯的观点;他对草原或山川的美及崇高的体验是一个谜,这个谜只有在被理解为如下两种感觉时,才会被解除,即一种"对未知的存在模式晦暗未明的感觉"和一种"对更深层地融会在一起的某种事物的感觉"。

在本文中,尽管我不能捍卫这一观点,但我认为,它并不缺乏吸引

---

① H. U. von Balthasar, *Love Alone: The Way of Revelation*, London: Sheed & Ward, 1968, p.9.

力。然而如果它是可辩护的——并且,遵循薇依的观点,如果美的经验是神圣的或超验的因素可以当下"进驻"我们的唯一方式——那么审美确实在我们的精神体系中占据了一个中心地位,与此相应的是,信念在这个体系中的地位下降。这样一来,对泛滥的指责将会被接受。

(作者单位:杜伦大学哲学系)
(译者单位:北京第二外国语学院文化与传播学院哲学研究中心)
学术编辑:史雄波

巴什拉,一种空间性的现象学
——巴什拉的空间诗学及其舞台装置效果

[法]让-雅克·乌南布热 著
张尧均 译

内容提要 加斯东·巴什拉的诗学作品围绕着物质、形式和运动——在较低的层次上还有色彩——的想象扩展而运转,并依次强调这些因素中的每一个。尽管运动中的物理身体的动力发生不太涉及舞台装置术,但他关于四种自然物质及空间几何学的作品仍为自然空间和技术建构空间的象征主义提供了诸多教益,而其《空间的诗学》则是被翻译最多的书,且被全世界的众多建筑学院所采用。通过把这些元素视作本质,而非整体或有机整体,这些作品为理解空间结构的客观与主观、意识与无意识的诸多可能性提供了深刻的洞见。聚焦于其中的某些结论,立足于一种形式和质料的现象学,可为营造那些能陶冶美感并领会普通表象的附带象征意义的空间提供某些指引。

关键词 原型 空间 创造 物质 设计

加斯东·巴什拉(1884—1962)的哲学作品分为两大类:一类是从1927年开始,致力于心理学和科学认识论,尤其是在量子革命前后的数学物理学认识论,另一类则主要从1937年开始,致力于对诗的梦想的过程和基础的研究,这种诗的梦想被认为是把世界拓展到由语言和艺术所带来的各种新的形象中。这种关于想象的哲学在很大程度上终止了还原论和怀疑论的传统[1],它利用了精神分析(尤其是弗洛伊德和荣格)和现象学(胡塞尔、萨特、梅洛庞蒂)的最新研究成果,这些研究据说能在诸心理产物在表象中被稳定化之前就先把握其直接的动力机制。但在创造形象的各种心理催化剂中,巴什拉尤其看重审美

---

[1] 参见巴什拉《想象》(*L'Imagination*), Paris, Puf, coll.《Que sais-je?》, 1991.

回响(retentissement)及空间物质①和形式②的象征化能力。因此,我们期待能在他那里发现一些与舞台装置术有关的关于空间梦想的思路(以第一人称和第三人称的形式)。

从设备记录上来看,剧场和展馆的空间安排、舞台装置的制作技术从属于多个范式,尽管空间维度应该通过戏剧的、审美的编导来加以完善,后者把空间改造成为(装饰)景观,并通过聚集各种器具、活动人员等来予以充实。物质空间(spatium,topos)至少能依四种方式来接近、利用、改造、安排和制作:形式逻辑(数学、几何学、拓扑学如今已被3D软件替代);心理感知逻辑,它利用已在造型艺术中得到运用的景观化规则(透视、图形—背景关系,等等);寓意逻辑,据以感受、具现意义、拟态性地展示某种叙述语言或诸理念和价值的空间;审美—梦境逻辑,旨在激起受众的心理反响、在观者或行动者那里产生某一想象物的空间。很可能,每一种舞台装置的工作在产生每一个复杂而单一的作品时,都汲取了这些范式中的好几个范式。我们能在巴什拉那里发现关于空间想象物的一种具有建设性的、灵活而富有启发的思路(尽管它从来就没有被体系化,显然也没有被概念化),尤其是在第四个范式上,它涉及启动一种梦幻性活动的条件。

一、素材的明显不当及隐藏的资源

当然,巴什拉的诗歌分析乍看起来对于空间创造者的场所结构(topologie)和场所分析(topoanalyse)问题来说是不相关的(尽管他可以自由地利用那些术语),这有多方面的原因:

首先是因为,巴什拉在他的分析中赋予了语言的诗歌题材以特权地位,他研究的与其说是真实的物理空间,不如说是被言说的空间。因为物质空间的想象物是与语言、与一种运用名词,尤其是动词,将它们带入到活动以及行为处境中去的表达方式分不开的。这些诸元素首先形成了一套诗歌的语词形象集,这些形象既通过诱导性的名词又

---

① 在1938年至1948年间,巴什拉有5部作品致力于对物质的研究。

② 巴什拉区分了物质、形式和运动,并通常在它们之间建立了一个以诸物质为优先的等级,但《空间的诗学》部分改变了形式的所谓弱势地位。

通过它们所允许的适合于行动的动词而组织起每一种诗歌的表达。关于这些元素的语言因此就成为无数隐喻的母体，它们以富有活力的象征纽结充填了想象。

其次是因为，巴什拉想要集中考察诞生的过程，正在涌现中的形式，而不是研究那些已经使空间形象变得稳定且物化了的定形整体和既定模型。他更关注萌发阶段、酝酿的状态，新生的形象，各种"原始""绝对"之物，而不是那些已经成形、被编排好、嵌入某个整体或系统中的空间形象。更可靠的路径在于在梦境般的自发状态中把握空间形象，在这种状态中，那摆脱了一切知识及概念之污染（contamination）的意识就在其直接性和自发性中来理解它们。① 我们因此就通达了那些来自自然的"自然形象"②，我们也因此触及到那"最根本的""原初的""初始"形象，因为它是完全原发性的，也就是说，"在思想、叙述和情绪激荡之前"③。它在某种程度上是非历史的，因为它还没有变化，它在真正变成主题（而不是作为补充材料）时才影响到我们，同时也构成了想象的最初材料。这种自然的形象还没有被同化为一种表象，因为它外在于某个"轮廓"，它毋宁是一种最初的动态"指向"，就此而言，它悖谬性地接近于一种活的抽象。④

然而，这些保留意见决没有削弱或扭曲他的分析。相反：

一方面，因为巴什拉的语言诗学是纲领性的，既可以适用于声音，也可适用于造型艺术（雕塑、绘画）。他的诗学指向一种集语词—声音—符号于一体、在其所有形式中都贯彻了同样原则的存在物。这些已被或正被赋形的先天形象在语言中找到了一种更有利于研究的载体。他的这种形象涌现的现象学事实上适用于所有的形象涌现形式，不论其载体是感官的还是表现的。

其次是因为，巴什拉不是要帮助我们去理解和评价那些已经完成的现成的舞台作品，而是要帮助我们去阐明那种创造性的想象力，那些创造性的图形、构图、动力及其潜能。简言之，一旦某部作品被设定为将要达到的目标，他就告诉了我们关于它的各种可能性、潜在性的

---

① 参见作者在《巴什拉，一种形象的诗学》（*Bachelard, une poétique des images*）一书中的进一步论述，Sestos an Giovanni，Mimisis，2012.
② Gaston Bachelard，*L'Eau et les rêves*，Paris，Corti，p. 100 et 207.
③ Gaston Bachelard，*L'Air et les songes*，Paris，Corti，p. 131.
④ Voir *op. cit.*，chap. II et *La Poétique de l'espace*，*op. cit.*，p 54 et 61–69.

设想和探索。在这个意义上,他的分析不会不对建筑师产生启发,使他们更好地理解其构图的最初的几何趋向,对材料的直觉,其作业形态上的图形①。我们可以认为,这至少对作为设计艺术的舞台装置来说也同样适用,舞台装置的作品不同于工业设计或更持久的建筑物的构造,它只占据一个有限的时空段。其作品的特点是它的可塑性和短暂快捷性,这要求在变更时有一种强有力的舞台稳定性和一系列丰富紧凑的想象物以符合探寻的目的。

二、诗学空间的产生

现在,我们可以引用一些富有启发性的观点,既从那些致力于物质问题的作品中,也从严格意义上的作品《空间的诗学》(1957)中。后一本书在敞开一个极其宏大的探索场域的同时,也呈现为一组片段式的研究,它们大多受到主观偏好的指引,以支持某些情感性的空间(家宅、缩微空间、圆形空间),它们既描绘了人的内心地形图,又提供了关于这些空间的诗学资源的一般理论的序言(les prolégomènes d'une théorie générale des ressourcespoétiques de cesespaces)。为了做到这一点,《空间的诗学》淡化、甚至绕过了此前为理解我们与外部真实世界的知觉和想象关系所设定的两个重要选项:

首先是精神分析。从 1937 年起,巴什拉就开始研究空间投影的增值超载(surcharges),从一种历史的视角研究在科学精神的形成中各种心理障碍的形式和材料。② 随后,在与此对立的另一方面,他在同一年致力于对这些作为错误之源的超规定的无意识形象进行重新评价,他把这种认知上的否定性变成了对想象、尤其对被锚定在无意识(弗洛伊德和荣格)之中的想象而言的一个创造性梦想之所。巴什拉在不同的精神分析法中找到了可贵的解释根源,以理解形象的各种冲动的、情绪的和情感的基底,甚至它们的性欲特征,尽管他没有采用弗洛伊德的压抑机制,并与各种分析(尤其是弗洛伊德的分析)的理智主

---

① 对于巴什拉在建筑学上的接受情况,参见 Thierry Paquot(Géopoétique de l'eau, hommage à Gaston Bachelard), VILLE, Etérotopia, 2016, et de Chris Younès.

② Gaston Bachelard, *La Formation de l'esprit scientifique*, Paris, Puf, 1938.

义倾向保持距离。①

其次是作品的材料质感(matériologie)。实际上,巴什拉已经从外在的方面本质性地评估了四种物质元素(火、水、气、土)的象征化潜力,从而人们既可以积极地通过姿势(geste)又可以消极地通过沉思与它们产生联系,它们指向男性的阿尼姆斯或女性的阿尼玛。由此可以得出关于每一种元素在审美和伦理价值(valences)上的一种普遍化的语法,其标志性的特征尤其体现在每一种元素形态所具有的含义的两极性和双重性。我们的形象变得丰富,并实际上从诸元素的象征体系中得到滋养。这些元素提供了"想象的激素",使我们"在精神上得到壮大";"我们相信能把这四种物质的想象奠基于一种规律之上,这种规律必定赋予这四种元素中的某一种以创造性的想象力:火、土、气和水"②。因此,如果想象力确实深深地与梦想者个人的无意识联系在一起,那么,它首先是一种物质的想象,在其中,梦想在内心中将它与宇宙联系在一起:"我们被这些基本的物质,被这些想象性的元素带入想象界的探索中,这些元素拥有如同实验规律一样可靠的理念规律。"③巴什拉建议要阐明这些形象产生的规律,要从艺术活动(创作者、诗人、造型艺术家、旁观者或读者)或工人和休闲者的自发幻想出发去研究它们。形象的生命栖居于一种真正的梦境物理学的规律之上,这些规律与物理学规律一样受到束缚。在放弃这种过于机械的理性化活动之前,巴什拉甚至一度希望能建立一种形象创造的"诗的图解",它认定,"隐喻比起感觉来更能相互呼应,彼此协调,以致诗的精神纯粹只是一种隐喻的句法"④。

在物质中,构成宇宙论四联剧的这四种元素先是通过前苏格拉底的思想,随后又借助炼金术的传统被铭刻在册,它们似乎给出了一种尤为曲折复杂、但仍归本于生命的一种古老的象征动力。沿着荣格和德苏瓦耶(R. Desoille)的轨迹,它们被理解为那些融贯一致的超个体形象(作为内心私密性之原型的家宅、洞穴、迷宫等等)的

---

① 参见作者对巴什拉《梦想的诗学》一书的分析,及《Gaston Bachelard, *Gilbert Durand, lecteurs de Jung*》, in Cahiers Gaston Bachelard, n° 13, Éditions universitaires de Dijon, 2014.

②③ Gaston Bachelard, *L'Air et les songes*, p. 14.

④ Gaston Bachelard, *La Psychanalyse du feu*, Paris, Gallimard, 1938, p. 185.

内核和线索①,这样一来,它们就成了精神性的存在物,对它们的想象催生了各种象征价位。一种原型物质是一个精神模型,它可以展开关于其种种基本形象的先天认识,并在与相关现实的经验性体验相接触之际被激活。一种元素的具体而确定的形象因此位于一种呈示内容的外在直觉和一种呈示信息,并告知其意义的内在直觉的交界处。原型的表象因此服从于一种已被康德所采用的先验逻辑,在这种先验逻辑中,一种来自于感性印象的表象借助精神诸范畴而成形。

这种梦境物理学从未被人抛弃,它构成了巴什拉的贡献中最著名的枢轴,并促成了极其丰富的解释学发展,以说明各种类型的艺术生产。② 然而,在不放弃这些人类学和宇宙论维度的同时,"空间的诗学"选择了新的方式切入建筑容体(家宅),中空或凹曲的三维结构,各种启动内外关系的装置,等等。由此,巴什拉更喜欢那些具有空间移情效应的正面形象(它们排斥了那些敌视、压抑的关系),尤其会选择那些来自主观投射的内心形象,而抛弃那以一个无限的宇宙、一种超越的广漠为中介的形象。巴什拉知道,想象既引向黑暗,也引向光明;既引向忧郁,也引向幸福;既引向神经症,也引向喜悦;但他在方法论上避开了想象的病态一面、精神病理学的一面。当然,巴什拉会时不时地提及这一阴郁的面相,他承认自己有循环精神病倾向,并且有时会以阴暗、忧郁、令人眩晕的腔调提到这一点。但在他看来,空间想象首先是为了获得幸福而产生的,而不需要有关临床的或诊疗性的知识。

三、场所制作(Topopoïétique)的原则

然而,即使如此限制空间范畴(家宅、抽屉、鸟巢、岩洞、缩影、圆),巴什拉仍确立了创制空间形象的一些原则和规则,它们可以有效地囊括舞台装置术所要关注的问题。我们在此撷拾其中的一些,它们通常散落在各种极其自由,既有自反性,又兼收并蓄,相互关联的分析中:

---

① 一种原型毋宁说是一系列的形象,"它们归纳了人在面对一个典型处境(亦即那些并不专属于个体,而是能强加于所有人的环境)时的祖传经验",*La Terre et les rêveries du repos*, Paris, Corti, p. 211.

② 比如说,人们可以在剧场,尤其是在歌剧院中遵照巴什拉的指引展开极具活性的水的象征。

——垂直的优先性：巴什拉很早就指出在水平与垂直之间的对立所具有的结构性价值，前者展现了一种时间上的连续性、绵延，后者则毋宁说是一种中断的标志，它描述了一种即时性和上升性的图像，导致一种本体性和伦理性的落差。①

——他认为宇宙的广漠无边因其缺乏界限而使想象贫瘠，因此他探索了空间缩微化的过程和状态，并赋予其特殊地位。②小的事物，通过布局，在有利于形成中空的、舒心而温暖的空间（巢、贝壳）的同时，也能促成景观化，导致那种让人放心的视觉支配和凌空俯视的思想。微型化的空间也得以集中其有利因素，而不会使之分散。通过邀请我们安居于一个从内部激活想象的封闭的、内心的世界中，缩影在同时也助长了一连串对自然物或制作物的依恋，这些物品集中、汇聚、放大了私密性和母性的价值。③巴什拉喜欢让人想起其熟悉的物品世界所蕴蓄的丰富性（他的"盛物筐"④），每一个物品都以其自身的方式，刺激并撩拨起同样的让人安心和令人抚慰的特征。家宅中的房间，房间中的家具，家具中的角落和抽屉都重复着那些使存在物得以蜷缩并托庇于阴暗母腹中的形象。巴什拉的想象乐于使自己变小，并因此而沉入那强化了无威胁的舒适感的缩微的庇护所之中。⑤

——一种空间结构的动力和象征稳定性（la consistance symbolique）来自于双重功能：一方面，是它与一个原型，一种形式母体的内在渊源，并随后得以让自己被各种原始的信息充实。⑥在这方面，巴什拉的

---

① Voir Francesca Bonicalzi, 《Gaston Bachelard, épistémologie ouverte et éthique de la connaissance》, in Jean-Jacques Wunenbruger (dir.), Gaston Bachelard, *Science et poétique, une nouvelle éthique?*, Paris, Hermann, 2016, p. 11 sq.

② Voir *La Poétique de l'espace*, chap. VIII et 《Le monde comme caprice et miniature》, in *Études*, chap. II, Paris, Puf, 1970.

③ 尽管巴什拉经常批评弗洛伊德的解释，他仍然接受了私密空间的这种母性化的意涵。在他一开始研究家宅时，他就提到了"家宅的母性"（*La Poétique de l'espace*, p. 27），因为"家宅是一个大摇篮"（*op. cit.*, p 26.）。亦参 *La Terre et les rêveries du repos*, p. 122.

④ *La Poétique de l'espace*, p. 143.

⑤ "我越善于缩微世界，我就越是拥有世界。但……应该超越逻辑，以便体验到小中有大。"*La Poétique de l'espace*, p. 142. 悖谬的是，缩微的空间也开启了通向放大的进程，它使得形式增多，并类似地延伸了初始价值。同样，巴什拉在谈到柏格森时，赋予曲线以优先于直线的特权，曲线重复着内心私密的和令人安慰的特性。（*La Poétique de l'espace*, p. 138.）

⑥ 巴什拉从荣格那里借来了这个概念，借以强调其通过牺牲一种内生的实体化过程来进行赋形的力量。

书最后结束于圆和圆圈（而不是圆球）的原型，他从里尔克的表述"存在是圆"①开始，赋予了这种原型以比几何学更高的本体论价值。但另一方面，以这种原型为指导的动力机制随后通过一种变分和微分的方法（这是他那里反复出现的概念）被展开，通过各种微小的改变，它强化了原型的属性。②

——最后，尽管巴什拉在《空间的诗学》中似乎不再继续他以前在《绵延的辩证法》中所从事的那种探索，我们仍可以合理地把他所揭示的关于时间的意义应用到任何空间产品中去：旋律的结构。旋律通过在空间中组织起各种间断性的分殊结构而使空间时间化了，这些间断性的分殊结构成了原初的感知介体。③

应该注意到，对于巴什拉来说，这些空间安排从属于超验的、元历史的元素和规则之下。巴什拉由此使自己摆脱了那种只看重社会文化条件的社会学至上论的控制，而通向了一种审美相对论。④ 对巴什拉来说，圆的语义学（比如说）既不取决于社会背景，也不取决于公众感受的变化的历史框架，而是扎根于那些"原型"中。当然，这种深度心理学的选项能引起蔑视甚至抵制，但它不能让人无动于衷，因为它在涉及某些空间形式的恒久与扩散时能解释那些让人不知所措的材料。

四、一种空间接受的美学

这些象征完形（prégnances）所导致的结果不是要组织一个自主的内生系统，而是要组建一个舞台，这个舞台能通过回响（不同于共鸣）打动人，并在观众那里激起新形象的主观诞生（la naissance subjective），能够给予一种存在的力量，一种高于客观现实的本体性价

---

① 人们可以通过 Peter Slöterdick 的思辨来完善这种分析，Bulles, Sphères I, Pluriel, 2011.

② Voir Gaston Bachelard, *La Dialectique de la durée*, Paris, Puf, 1936; *L'Intuition de l'instant*, Paris, Stock, 1935.

③ Voir Gaston Bachelard, *La Dialectique de la durée*, op. cit., et Jean-Jacques Wunenburger, Pierre Sauvanet, Rythme et Philosophie, Paris, Kimé, 1998.

④ 参见 Michel Pastoureau《关于色彩的历史-社会学至上论研究路径》。

值。简言之,这个被安排的空间应该提供那种自成"世界"的空间想象物。空间之所以有价值,与其说是因其客观的和知觉上的物理属性,不如说是因其梦境般的潜在性和它在一个主体中的心理延伸性,这使主体因而能在客观的材料上添加某些超验的价值。观众在面对一个自然的或构造的空间时的活动至少包含三个维度:

——感觉的和情感的维度,巴什拉经常以听觉的语言来予以转述[1]。空间形象不是被还原为诸视觉特征,而是启动了在心理上和语言中的听觉隐喻。由此,巴什拉把空间想象从单纯"广延物"的属性中剥离出来,并丰富了其声音上的内涵,进而拓宽了被赋予某一空间的诸性质的丰富内涵和意蕴深度。因此,空间性不应被归结为几何特征,后者只调动起主体所感觉到的部分属性的碎片。因此,最好是唤起想象的多感官维度,尤其是听觉的维度。即使没有与音乐相结合,从现象学的角度来看,空间也在自我试验,将自己铭刻在听觉材料上,后者赋予它一种新的广度,并在心理上梦境般地逾越了那些延展性的属性。

——一个象征维度,包含各种潜在的、从属的和具象的意义联系的形式。巴什拉在很大程度上中断了与单纯由联想律支配的想象概念(从休谟到弗洛伊德)的联系,而更喜欢赋予想象概念一种既自由又联系的象征逻辑。事实上,象征物与被象征者之间的联系既不是通过一种简单的习惯,也不是通过一种联合协议建立起来的,而是通过一种将本义和引申义、首要意义与次要意义统一起来的隐秘关联。由此,巴什拉重建了一种关于象征化的强大动机的认识论,它在形象与其潜在的含义网络之间引进了一种必然联系。[2] 这种被赋予了象征值的空间形式概念极其古老,因为它早已为毕达哥拉斯学派的人接受,对他们来说,任何量化(几何)的现实都与某种质性价值不可分离。[3]由此可以看出,这些形象不是可归属于某种符号学的元素,而属于一

---

[1] 参见 Marie Pierre Lassus 的研究,*Gaston Bachelard*, *Musicien*, *une philosophie des silences et des timbres*, Paris, Septentrion, 2010.

[2] 关于象征化和解释学,参见 P. Ricoeur, C. G. Jung, M. Eliade 的研究及 Gilbert Durand 的综合,L'Imagination symbolique, Paris, Puf, 1998.

[3] 参见 Jean-François Mattéi, *Pythagore et les pythagoriciens*, Paris, Puf, coll. "Que sais-je?", 2001. 人们可以从 E. Cassirer 在 *La Philosophie des formes symboliques*(t. II, Éditions de Minuit, 1972)中的见解接近这些主题。

种梦境语义学。①

——一个被命名为辩证法的认知维度,它应该允许想象的物质空间从外部过渡到内部,从内部过渡到外部。它因此追随一种既涵括又激活了心理因素的认知节奏。在梦幻诗歌中的空间性因此把展示形象之潜在性的理解活动引入了思想中。巴什拉尤其强调了双重性(一个元素或形式具有正面和反面这双重价值)和与此相关的两极性。一个形象所具有的这对立两极因此应该被设想为转向其反面的同一个存在的两面。两极性揭示了一种特殊的、不可还原的组织结构,它既是一又是二。使形象辩证化就在于使一体两面的形象产生震颤。借助这种辩证法的力量,巴什拉因此规定了一种动力机制,它利用了一种受到唯能论启发的富有张力的图像。诗歌从它所把握到的东西中,把这种活跃而剧烈的对立、这种梦想的动力变成了一个单一行动中的对立综合,以便随后以一种不同的方式去探索它。

在规定了有利于一种梦境空间的动力机制的条件后,巴什拉在这些常量之外还列举了一些有利的因素:

——记忆工作,因为当下的想象在向着世界在场时,总是同时受到个人的、无疑还有文化的各种再现和回忆的滋养。正如对宜居的家宅建筑的冗长分析所指出的,筑造既存在于带着其形式和容积的空间中,也存在于时间中(它激活了各种古老的形象,尤其是关于童年时期的家宅形象),并在某种程度上利用了象征的模式。在诗歌中被感知的空间因此总是一种回忆的催化剂,它兼具当下和过去的种种含义。

——构造空间既能从概念的和几何的模型、历史的和文化的模型中,也能从自然的和宇宙的模型中汲取信息。巴什拉事实上承认基于自然呈现的制模活动创造的空间所具有的梦幻性力量,这些空间因此融合了一种完形和一种主导性的特征。② 由此,巴什拉就把自己与一种天然拟态的认识论联系起来,这种认识论如今已获得了一种不期而遇的收获,尤其是在建筑中。③

---

① 关于象征和符号学,参见作者的研究"imaginaire et représentation: de la sémiotique à la symbolique", IRIS, 2014, n° 35, p. 39 sq.

② 参见 La Poétique de l'espace (p. 124 sq.) 中对 Bernard de Palissy 的分析。

③ 关于天然拟态论,参见 Janine M. Benyus, Biomimétisme, quand la nature inspire des innovations durables, Rue des échiquiers, 2017.

——通过对与实在物相结合的形象之超现实性的信仰,能够赋予想象物一种力量,一种潜能,一种本体性的在场。除这种梦境般的布局之外,巴什拉还倾向于赋予空间形象及所有其他的形象一种强有力的本体论地位。不同于萨特式的理论(它把形象消融于一种被感知物的无化过程中),巴什拉在《梦想的诗学》中采取的立场有利于一个准形而上学的命题:形象拥有"超现实"一词试图予以描述的那种存在模式。非实在物指向超越感知物的世界,其功能不可能被局限于一种区分了表象与它所呈现的存在物的虚构范畴中。相反,想象基于其特有的方式确保了一种当下化的活动,它具有与对实在物的感知同样的能力,能赋予心理内容以生命。①

——在多样化的空间中,巴什拉凭其特有的反应赋予了那些可以生存性地投射其中的"宜居"空间以特殊地位。对家宅的偏爱表明,有多少空间是根据他的人类中心主义的检测标准才产生增值和回响的效应的。巴什拉对空旷、荒漠化、无边际的空间没有感觉,他将其梦境的偏好给予那些宜于某种主体的生存模式的空间。如果人们能在这种选择中看到题材和样本的缩小(因其对冰冷、野性和令人不安②的世界的疏离),那么他们也能在其中看到这样一个征兆,即对巴什拉来说,空间构成了一个人化的、宜人的环境,这种生态系统赋予了物质和形式增值的象征。

——因此,并不令人惊奇的是,与空间的关系要经由语言、视觉感知形象和听觉上的回响,这种关系有时在梦想中达至极点,导致了主客二元性的结束,并引向被动的奇观化,这有利于产生各种沉浸和消融的体验③。这种也被同时代的梅洛-庞蒂甚至海德格尔探讨过的极限处境,向着一种参与性的体验敞开,它产生了一种共情和共生的实际经验,这种经验在如今的时代已越来越寻常地被各种多感官的艺术装置和艺术表演所探索。不同于现实的知觉,关于物质和空间的诗歌形象使得在主体与世界之间的一种紧密联系和依附得以可能,甚至导

---

① Gaston Bachelard, *La Poétique de la rêverie*, Paris, Puf, chap. I.
② 在弗洛伊德所说的"怪诞可怕的"意义上。
③ 参见作者的研究:《Chemins vers un réenchantement du séjour sur terre: la "chair du monde" de Merleau-Ponty, le "quadriparti" chez Heidegger, la "cosmoanalyse" chez Bachelard》, in A. Berque, A. de Biase, A. Bonnin (dir.), *onner lieu au monde, La poétique de l'habiter*, Actes du colloque de Cerisy, p. 65 – 91.

向了种种交错甚至融合的形式。"一位同样善于从壁炉取暖的哲学家将会轻易地发展一种眷恋世界的形而上学,恰好与种种以反对意见来认识世界的形而上学形成对立。"①借助诗歌的梦想,人们因此能经历到在事物中沉潜的体验,从而为我们提供一个变动的、可渗透的世界的印象。

巴什拉因此毫不犹豫地把这种体验机制置于一种融合的范式中。"啊,无疑,融合一词为哲学家们所知。但事物呢?如果没有形象的功能,我们如何能拥有对一次'融合'的形而上的体验呢?融合,就是完全地附着于世界的实体!以我们的全部存在附着于一种接受的功能,因为世界上存在着那么多的接受功能。"②在这种主体性的扩张结束之际,巴什拉甚至赋予了梦想以某种消除界限、使内在空间与外在空间变得可逆的功能,并由此进入到一种为梅洛-庞蒂所喜欢的交错和交织的逻辑之中。如果所有空间都招致了一种如此这般地改变其位置的内部与外部的辩证法,那么家宅的梦想,宇宙的想象就会让我们触及一种极限体验,在那里,关于自然的外部现象被主观化,以致在我们中获得了一种近乎万物有灵论般的上升。在每一种关于事物的梦想中,外部都被内在化,并相互套叠,从而被主观化为内心私密性,或者反过来,主观的内在性膨胀扩散,变得与外在的广漠(l'immensité du dehors)共外延。

这正是附着于一个平静、安宁的宇宙的诗学所具有的"内心宇宙性"的意义,在这个宇宙中,人们终于感觉到了在家般的自在。"宇宙般的梦想使我们生活在一种应被描述为前感知的状态中。"③在这一语境中,内在世界可能膨胀为宇宙,正如广漠的宇宙可以成为一个像"在家"④般那样居有的对象。确实有一种在内在与外在、小与大、私密与广漠之间的倒转、可逆,"这样的形象不是为我们带来对一种内心宇宙性的揭示吗?它们将外在的宇宙与内在的宇宙结合起来。诗性的勃发——水晶手指的狂热——使内心的森林在我们身心中战栗"⑤。

---

① Gaston Bachelard, *La Poétique de la rêverie*, *op. cit.*, p 167.
② *Op. cit.*, p. 170.
③ *Op. cit.*, p. 149.
④ *Op. cit.*, p. 152.
⑤ *Op. cit.*, p. 163.

五、走向一种巴什拉式的舞台装置术

　　巴什拉的研究路径是不充分的,有偏颇的,因为这种路径从一个舞台装置者构成的空间中省去了许多因素(对称、体积、光线、色彩、织物、关于展台、底座、镜子等等的问题),他更偏爱作为物质和形式的空间,尽管他拒绝从仅由几何规律构成的空间中推出结果;但这种研究视角也是富有成效的,从(比如说)建筑师们对它的接受就可以证明这一点,无论是从物质、形式的观点还是从力量和运动的观点来看(这是在此被我们忽视的第三个维度,但巴什拉对此给予了极为丰富的探索和解释①)。

　　但在这些局部的资源之外,巴什拉主义也使我们专注于对自然空间或构造空间的人类学思考,这些思考与其说是要成为方法,不如说是要形成一种关于场所爱好(topophiles)的独特文化:

　　——知觉空间是一种复杂、暧昧和不稳定的给予物。它可以要么通过科学抽象,要么通过诗的梦想来对待。在第一种情形中,被知觉物被归入概念之下,在第二种情形中,被知觉物则被一种先行的想象过度超载,但不能确定人们是否曾遭遇过一个自在的、绝对的被知觉世界。被知觉物总是被形象过度超载,这些形象要么被排除,被摆脱,要么被放大。

　　——借助各种物质、色彩、光线来制作栩栩如生的空间,这与其说是去制作一些物体,一个平台,一个舞台,不如说是去制作一些能通达想象界的"超物体"(surobjets)。然而,这个插入物体之中的想象界获得了一个世界的自主性,并且像面对那些半成品(semi-objets)那样激起了反应。

　　——空间形成的过程在发明者、创造者和受众那里是同样的。作者的意图和接受者的意图,从艾柯②的意义上来看都具有同样的性质。这两者都应该在知觉、想象和理智的交织中,以全体论的方式与空间

---

① Voir Gilles Hiéronimus, et Julien Lamy, (dir.), *Imagination et Mouvement*, Louvainla-Neuve, Éditions EME, 2011.

② Umberto Eco, *L'CEuvre ouverte*, Paris, Points, 2015.

发生联系。

　　说到底,巴什拉为舞台装置的形成带来了什么呢?一个集舞台—装饰—设计于一体的制作处在与两种参照系的关系中:一种是回到赋形的源头,回到旨在改善可见性的空间设计(歌剧小册子,展览物品等等);另一种则考虑到一个理想的观众的接受情况,他应该在舞台装置术中找到有助于其感受、想象和理智的装置。舞台装置术因此是一个居间要素,一个在原因与目的之间的中介。

　　鉴于创造和制作的过程,巴什拉的贡献尤其与受众问题有关,它有助于界定与公众有关的舞台装置的成功标准。对巴什拉来说,一个空间的价值既不归结为一种形式的(可几何化的)完美,也不归结为一种单纯的知觉美感,更不归结为一种使用价值。舞台装置空间的力量来自于它启动一种创造性想象的能力,正是这种创造性的想象借助各种形象、主观感觉、象征价值、阈下体验(expériences subliminales)对空间给予超载增值,而开始改变实在的空间,但它还将赋予被知觉的实在一种本体论的超越性,一种世界的稳固性。由一种舞台装置术散发出来的想象物因此成为其美感力量的主要标志,这种美感力量当然与这一点有关,即它契合于对一种预先具有的意义的表达,契合于一个功能性的和可交流的维度,但它同样、尤其依据各种潜在的象征化网络来评估其继续存在、产生回响、扩大心理、激活其他形象的能力。

(作者单位:法国里昂第三大学哲学系)
(译者单位:同济大学哲学系)
学术编辑:赵彦芳

图像学的挑衅(上篇)
——文本和图像中的意义是如何产生的?[①]

[德]安德里亚斯·卡布里茨

孙　纯译

内容提要　在近些年来的人文学科中,"图像学"的涌现对"语文学"构成了一个重大的挑战,因为这门新兴的艺术研究中的学科分支宣称图像具有一种可媲美但又独立于语言的语义生产方式的意义生产潜能。迄今为止,语言学包括文学学几乎都未对这一挑战作出回应。本文着力对图像和语言中的意义生产程序进行一种比较性的分析,阐明它们的差异以及交叉之处。

关键词　图像学　图像　语言　语义生产　符号

一

最近数十年来,文学学(Literaturwissenschaft)和语言学历经诸种挑衅——在这里,我是在积极的意义上使用"挑衅"(Provokation)这一词语的,而所谓的图像学(Bildwissenschaft)的诞生则属于挑衅之一。图像学提出的挑战首先在于它提出了一种独立于语言并因此可以自主存在的意义生产需求。就我所看到的状况,语文学(Philologie)领域尚未对这一挑战进行回应。我希望,我在下文中展开的思考,能

[①]　这篇文章所呈现出来的思考是对我关于语言和图像的语义生产的系统讨论的概述。我在即将出版的著作《语言和图像中的意义是如何产生的?》(*Wie entsteht Bedeutung in Sprache und Bild?*, Berlin/Boston: De Gruyter, 2019.)中探讨了两种媒介的语义生产中的差异和交叉点。

够在这个问题上有所贡献。来自图像学理论的挑衅隐藏着机遇；它提供了契机，或者说它迫使我们重新审视某些自明之事，并对语言和文学中沿袭下来的描写范畴的前提和结论再次进行追问。

如果人们询问图像和语言在意义生产过程中的不同条件，那么就需要首先对其中有待比较的对象进行准确的界定。"图像"这一概念不仅可以用来描述特定的图像，而且可以描述图像媒介本身。而作为术语的"语言"却只是一个总体性概念，它所描述的就是作为媒介的语言；然而特定的图像却可以对应着特定的文本（Text）。就语言来说，它显然具有一种不适用于图像的概念性的区分。那么，这种不对称性（Asymmetrie）是如何产生的呢？

对这个问题的回答已经深入到这两种媒介的本质和内核。同时，它指向了索绪尔所提出的语言（langue）与言语（parole）的区分。语言（langue）指的是一种语言系统（Sprachsystem）或者规则体系，它构成了每一具体表达，也就是"言语"（parole）的基础，它调控着言语的生成或者接受，并且使得这一生成或接受成为可能。显而易见的是，这两种现象处于一种相互规定的关系之中。能够被人观察到的只有每一具体的表达，而只有依据这些具体表达的运行规则，我们才能认识语言系统。

这一事实首先仅仅具有术语层面的性质，它也只能在放弃概念上的区分时——虽然这一区分并不会对事物具有的可资比较的差异之存在造成任何改变，才具有成立的可能性。因此，人们就有合理的理由怀疑，在图像中也存在着一种与语言相对应的差异：介于图像系统和具体图像之间的差异。事实上，这里提到的非对称性就涉及了两种媒介之间的重大区别。这一区别值得我们研究。但是，对于语言来说，在"语言"和"言语"之间的结构性对立是如何产生的呢？对于这个问题的解答将会触及所有语言表达的基石，也就是"语言符号"。众所周知，对语言符号的理解具有重要意义并同样与索绪尔这个名字相关的是对"能指"与"所指"进行的区分。① 显然，"能指"表示的就是语言

---

① 对此更为准确的区分是有必要的，但是在这篇论文的框架内，我必须予以放弃。我在下文中对于语言意义生产中的一些元素的勾勒，是基于查尔斯·巴利（Charles Bally）和薛施霭（Albert Sechehaye）根据索绪尔课堂的听课笔记整理出来的著作《普通语言学教程》。路德维希·耶格尔已经令人信服地证明了，只有在很有限的程度上，我们才能将索绪尔视为这本《普通语言学教程》的作者——因为出版者已经对索绪尔的语言概念进行了巨大（转下页）

符号的语音层面以及作为能指之组成部分的发音。"所指"则表示的是语言符号的意义,是心理—心智层面的范畴,也因此表示了一种概念。① 具有决定性意义的是两者之间相互依赖的关系。发音会直接引发语言符号所指层面的内容,正如反过来,每一次对所指的再现(Vergegenwärtigung)都伴随着对它的语音顺序的想象。根据索绪尔的著名比喻,能指和所指的相互关系,就像一张纸的两面。② 在暂不考虑类似拟声词这样的"理据性符号"(Motivierte Zeichen)的情况下,能指与所指之间不存在任何共同性,这一事实使得它们之间无法消解的依赖关系显得更为独特。它们不具有共同的特征,它们之间的关联仅仅具有功能性的属性。这一关联只是被用来服务于信息的传输,只有通过规约和习惯化(Habitualisierung),这一关联才能被生产出来。为了描述这一事实,索绪尔采用了一个已经广为人知的概念——"任意性"(Arbitrarität):语言符号是任意的。③ 在符号的物质层面和它的意义之间不存在任何一种关系上的理据性。在它们之间,除却这种规约性的分配之外,没有其他类型的关联;正是这一点构成了语言和图像的根本差异,我们将会在后文中谈及这一差异。

(接上页)的改变。对此问题的重要思考参见 Ludwig Jäger, „F. de Saussures historisch-hermeneutische Idee der Sprache. Ein Plädoyer für die Rekonstruktion des Saussureschen Denkens in seiner authentischen Gestalt ", in: *Linguistik und Didaktik* 27 (1976), S. 210 - 244 以及 Ludwig Jäger, *Ferdinand de Saussure. Zur Einführung*, Hamburg: Junius, 2010. 在我们的语境中所讨论的对立组合在索绪尔的语言思想中也是核心内容。然而,我在下文中尽量避免把索绪尔视为《普通语言学教程》的作者。相反,我将在行文中,提及《教程》时,仿佛它是其自身的作者。

① "语言符号所连接的并非是一个事物和一个名称,而是一个概念和一个声音图像。后者不是一个物质性的声响或某个纯粹物理性的量,而是这种声音的心理印记。这种印记向我们传达了我们关于这种声音的感官的明证。它在本性上是感官性的。我们将其称为'物质性',就是在这个意义上,并且只有在与符号语境的另外一个语词,即普遍来说更为抽象的概念的对立中,这种称呼才能发生。" (Ferdinand de Saussure, *Cours de linguistique générale*, édition critique préparée par Tullio de Mauro, Paris: Payot, 1974, S. 98)

② "这两种元素之间关联紧密,并相互召唤。不管我们是寻找拉丁语词 arbor 的意义或者我们用以描述'树'之概念的语词,对我们而言自然而然的是,只有语言确定下来的关联,才显得与现实相符,同时我们排除了其他所能想象到的可能性。"[Saussure, *Cours de linguistique générale* (wie Anm. 3), S. 99]

③ "连接起能指和所指的纽带是任意的,或者更好地表述为,因为我们将符号理解为一种诞生于能指和所指之间分配关系中的整体,因此我们可以更为简练地表述为:语言符号是任意的。"[Saussure, *Cours de linguistique générale* (wie Anm. 3), S. 100]

但是让我们在这一问题上稍作停留:语言符号的特征会对语言自身,进而对语言和外在于语言的现实之间的关系带来怎样的后果?《普通语言学教程》基本上完全将自己局限于对语言系统的研究,对于上述的后果问题几乎没有作出任何反思。然而,语言和图像之间或许最重要的差异正是存在于它们各自相对于现实的媒介关系中。

就这一关系而言,语言系统与世界之间仅有一种潜在(potentiell)的关联。尤其当所指的心理单位将表象(Vorstellungen)——特定类别的对象(Gegenstände)或者个体对象之间的联系能够将自身归纳入这些表象之中——作为内容时,这种情形就会出现。因此,在我看来,"所指"就是一种决定性的、虽然在理论上受到些许忽视的事实,即一种有关可能描述关系的功能(Funktion möglicher Bezeichnungsrelationen)。意义(Bedeutungen)总是已经导向了描述(Bezeichnungen)。

但理论的构建本身就倾向于,在某种程度上边缘化"所指"的功能性视角。由奥格登(Ogden)与理查兹(Richards)提出的著名的"语义三角形"(das semiotische Dreieck)概念将刻画发音和归属于它的心理表象之间关系的"意义"和刻画概念和物之间关系的描述(Bezeichnung)放到一个平等的位置。① 与此相应可以确定下来的是,存在于符号和事物之间的描述性关系只能在句子内部产生。每一个符号都有一个"意义",但是其自身无法产生一种描述性关系。为了产生这种描述性关系,句子的语境(Satzzusammenhang)是必要的。在这种语境中,每一个词语都无可置疑地获取了其特定的"指示对象"(Referenten)。但是只有在句子的框架内,只有在一个"述谓"(Prädikation)的内部,这种情况才能发生。在"言语"中,单个的词语只在省略句的功能中出现。

这一事实对于"语言"和"言语"的关系具有什么样的影响呢?这些影响首先表现在:"语言"所提供的对外在于语言的现实的可能指涉,在"言语"中借助于每一特殊的表达而被转化为对现实的事实性(faktisch)指涉,也就是说,被转化为一种对于真实(das Tatsächliche)的"指称"(Referenz)。因此,在这个过程中具有决定性意义的是,语言

---

① Charles Kay Ogden/Ivor Armstrong Richards, *The Meaning of Meaning. A Study of the Influence of Language upon Thought and of the Science of Symbolism*, New York: Harcourt, 1923, p. 11.

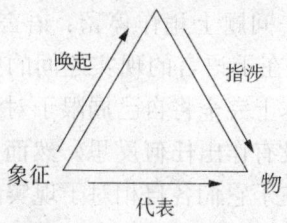

在"言语"中的出现形式与它在这些表达中的出现形式虽然并没有什么不同的地方,但是却通过刚刚所描述的方式,从原则上构建出了一种与事实的联系。

起初人们或许会有这样的印象,仿佛这样一种信息结构(Informationsstruktur)只局限于一种特定的语言表达类型,也就是陈述句这一类型。但是,在疑问句和感叹句中,断言(Behauptung)同样是不可或缺的。"把书还给我"这一要求蕴含着这样一个前提:有一本属于我的书以某种方式落入了他人之手,而这个"他人"就是我的要求所针对的对象。此外,例如当某人询问"明天是否是圣诞节"时,也预设了一种特定的日历的存在,是这种日历的存在使得人们对节日的推算成为可能。语言表达离不开对事实的断言,从根本上而言,这不仅适用于陈述句,也同样适用于疑问句和感叹句。

此处,我们遇到了语言中至关重要的"语言"和"言语"之区分的根据。在这种区分中,一方面是语言系统,它由具有任意性的符号和它们的连接规则构成。符号由它的发音组成,而按照《普通语言学教程》,发音则被归入一种抽象的心理表象。那些"所指"将对某种特定类别的非语言性的或者语言性的现象的可能描述作为内容。而另一方面则是"言语",也就是"说话"(das Sprechen)。

然而,"言语"与"语言"之间并不是简单的对立关系。只有在一种相互的依赖关系中,两者才能被思考。它们之间的对立是一种理论性的建构——虽然这种建构对于认识语言的构成形式和运作机制极有裨益且十分必要。正如我们已经提及的,语言系统在诸表达中的呈现形式与它在"言语"中的呈现形式并没有什么不同,而这些表达中存在着语言系统在确定非语言的和语言的事实方面的潜力(Potentialitäten)。语言表达离不开对于事实之存在的断言。因此,语言系统对"言语"具有一种管理性的功能,但同样,"言语"对于"语言"的规则也施加着影响。它们之间的关系从本质上而言是动态的。

"语言"和"言语"的相互依存关系与另外一种同样具有功能性的关系是并存的,即"语言"和"言语"之间的对立与"能指"和"所指"之间的对立是相互补充的。对维护具有任意性的符号系统和外在于此系统的现实之间的联系而言,这一互补性具有重要意义。正是因为语言意味着一种对任意性符号的操作,借助于语言之运用而确保自身与外在世界的联系,才是不可或缺的。也正是在这里,我们找到了论据来阐明,为何"言语"无法离开事实性的断言。由任意性的符号所构成的语言系统一定会在某种程度上悬置的,主要就是事实断言(Tatsachenbehauptungen)在语用层面上的必要性,也是通过它,语言与外在现实之间的联系才能被重新制造出来。

按照《普通语言学教程》中的处理方式,我们在上文中论述的两组对子之间处于相互独立的关系之中,它们各自对语言和语言的使用方式行使着管理功能。但是在我们的思考中,两组对子之间存有一种十分独特的联系。它们在功能上的互补性使得这样一种系统的产生成为可能——这个系统蕴藏着潜在的具有无限数量的表达可能性。但是这种互补性同样保证了,这些表达始终指涉着语言之外的世界(同样,在元语言的表达中,这些表达始终指涉着语言现实的自身)。

因此,"能指"/"所指"和"语言"/"言语"这两组对子构成了语言的系统构造(Systembildung)的两个关节。在其中的一个关节中,外在于语言的现实和语言之间是分离的,若没有这一分离行为,任何系统构造都是不可能发生的。在另一个关节中,语言系统和现实(语言性的或者非语言性的现实)之间则建立了关联,同时,借助于这一关联而生成表达,则是一切语言性的系统构造的目的。"能指"和"所指"之间的区分触及了一切系统构造的前提,而"语言"和"言语"的关系则保证了语言系统和由诸事实构成的世界之间的关联。强调而言,语言作为一个系统,使得既存之事物(das Gegebene)转化为意义。

一个与任意性的语言符号打交道的系统的结构性原则,也带来了这样的结果,即语言只能以复数的形式存在。原因在于,人们所称的"任意性"是说,一个符号的发音和其意义之间的联系并不是在某种方式中被预先给定的,相反,它们之间的联系是由语言自身以不同的形式塑造出来的。然而,语言的这种"复数形态"(plurale tantum)并不局限于语言中语音和意义的每一特定规配关系(Zuordnung)的可变性。这一可变性同样也带来了每一特定语法中具有重要意义的可变性。显然,由此就产生了所谓"自然"语言的多样性。更为明显的是,这一可变性关涉到了语言符号的实体部分的物质属性(这一属性同样是可变的)。在思考语言和图像的关系时,这一关涉具有特殊的意义。

二

到目前为止,我们的出发点依然是语言符号的"正常情形"(Normalfall),是与符号的语音打交道的日常语言。但是语言并不一定仅仅是一种被听到的声音现象,它也同样可以被看见。此时,我们想到的并不主要是文字,然而,文字也是或者说总是关涉到语言的声音性(Lautlichkeit)。关于语言相对于语音的独立性,手语提供了一个典型的例子。它借助于可见的手势行事,无须依赖声音。

对手语作用方式的观察,我要感谢路德维希·耶格尔(Ludwig Jäger)。① 我认为,正是手语让我们意识到一些对于语言和图像的比较而言具有重大价值的事物。任何一种语言符号在物质属性层面的可替换性(Austauschbarkeit)——它也是语言任意性之本质的组成部分——都可以让人们认识到,对于任何一种语言来说,语言的物质性部分和它的意义之间的联系都是重要的。所以,对于所有语言具有本质意义的并不是语言的物质基底及其特征,而是每一任意实体性的载体(Träger)相对于它已经被预设的并已经借助于规约而被规定下来的意义的关系。这一情况确立了语言的双重任意性。"能指"与"所指"之间没有任何共同的特征,同样,语言既不联结于某个特定的物质性载体,也因此不关联于某种特定的感知方式(Sinneswahrnehmung)。一方面,物质载体的性征可以被系统性地替换掉,另一方面,已经界定的意义被相应分配。从一种系统的视野来看,物质载体的可变性和它所具

---

① 他曾经与我详细地谈论起这种语言变种的特征。关于他的这一研究兴趣,参见 Ludwig Jäger/Klaudia Grote/Ulla Louis-Nouvertné, „Multimedia und die Sprache der Gehörlosen ", in: Roland Walter/Burkhard Rauhut (Hg.), *Horizonte. Die RWTH Aachen auf dem Weg ins 21. Jahrhundert*, Berlin/Heidelberg, New York: Springer, 1999, S. 421-428.

有的意义的确定性是合一的。这也说明,语言和意义的构成在本质上具有亲缘性。

我认为,正是在这一点上,语言和图像之间的一个本质区别显露出来。它为我们比较这两种媒介的意义构建机制提供了第一个门径。对语言来说,具有根本性意义的是能够在不同的感知中进行交换的物质载体相对于其每一确定意义的关系,但是图像的物质性则限定于"可见性"这一特定的感知形式。

在对两种媒介的比较中,上述事实对于意义的"状况"(Status)具有决定性的影响。对于语言来说,意义,即某一任意实体性基底相对于其意义的关系,在语言中是重要的。因此,相对于那种媒介,即那种对其自身而言与某一特定感知方式的联结具有重要性的媒介,出现在语言中的意义现象就不可避免地具有一种不同的状况。在语言中,相较于语言语义(Semantik)的物质载体,意义的构造具有优先性。但是在图像中,与媒介的"视觉性"(Visualität)联结,则具有相对于意义构造的优先性。

如果我们对图像和语言的可知性(Erkennbarkeit)条件进行更为准确的追问,那么上述事实就能够得到进一步的精确化。在语言中,语言的可知性需要一种对实体性现象的感知,这一实体现象的自我显现独立于感知主体而存在并能够延伸到时间中。同时,它在感性基底和意义之间创建了一种预先存在(präexistent)的关联(这一关联也解释了语言与音乐的区别)。因此,在我的理解中,语言始终只是一种承载着意义的物质性(此外,对于某种我不熟悉的语言来说,这一理解也是成立的。在这种情形中,那种未能被理解的意义就将自己显示为一种空位)。

然而,图像的可知性则需要一种空间内的标示(Markierung)、一种在可见之域和视觉感知之连续体中进行的划界,借助于此,图像才能将自身展现出来。因此,对于图像而言重要的是,将自身从它的非图像性的视觉感知环境中区别出来。

为了描述这一区分,我想使用一个在近来的图像学中扮演着本质性角色的核心概念,这一概念就是"图像性差异"(ikonische Differenz)。这一概念的诞生,我们要归功于戈特弗里德·伯姆(Gottfried Boehm),但是我将会以不同于他的方式来使用这个概念。所以,我需要对由我所建议的这种概念使用方式做一番解释。

戈特弗里德·伯姆依照着马丁·海德格尔(Martin Heidegger)的"本体论差异"(ontologische Differenz)的概念①而创建了"图像性差异"这样的语汇,目的在于借助这一语汇去刻画图像中的一些为图像所特有的现象。"图像性差异"首先被他用来描述他所认为的对于所有图像而言具有本质意义的对照性元素。② 我将在其他的意义上使用这个概念,希望用它来描述图像与它所处环境之间的关系。因为在我看来,正是这种关系才使得图像的构建成为可能。在图像的边界处形成的"图像性差异"因此要求一种发生于感知模态中的实质性变化。

那么,"图像性差异"对于这些模态带来了什么样的改变呢?在我看来,第一个重要的差别是,图像中的一切内容都成了一种单纯的观察行为的对象。此时,所有的感知能力被削减到只剩下视觉,而其他的感知方式则被排除出去。

与此同时,我们便可以发现图像和语言之间的另外一个重要的差异。由于感知模态仅仅局限于一种视觉性的接受,图像就要求对感性感知(sinnliche Wahrnehmung)的其他诸种形式的剔除。但是语言所要求的是一种对普遍意义上的感性感知的剔除;与此相关,在对现象世界的认知模态之中,就发生了一种根本性的变化。借助于某个先在的概念而对一种被感知到的物质实体的特征进行确定,在语言符号的情形中没有发挥作用,因为在语言符号中遭到剔除的就是确定这些特征的行为。语言则致力于将相关的物质现象归入一个概念,而这个概念的规定性特征(Bestimmungsmerkmale)与物质现象的特征是不一样的。这也可以被用来说明语言的任意性。

但是,将可见性化约为一种单纯的观察行为的对象,会带来什么样的后果呢?在这一点上,关于图像意义的问题也出现了,或者说,这样的问题有可能被提出来。因为将图像中的可见物赋予意义,且最终将图像本身赋予意义,可以为这样的问题提供答案:图像在其自身和环境之间构建的区隔,具有什么样的功能?但是也仅仅是一个答案。这是说,与语言不同的是,图像的物质构造者具有诸多不同的功能。

---

① Martin Heidegger, *Die Grundbegriffe der Metaphysik. Welt—Endlichkeit—Einsamkeit*, Frankfurt a. M.: Klostermann, 1983, S. 521.

② Vgl. Gottfried Boehm, „Die Wiederkehr der Bilder ", in: *Was ist ein Bild?*, hg. v. G. B., München: Fink, 1994, S. 11 – 38.

借助于"对象画"(gegenständliche Malerei)和"抽象画"(abstrakte Malerei)这两个概念,我们可以从大体上区分被描画(或者被绘制)的图像中最为常见的两种形式。前者,即"对象画"有时候会与我们对于一般图像的想象联系到一起。然而,是什么赋予了"对象画"这种与生俱来的优势地位呢?——这个优势在现代艺术中遭到了强烈的动摇。

对这个问题的答案的寻找需要再次回归到我们之前描述过的图像的媒介条件。当对象性的事物呈现于在某个在可见之域中被区隔出来的图像平面时,那么对象性的图像就致力于将普遍存在于图像之外的视觉模态延及图像的内部,在这个过程中,它会使用其他手段。当观看行为在本质上被关于视觉可感的对象的知识以及这些对象相互之间的空间关系所决定时,那么"对象性图像"就通过生成这些对象的视觉符号来复制这些模态。此时,对于符号的意义阐释就取代了认知。因此,就其根本而言,对象性的图像是以象征的方式被建构起来的。

同时在这一点上,构成我们在图像和语言之间建立起对立关系之起点的两者之间的区别,也就再次显明了出来。语言符号的可认知性的基础是语言系统所准备好的结构模型,尤其是对这一系统具有重要意义的对立关系,而使得图像的每一视觉因素成为符号的对照关系,只有在这些因素之间的空间关系中才能确定。

三

图像和语言符号的可认知性和构成状况(Verfasstheit)有各自不同的原因,而这些原因可以阐明图像和语言之间的差异。语言符号的可认知性是基于对其物质性的预先编码(Kodierung)而实现的。而建立在相似性基础之上的图像性符号只有基于在个别情形中被认识到的意义才能成为符号。作为对象性图像之重要基石的图像符号是以怎样的方式获得了它的符号学效果呢?

这一效果的原因,值得我们作更为细致的说明。这是因为,对于这一问题的通行解答似乎有待于某种补充。

常见且可能合理的做法是,通过标示出图像性符号相对于任意的、立足于(单纯的)规约的符号的差异而描述出它们的特征。从这种对比性的视野来看,图像性符号中的一个独特属性是"能描"(das

Bezeichnende)与"被描"(das Bezeichnete)之间的相似性。① 这意味着,符号的两面是被一种共同的特征联结在一起的。② 毫无疑问,这是图像性符号的一个根本特征,它同时也说明了其与语言符号的重要差异。但是,图像的符号性(Zeichenhaftigkeit)定义所不能解释的,是这些符号的符号属性(das Zeichenhafte)。因此,问题尚未得到澄清:是什么赋予了它们符号性的效果?而且这些效果究竟体现在何处?

作为基督教教父的奥古斯丁曾经给予符号一个明智的定义,在这个定义中,奥古斯丁非常精确地揭示了符号性是由什么构成的。符号性意味着,一个事物(res)令人联想起另外一个事物:

> 符号是这样的事物——它不仅能在我们的感知中产生某种形象,而且能够让我们认识到与它自身不同的事物。③

那么奥古斯丁的这个思想如何在图像符号中发挥作用呢?是什么使得我们没有把某物看作这个事物自身,而是将其看作关于另一事物的指示并用相应的方式来与之打交道呢?

仅凭相似性就能产生这样的影响,因为相似性在其自身之中不具有任何符号性的效果。为了说明这一事实,我们可以举一个形象的例子:同一个家族成员之间的由基因决定的相似性不具备任何符号属性。对这种相似性的确定,是一个认知的问题,而非符号学的问题。为了使得相似性的逻辑范畴成为某种符号性的事物,必须要添加一些其他因素。

准确而言,不需要添加任何东西进来,相反,需要缺失掉一些东西。对于图像符号而言意义重大的是这样的状况——它只是部分地与被描绘的对象存在共同性。人们可以把某幅画中的"色彩飞溅"(Farbklecks)认作是对一枝玫瑰的描摹(Abbildung),而它能够让人产

---

① Vgl. etwa Jürgen Trabant, *Elemente der Semiotik*, München: Beck, 1976, S. 19.
② 在《符号学词典》(*Wörterbuch der Semiotik*, hg. v. Max Bense und Elisabeth Walther, Köln: Kiebenheuer & Witsch, 1972)中可以找到一个对图像符号的定义,这个定义来自于皮尔士(Peirce):"与客体存在某些共同的特征(至少一个特征)。"
③ Augustinus, *De doctrina christiana libri quatuor*, ii, 1, zitiert nach: Sancti Aurelii Augustini *De doctrina christiana*. Hg. von Josef Martin, Turnhout: Brepols, 1962, S. 32.

生这样的理解,是因为它显示出人们对玫瑰的感知的视觉条件。① 毫无疑问,导致这些效果产生的原因可以追溯到这两个事物之间的相似性。同样重要的是阐明这一事实,那幅"色彩飞溅"之所以成为一种图像符号,是因为它仅仅复现了玫瑰,并且仅仅是部分地复现了玫瑰。所以,三维的空间性(Dreidimensionalität)被化约为二维(Zweidimensionalität)。当图像符号仅仅显示了其与被描述对象之间的部分共同点时,是不够的。使得这个符号与它所描述的对象之间建立区别的事物,必须在这个符号中被感知为一种空位,才能制造出一种符号性效果,才能令这一现象的功能属性作为一种关于他物的指示而发挥作用。

对图像符号和被描述对象之间的共同之处的化约,作为一种可认知的、并同时包含了相似性和非相似性的混合物,对于图像符号来说,不仅事关它的独特性,而且对其具有决定性的意义。原因在于,这种化约能够使得图像符号的符号性的起源以及它的指示结构的机制变得具有说服力。将注意力转移到不同于符号的物质客体自身的事物上,在功能上就好像是将那种被感知为缺失的东西添加进来。在将意义分配到实体对象的过程中,进行着一种对整体的想象性的、概念性的补充。就物质的角度而言,整体只能被片段性地感知。相似性之所以能够成为一种符号性的结构,原因在于,一个原本存在于物之世界的熟悉对象仅仅被观察到其自身的部分特征——具有重要性的部分特征——在此过程中产生的空位就导致了思想上的补充。在这种情况下,相似性的符号属性就增加了,因为它是和一种富有意义的缺口一同出现的,这个缺口要求填补。

可以证明的是,对于解释这样一种效果在任意性符号中的产生过程,这里针对图像符号而描述的符号性生成机制也是很具启发性的。

---

① 因此,艾柯(Umberto Eco)正确地区分了图像符号的相似性范畴并将其与感知模型关联到一起:"图像符号建构了一种关系模态(在图示现象中),其与我们在认识和回忆对象的过程中所构建的感知关系模态是同质的。当图像符号与某物在特征上有共同之处,那么这里的某物并不是指对象,而是指我们关于对象的感知模态。"(Umberto Eco, *Einführung in die Semiotik*, München: Fink, 1972, S. 213)当然,这种区分会引发一个问题,即感知条件是否至少也被对象的特征所决定着——这些特征完全能够分离出能指和所指(当艾柯似乎奠定了一个关于感知的极其主观主义式的概念时)。但对我而言,他将图像符号限定在"图示现象"中,是不具备说服力的。从根本上而言,这个概念会引人误入歧途。因为正如我们很快就将加以阐述的,在结构上类似的符号案例,在其他人眼中可能完全只是视觉现象。

正是因为除拟声词之外的语言符号的发音与现象世界之间不存在类比性,它才获得了符号属性并成为意义的载体,也正是由于这个原因,这种被承载的意义必须具有任意性。同样,人们也可以说,它们能够具有任意性,然而这一状况却提供了一种极大的好处。因为这样一种任意性使得语义实体的分配具有了灵活性,使这种分配过程从某种既定的感性特征现象的关联中解放出来。拟声词(包括理据性)的符号只能是为了声音现象而存在。①

从表面上看,似乎皮尔士(Peirce)针对被他称为"类像符号"(icon)的图像符号的符号性提供了另外一种不同的解释方式:

> 每一个类像符号都或多或少地参与了其所指对象的公开特征。它们皆无一例外地参与了谎言和欺骗中的大部分公开特征——它们的公开性(Overtness)。②

人们有这样的印象,皮尔士为一切图像符号都预设了一种由他所确定的且作为诸符号的符号性之动机的"欺骗特征"(Täuschungscharakter)。因为一个没有按照其假象而存在的存在物,指示了某种与其自身不同的事物。但是如果我们作进一步的思考,这样一种存于符号性和真理之间的关联并不是特别具有说服力。原因是多方面的。其一,谎言就其本质而言并不具有符号特征——相当确定的是其不具有图像符号的符号特征。一种按照这种方式被揭示的谎言仅指示了它的"非真理性"(Unwahrheit)。它们充其量是为了引领我们去寻找其表象之下的原因而被邀请出场。在这个意义上,人们或许至多可以将之理解为其背后原因的(索引性)符号。但是这种理解方式也需要如下条件才能成立,即这种原因具有某种"明证性"(Evidenz)。

然而,图像性的符号性和假象之间的规定关系之所以是成问题的,还出于另外一个原因。恰恰由于图像符号仅且仅能指示其所描述

---

① 从这个角度来看,这些拟声符号的机制也变得更加容易理解。在拟声符号的情形中,所涉及的也仅仅是能指与所指之间的局部相似性。此外还包括占据绝对主导地位的、由任意性的符号构成的环境——在环境中,拟声词得以出场。

② Charles S. Peirce, „Prolegomena to an Apology for Pragmatism", in: *The Monist* 16,4(1906), S. 492–546, hier S. 496.

的对象的部分特征,所以它缺乏那种能足够制造假象的相似性的规模。对这一状况的澄清首先来自于一种和其他情形的对比——在这些情形中,此类假象是显而易见的。人们只需回想起那场著名的、由老普林尼(Plinius)所述的发生于宙克西斯(Zeuxis)和帕拉西奥斯(Parrhasios)之间的竞赛,在这次竞赛中,宙克西斯迷惑了鸟儿,但是帕拉西奥斯却迷惑了宙克西斯,或者人们可以想到"视觉陷阱"这样的绘画类型。这些不只是某种特定的艺术实践中的特例。它们可以表明,仅仅依靠个别的符号是无法实现上文所说的那种迷惑性的作用的,相反,为了造成这样的迷惑效果,总是需要一种特殊的组合——此组合制造了一种诱发观看者将拟像(Abbild)和事实相互混淆的语境(虽然这一语境由符号构成,但是其自身并不是符号)。因此将图像性符号赋予某种和假象的"本质性"关联,似乎失之偏颇。建立这一种符号类型的指示特征的并不是这样的理解:这些符号不是它看起来的那个样子。符号仅仅具有其所代表的对象的相当有限的特征,也正是通过这种方式,它获得了符号属性。因此,它将我们的目光引向与其自身不同的事物上去。

图像符号在每一个案中都有待于确定,这也属于图像符号的构建条件的结果。这里,我们需要注意它与语言符号的另外一个差异。"言语"中的每一表达都在使用已经被定义好的符号,从而借助于它在具体情况中的每一种特殊组合向信息的接收者传递某种特定的言说内容。然而在(对象性的)图像中,作为其构成元素的图像符号,只有通过观察者才能被确定下来。在这个过程中,个别符号与其图像语境之间的关系扮演着关键性的角色,这一点我们还会在后文中做进一步的解释。

四

当对象画在本质上依赖于其对图像符号的使用,那么我们就需要明确,它不能被削减为各个符号之间的单纯组合。在这里,毋宁说图像符号的构造过程是一种复杂的方式,对这个方式而言,整个图像的语境扮演着本质性的角色。为了确证我们的理解,我们可以对约瑟夫·玛洛德·透纳(Joseph Mallord Turner)的风景画《佩特沃斯湖日

出》(*The Lake，Petworth，Sunrise*)做一番观察。(图 1)

图 1　透纳:《佩特沃斯湖日出》（1827—1828）　泰特不列颠美术馆

　　这个图像的诸个别元素，色彩各异的平面以及具有不同分明程度的轮廓，如果不是以这种组合形式出现，是很难被辨识出的。它们所描绘的是云层、植物或者群山，使得它们成为这样的图像符号的，是其相互间的关系以及独特的空间秩序（或布置），也是因为这种关系和秩序，这些符号才能被分配某种意义。它们通过这种组合获得了自身的符号属性。同样成立的是，正是这样的组合才使得它们成为这样的符号。因此，组合改变了其诸个别元素的属性。

　　通过让自身的元素被理解为图像符号，对象画获得了自身的意义。然而，将其元素理解为图像符号的可能性，同时依赖于它们构成的组合的意义，正是这种意义才使得它们可以被看作图像符号。因此，标示着一个图像的单个图像符号和这一图像整体语境之间的关系特征是一种相互依赖、相互决定的动态关联。这一关系的结果是，对象画虽由图像符号建构而成，但其自身却无须作为这样的符号而存在。

　　此时，语言和图像的关系便粉墨登场——这对于我们的论述语境而言是一个本质性的角度。当一个图像的图像性符号只有在图像的内部被确定时，这一将自身视为符号的认同过程就借助于意义的分配而发生。然而，为了这个目的，也就是说为了让自己在意义中被确定下来，图像的视觉符号需要语言。符号性和语言相关性（Sprachbezogenheit）就在此处以系统性的方式绑定到一起。但是语言与图像的这种联系是如何产生的呢？

不同于语言符号,图像符号的物质性部分并非某种在规约中被分配的意义的规约性载体。毋宁说,意义分配的可能性在构建图像符号的过程中扮演着举足轻重的作用。正如我们在个体的(图像)符号——它们一起构成了一个(对象)画——与整体图像之间可以观察到一种辩证的关系,这一辩证关系也因此适用于图像符号的物质性部分和意义之间的关系:只有当每次被赋予某个有待确定的意义时,图像的视觉因素才塑造了一个符号。但是只有对这种语义的定义才使得它被视作一个意义的载体。"所指"的确定和"能指"的定义相互规定。"所指"和"能指"的互相意涵关系(Beziehung wechselseitiger Implikation)对于图像符号的构建是至关重要的,但是它需要这样的前提条件:为了让图像的视觉元素被视为一个符号而赋予这些元素的意义,必须先在于这些符号和整体的图像。正是在这一点上,我们可以清楚地看到,对象画和语言之间的联系绝不是偶然的,而是本质性的。在这种情况下,可能的所指正是通过这种联系被预置出来,而能指也因此成为能指。

如果图像中的图像性符号需要依据每次具体的情形才能确定,那么随之而来的一个结果就是,我们根本无法断定,它是否是一种符号。一幅如克劳德·莫奈(Claude Monet)的《垂柳》(*Saule Pleureur*)(图2)的绘画显然就游戏于这样一种不确定的可能性之间。

图 2　莫奈:《垂柳》 (约 1920—1922)　法国奥赛博物馆

我们完全无法作出确定性的论断,认为这幅画中所有个体的视觉因素是对所勾勒的风景的每一个体因素的模仿式再现。毋宁说,对于垂柳的描绘构造了一个视觉性的模态,而且这个模态与绘画题目所说的场景之间的联系随着对图像中心的偏离和向图像边缘的转移,越来越失去了其自身的明晰性。因此,在这幅图像中,对垂柳的模仿性勾勒和这种勾勒方式向独立的视觉秩序的转换——这一秩序的模仿功效业已失去了其直接的清晰性——之间的界限,就不再清晰。单单颜色的分配就能引发此类的问题。

此处所描述的图像符号的意义构建程序也产生了另外一种影响,这种影响关系到意义的状态。因为图像符号总是意味着一些普遍性的事物。这源于它们符号效果的产生条件。正如我们所看到的,当这些符号自身被赋予了意义的时候,它们才成为符号。为了实现这个目的,它们必须显示出它们与自身所代表的事物之间足够多的视觉相似性。然而这种相似性必定是与诸共同特征中可以被认知的部分特征一同产生的。这种非完整性被视为空位并且因此意指着构成符号的对象自身所不是的事物。

所以,图像符号指向着某种现象的视觉可认知性的普遍条件。它们的现实指涉(Wirklichkeitsbezug)因此是普遍性的。就这个角度而言,我们还可以观察到它们与语言符号之间的一个值得注意的差别。因为在图像符号中的意义构建涉及我们对现实之物的感知和认识模态。在这种情况中,意义总是已经关联着我们与现实打交道的方式,但是,语言"能指"的"所指"却是认知性的。因此,在图像符号的结构中事实上就存在着向现实的指涉。

五

即使图像符号的意义是以普遍之物作为内容,但是毋庸置疑的是,图像也可以描摹个体性的事物。这一效果是个体符号的组合产生的结果。现在我们已经确定,在图像中,图像符号的构建已经是符号组合和排列的产物。这种组合具有两个作用,构建符号以及将表象标记为一种对个体之物的描摹,那么这两个作用之间是什么关系呢?

相较于单纯的理论阐发,通过一个具体的例子,我们可以对这个问题作出更加可信的解答。为此,我们将要对奥斯卡·科柯施卡(Oskar Kokoschka)的作品《从会展塔上看到的科隆风景》(*Ansicht der Stadt Köln vom Messeturm aus*)(图3)稍作分析。

图3　科柯施卡:《从会展塔上看到的科隆风景》(1956)　路德维希博物馆

绘画中部的黑色弧线被我们看作是图像符号,也就是对桥拱的表象;这种认识是根据黑色弧线和其他线条之间的组合关系而实现的,而其他线条也通过这种组合关系可以被理解为是对桥梁构建的其他元素的再现。但是我们是如何得知绘画中展示的是科隆的霍亨索伦桥(Hohenzollerbrücke)呢?

桥梁与绘画中展现的科隆市景的其他元素的联合才使得这种认识成为可能。但是,同样适用于城市全景元素的是,这种效果只有基于对通过组合而实现的图像符号意义的普遍性的具体化才能产生。当表象的相似性获取了其与个体现象之间的某种程度的一致性,而那种与某种单纯类型之间的相似性就被超越了,此时,一个图像就被看作是对某个体之物的表象。

这里,图像符号的组合而产生的两种效果的不同状态就显露了出来。经由其而达成的图像符号的构建——它基于将一种普遍意义赋予一幅图像的视觉因素而实现——仅仅通过图像的手段就能成功。但是图像在其自身之内则不具备将被表象的事物标记为个体之物的可能性。这样的论断要么需要一种语言的表述——它将两者之间的关联作为自身的主题,而且可以取自图像的题目——或者需要借助于观察者的知识,因为它也可以让我们认识到其中的语境关联。但是从图像自身,我们仅能得出结论说,这是一个城市风景图。我们能够注意到奥斯卡·科柯施卡的作品描绘的是莱茵河边的科隆,是基于一些不在图像自身之内的信息。我们后面将会更加细致地观察,为何会出现这样的情形。

如果我们在这里将目光投向语言,将在语言中也具有核心意义的符号组合的作用和我们刚刚描述过的图像符号的结构状况做一番比较,这将会是很有价值的事情。两种媒介之间的本质区别在于,图像首先是借助于符号的组合,而使得那些展现了它的基础元素的符号成为符号自身。语言表达所汇合的符号,则总是已经先在了每一个表达。顺理成章地,这个区别导致了语言符号的组合功能一定不同于图像。因为语言符号能够运用已经被语义化的符号,而对于图像而言,只有通过符号的联合,这种语义化的符号才能被创造出来。

此时,一个模拟媒介(比如图像)和数字媒介(比如语言)之间的区别就首先显示了出来。因为运用任意符号的语言具有一种与现实的距离,这使得它能够与现实相处并具有表达世界的可能性。为此,语言就具有"述谓"(Prädikation)之工具。通过这种工具,语言能够确定个体之物和普遍之物。正如我们所见,述谓必须确保与现实的联系,而语言的系统构造则由于其任意性的元素将无可避免地远离这种联系。图像符号立足于相似性,而这种与外在于图像的现实之间的相似性则构成了它的符号性的一种(即使仅仅是一种)构成条件。由于它的符号效果的这一前提,图像符号总是确切地与这个世界交织在一起。

对内在于图像符号中的符号自身和它所指涉的世界之间的关系来说,个体与普遍之间的关系就尤为重要。因此,我们必须在已经达成的成果的基础上,继续向前推进我们有关这种符号类型的机制的分析。

一个图像符号的意义是某些普遍之物。即使我们已经论述了普遍性在两种媒介中各自基础的不同之处,但是就普遍性而言,图像符号和语言符号的意义是完全具有可比性的。这种区别是被普遍化的感知条件和一个抽象概念之间的区别。我们可以再次采用之前提及过的图像符号的例子。那幅被我视为玫瑰图像的"色彩飞溅",之所以能够被如此理解,是因为它复制了每一枝玫瑰的可感知性的视觉条件。一旦我们辨识出了这样一种意义,它就会反作用于我们对于图像符号载体自身的感知。因为在意义的映照中,它方能将自己呈现为对一枝特定的、也就是具有某种特定样式的玫瑰的表象。由于这个原因,我们能够在图像符号中确定一种个体和普遍之间的结构性的辩证法。我们可以进一步更为准确地追问,是什么造成了这样的情形呢?

即使其自身并不是玫瑰,然而当一幅"色彩飞溅"恰合了某枝或每一枝玫瑰的感知性的视觉条件时,它就可以被释义为一幅关于玫瑰的表象。这幅"色彩飞溅"必然具有某种特定的形式,而且这种形式的每一种独特性使得图像成为关于某枝特定玫瑰的表象。物质性的意义载体的特殊形态和它的意义之间是互相影响的,由此,个体与普遍之间的关系就总是处于悬浮之中。

所以,视觉符号复制了一枝玫瑰的视觉感知的普遍条件并同时具备了某枝特定玫瑰的外观。至于这种表象是否复制了真实的个体玫瑰在由事实构成的经验世界中的实际外观,图像自身无法提供对此作出判断的可能性。因为个体与普遍之间的关系对于图像的符号基石而言,具有结构性的本质。我们在图像中看到的个体之物,能够表象一枝可能的或者真实的玫瑰,而图像的整体同样能够再现一种真实的或者可能的、能够被想象的现实片段。因为这种歧义是由图像构造的条件产生的,因此图像自身也无法通过自己的手段来消解这种歧义性。

这就是为什么当我们试图将图像性的符号承载者的特征证明为一种特定的事实现象的特征,将图像证明为对这一事实的表象时,需要依凭外在的信息。这些信息或者是来自于我们对被描绘的事物的认知——这种认知是独立于图像对事物的表象的,或者来自于一种使得这种语境得以产生的语言信息。

然而在带有任意性的语言符号中,情况则有所不同,因为在符号意义上,每一物质载体的特征和普遍意义的特征之间不存在相互的影响。因此,语言表达既可以指涉普遍之物,亦可以指涉个体之物,准确来说,就是可以同时指涉个体性的事实和普遍性的现实。之所以能够达到这种效果,是因为语言借助于它的任意性的元素在意义和描述之间建立了一个区分;在语言符号抽象的普遍意义和语言符号借助于"述谓"而在具体或个体的以及普遍现象上的运用之间亦存在这种区分。因此,意义和现实之指涉就在语言上相互分离了。

然而对于图像来说,这种区分是陌生的。正如我们刚刚解释过的,图像的基石自身已经浮动于个体和普遍之间,并且在这种不确定的关系中定义了它们的现实关系(Wirklichkeitsverhältnis)。因为图像运用的符号,不仅可以意谓某些普遍之物,同时能够以某种特定的形态具象化这些普遍之物。

这里就比较细致地展现了,为何我们说,图像中不存在"语言"和"言语"之间的区分。因为任何一个语言表述都可以追溯到符号的运行程式(Repertoire)中来。这些符号的意义意指一些普遍之物。在每一个情形中,它们都可以在普遍之物与每一个体的或者普遍的事实之间建立关联。然而,只有将个体与普遍置入一种辩证关系之中,图像才能生产出自己的符号。因此,图像也不允许在两种范畴之中建立系统性的区分。由于这个原因,我们从结构的角度依然无法确定,图像是否能够再现某些真实的个体之物,或者它是否能够以范例的方式将普遍性呈现于个体之物中。正如我们看到的,只有通过外在于图像的信息,这种不确定性才能被消解。

然而,这种对于图像而言具有典型性的状况,也在自身包含了相反的可能性。让我们再次回想起上文中已经描述过的机制:一幅"色彩飞溅图"是基于视觉上的相似性而被解读为一枝玫瑰。因为这幅图像不可避免地具有某种特定的样式,因此它也将自己呈现为对某枝特定的个体玫瑰的表象。反过来说,一个对某些真实事物的图像性表象同样在与那些意谓普遍之物的符号打交道。这里就隐藏着一种潜能——将那些被描绘的个体之物赋予一种普遍性的意义。

让我们再次检视一下科柯施卡对科隆城市的描绘。在这个意义上,我们可以发问,在描绘科隆城市风景的时候,科柯施卡是否通过他为此目的而使用的视觉形式的相似性而在很大程度上抹平了城市各个不同部分之间的差异。作为单纯的视觉现象,它们之间具有一种显著的相似性,并因此是可以比较的,然而它们因功能或状态而产生的差异则失去了意义。科柯施卡对科隆的描绘因此使得另外一种区分更加清晰地展现出来,并且强调了城市和河流之间的对比——这种对比在规划和未规划之间的对照中表达出来。

不管图中的教堂在城市场景中具有多么宏伟的统领性地位,对于其准确轮廓的确定,却绝非易事,而且即使就其呈现出的画面而言,它与其他事物也没有什么不同。从另一个塔楼上望去,教堂甚至失去了些许它在垂直方面的壮观效果(当然这种效果并没有完全消失)。这幅出自科柯施卡之手的绘画所具有的特征为其标题《从会展塔上看到的科隆风景》增添了一种完全超越了其指涉意义的语义。

迄今为止,我们仅仅讨论了对象画。它的所谓的自然性不断地遭到现代艺术的质疑。与之相连的是抽象画的胜利。但是抽象画这个概念是什么意思呢?

为了回答这个问题,我们可以从这个概念的字面意思开始:抽象(abstrakt)意为"抽离"(abziehen)或者"摆脱"(entziehen)。事实上,抽象画具有这样的特征——它剔除了一些事物,它具有一种基本的空位。最终,这一空位存在于对任何一种符号性的放弃之中。一幅抽象画的视觉形式不具备任何符号性的状态。一个线条仅仅表现其自身,而不表现与自身不同的其他事物,比如旗杆,比如路边石的界限或者树木的枝杈。毋宁说,一个线条就只是一个线条。

为了理解这一图像结构而再次回溯到对图像符号进行操作的对象画的特征中,是值得的。因为即使对于这一图像形式而言,一种抽象化的操作也具有本质性和根本性的意义:将自己从所有其他的视觉感知中抽象出来。与这一抽象过程相关的也是构成对象画的基石的"符号生成过程"(Zeichenwerdung)——对象画同样使用图像符号。对其而言具有根本性意义的相似性只有保持为部分存在的时候,才能获得符号性的效果。取代现象世界的对象的是这些对象的符号。它们之所以成为符号,是因为它们只是复制这些对象的视觉感知性的条件,即使这种复制行为,也仅仅保持在可见的界限之内。

如果抽象是图像性的一种本然特征,那么所谓的抽象画就可以被理解为一种对于抽象的提升——即使不是对于抽象的极端化;但是这种提升有一个极点,在这个极点处,图像将失去自身的符号属性。从这个角度来看,对象画则呈现为一种介于现象世界和抽象画之间的中间阶段。在对象画中也具有重要意义的抽象,被证明为其构建元素的符号性的来源。在抽象画中,抽象被推及到如此深远的地步,直到抽象画的视觉基石的符号性消失不见。

与这种变化一同发生的是图像的个体视觉元素的组合功能的转

变,或者说,个体与整体之间关系属性因具体情形而变化。在对象画中,视觉元素的组合使得这些元素被视为符号。在上文中,我们已经解释过这种辩证的相互依赖性。这种依赖性所立足的条件是,图像是由视觉符号的组合构成的,并且视觉符号的符号特征是基于这种组合才产生的。与图像结构相应的接受者的行为则因此是对这些符号的阐释。

当符号不复存在的时候,任何一种阐释也就变得多余了,取而代之的是分析。即使在抽象画中也存在着个体与整体的辩证关系,但是我们在这里所讨论的不再是图像对他者的指称,而是图像的视觉秩序。图像的各个部分构成了这种秩序,但是只有整体图像的秩序才允许我们去揭示这种秩序的功能。

或许通过一幅浮游于对象画和抽象画这两种图像形式之间的案例,我们才能尤为清晰地刻画出这两种图像变体之间的差异。这里所说的是现代艺术中的一幅重要作品。在多重意义上,它仿佛是现代的某种圣像式的作品:卡西米尔·马列维奇(Kasimir Malewitsch)创作于1915年的作品《黑方块》(*Das schwarze Quadrat*)(图4)。

如果专注于这幅绘画的结构,人们可以得出这样的结论,即它以一种高度精致的方式浮游于抽象画和对象画之间。首先是这幅作品的标题——或许通过某种空位——使得我们注意到这一情况。图像的标题只描述了图像的部分内容,却明显地略去了黑方块的白色框架。但正是因为这个缘故,这个绘画被阅读为对某张以一个黑方块为内容的图像的表象。

马列维奇的绘画在一个抽象画和对抽象画的对象性表达之间进行转换。但正是通过这种方式,抽象画中的抽象性所言说事物的双重维度就呈现了出来。若人们把《黑方块》理解为一幅对图像的表象,那么所表象的图像则恰恰拒绝所有的表象。在这个案例中,我们对这种抽离方式有着许多种阐释的可能。这些阐释的可能性涵盖广泛,从抽象艺术的自我指涉的表征直到圣像破坏运动(Ikonoklasmus)的宗教阐释——这种宗教阐释试图通过对一切表征的拒绝来清楚地说明:对超验之物进行表象是不可能的。阐释可能性的多元化也解释了,为何我刚刚把这幅绘画作品称为现代艺术的"圣像"——此处所说的"圣像"是在多重意义上的。

然而,如果人们从整体上把马列维奇的画作看作一幅抽象画,那

图4　马列维奇:《黑方块》（1915）　莫斯科特列季亚科夫画廊

么它就表达了某种特定的视觉秩序以及图像中的可见之物的抽象原理,即一种关于颜色和形式的特殊分配方式,准确而言,就是针对一个方块和它的框架之间关系进行黑白色彩分配的方式——人们或许把这个框架理解为两个相互重叠着的方块。以一种单数性的简洁特征,《黑方块》让我们认识到了什么是抽象画。

抽象画将我们的目光再次引回到语言和图像之间的本质区别。我们在前文中已经谈及这种区别,而对象画或许使得它被人遗忘。对于语言而言具有根本性价值的是某个任意的物质性的意义载体与它的总是先在于表达的意义之间的关系。意义的生产对它而言是根本性的。但是对图像而言,具有根本性地位的则是意义生产的可能性,意义的生产在这里表现为图像在可见空间中划界的功能。在每一种媒介的内部,"意义"的地位非常不同,这点也可以由一个颇具意义的历史状况阐明。达达主义（Dadaismus）虽然实现了语音与意义的诗性分离,但纵观历史,那只是昙花一现的片断插曲。然而,抽象画却在现代绘画中取得了胜利,并已经成为它的商标。由此可见,相较于图像,语言与"意义"的关联要本真得多。

(作者单位:科隆大学)
(译者单位:北京外国语大学外国文学研究所)
学术编辑:李素军

阅 读 与 评 论

读杜威《艺术即经验》（六）

高建平

内容提要 杜威的《艺术即经验》这部专门谈艺术的书，采用"绕道而行"的迂回论述策略，到第九章和第十章才直面艺术，讨论艺术的本质。第九章谈论各门艺术共同的实质，第十章谈论不同门类艺术的各自个性。在第九章中，杜威从题材和人物的历史变迁、艺术与道德的关系、媒介的意义、幻觉与表现性、空间与时间等各个方面，论述了艺术的特性，内容丰富而重要。

关键词 题材的历史性　媒介　表现性　空间

第9章　各门艺术的共同实质

1. 这一章讲各门艺术的共同实质，在全书中，他从"活的生物"讲到表现的动作、"一个经验"、形式和表现、能量，终于讲到了"艺术论"。不同门类的艺术尽管区别很大，但又有相同的方面。思考哪些材料天生适合于艺术，哪些不适合，这是一个困难的问题。也许，这都必须对具体情况作具体分析，无法得出一个统一的结论，但是，这不等于不能从中寻找某种共同的实质。

2. 雅与俗的区分，在不同的时代是不一样的。在历史上，只有受到官方或教会重视的作品，才被承认为艺术，或者被称为雅的艺术。那些通俗艺术得不到文人的注意，甚至没有被想到是艺术。

3. 过去的绘画，最重要的题材是历史和宗教题材，而只有到了近现代，才出现了日常生活题材。乔舒亚·雷诺兹说，适合于在画中处理的主题只是那些引起"普遍兴趣"的东西，是"某些英雄的行为与英雄的经历"，例如"希腊和罗马寓言与历史中的伟大事件。再如，《圣经》中的重要事件"（217页）。现在这种观点发生了改变，例如德加的

《芭蕾舞女》、杜米埃的《三等车厢》，以及塞尚的《水果盘、杯子和苹果》等等，都反映了日常现实生活。题材的变化反映了时代的变化，日常生活中的寻常事物可以进入艺术，这是时代使然，其实，这也是艺术在社会生活中的地位和意义使然。绘画的题材，是由谁在买画，为什么要买画，买了以后放在哪里等这些因素所决定的。而这些因素也从根本上改变着艺术的性质。这反映出作者的敏锐性，看到各门艺术的共同性质背后的社会因素。

4. 当亚里士多德研究悲剧时，他所论述的悲剧，内容都是国王、王子和贵族等高贵的人物遭遇不幸，从而引起哀怜和恐惧。高贵人物的不幸是悲剧，普通平民的不幸只能是喜剧。当狄德罗说需要资产阶级的悲剧，这是时代使然，但从文学史上讲，其意义是极其重大的。普通平民也能成为主角，无权无势的人的遭遇也能激起哀怜和恐惧，这是艺术史上的一次历史性的革命。这个预言在易卜生身上就实现了。

5. 诗歌也是如此。华兹华斯与柯尔律治的《抒情歌谣集》代表着诗的革命，所写的不再是那些被认为是伟大人物的故事，而是写日常生活中普通人的故事，并从中发现诗意。或者，用杜威引用柯尔律治的话说，"忠实于那些一个沉思而感受着的心灵在寻找时，会在每一个村庄及其周围找到的人物与事，或者在它们呈现自身时注意到它们"（218页）。能够入诗的人和事，就在你的周围，需要诗人有敏感的心灵去发现。

6. 小说的转变，也同样明显。它所关注的对象，从宫廷转向资产阶级，转向劳动者和穷人，再转向不论什么身份的普通人。这是一种对文学的"人民性"的追求。

7. 什么是"人民"？不同的时代有着不同的理解。在中国也是如此。《红楼梦》写大观园内的青年贵族男女的生活，《三国演义》写征战的文官武将，即所谓的被滚滚长江所淘尽的"英雄人物"，《水浒传》写一批造反者。只有到了近代，一些普通的市民才成为作品的主人公。

8. 进一步说，音乐的民间和市民化，建筑风格的改变，背后既有建筑材料因素，也有新的社会阶级和阶层兴起所带来的审美趣味的变化的因素。

9. 这些因素都深刻地推动着艺术题材的发展。艺术的题材有一个历史的发展过程。这一发展既依赖于某种艺术门类的外在性材料的特点，也依赖于它在历史上被规定的题材范围。因此，许多艺术随着历史的发展，都出现了题材的革命性改变：亚里士多德将悲剧规定为高贵的人的不幸，而狄德罗说到了资产阶级悲剧，到了易卜生的家庭悲剧，这种转换就完成了；我们看到造型艺术的对象，从宗教题材到日常生活题材，从贵族到富有的商人再到普通人；在诗歌中，华兹华斯和柯尔律治的《抒情歌谣集》表现村庄周围的事；小说则更加明显，从宫廷到资产阶级，到由于阶级意识而对劳动者的强调，直到不论什么身份的普通人；音乐中吸收民族音乐的因素；甚至建筑也是如此，公共建筑从对希腊神庙和中世纪教堂的模仿，到受到功能化的影响。

10. 上面所说，表明艺术经历了一个革命性的发展过程。艺术的本质在于创造，"它属于要探索和捕捉任何搅动它的素材的创造性心灵特征本身，因此那些素材的价值可被分离出来，并成为一个新经验的材料"（219页）。在艺术中，素材要经过心灵的创造，由此又成为新经验的材料。

11. 艺术与道德之间常常会出现冲突。"艺术的一个功能恰恰就是侵蚀道德上过于谨慎，正是这种谨慎造成心灵避开某些素材，拒绝将它们接纳进清晰而明朗的通情达理之中的情况。"（219页）我们很熟悉文学艺术中"说真话"的呼吁，"文革"后巴金、赵丹等许多人都这么呼吁过，一时间，艺术的价值就在于突破"禁区"，说出"真话"。如何对这种追求作美学上的解释变得很困难。许多人谈论"美"与"真"和"善"的关系，"以美启真"？"以美储善"？还是"以美启善"？"以美存真"？所有这些表述，都比杜威说的要更加抽象了。杜威这里只是探讨这样的问题：艺术家不受道德的抽象规定制约，而直接面对事实情况本身，并将感受从中抽取出来，这时，他就"侵蚀"了道德的边界，但又让人觉得是说出了"通情达理"的事实。美学需要为艺术家重新设计道德的边界。那些将艺术家视为不道德的指责常常是失败的，古今中外有过许多这类的官司，但最终常常是，艺术家的感觉和他们的坚持被历史证明是对的。当然，艺术并不是没有道德边界，关键是这个边界如何划。不能让道德家去划，而美学家们也不去划，于是，只是交给艺术史家们在事后去划。这里所谈到的道德上的"过于谨慎"与"通情达理"是一个很重要的区分。一件艺术品，即便很受接受者欢迎，但由于害怕道德家批评它而"过于谨慎"，不能"通情达理"，就不是好的艺术品。

12. 兴趣（interest）才是决定一切的。艺术要真诚，不能虚伪与折衷,不能利用兴趣,不能由于商业性需求而操控趣味。发自真诚,面对世事坦诚,这是艺术家应有的态度,也许,这就是所谓艺术家的眼光。艺术家需要各种训练,那是在做加法,但是,对于艺术家来说,更重要的一种训练是做减法,提高能力,克服惯例,避免知觉进入已磨损的渠道,而被剪掉想象的翅膀。

13. 说到托尔斯泰,他所熟悉的是贵族的生活,他写贵族也能写得特别好。但是,他有意识地要去写普通人、工人和农民,就不容易写好。剪掉想象的翅膀,说的就是这个。这说明写新人是如何不容易。对于一些作家来说,这会是一种扭曲,也会造成一些作家就此搁笔。但是,新人的出现是不可避免的。这是文学艺术史在更新换代的表现,也会成为文学艺术史家研究的重要内容。

14. 从"兴趣"出发,分别发展为"形式"与"质料"。我们说"形式"与"质料"相对立,这种对立只有在思想的抽象中才存在,在实际生活中是不存在的。所有的艺术产品都是质料,也只是质料。兴趣是通过经验所赋予的。因此,只存在较少形式化的质料,与充分形式化的质料之间的对比。

15. 如果一定要在不同的艺术门类的形式中寻找什么共同的东西,那么,从一个意义上讲,它们是共同的,即我们在接受艺术品之时,都是从一种总体性开始的。在一开始,所知觉到的是一个综合性的性质上的整体。对象化是后起的,区分也是后起的。在一开始,只有朦胧而没有区分的"情绪"。"情绪"先于知觉,并伴随着知觉,在知觉过程中潜在地存在着。区分、辨别是此后才出现的。注意力活动起来,部分与部分被区分,部分和成分从背景中被区分。

16. 我们听一首歌,并不是先辨识并听懂歌词,再听它的旋律,从而实现欣赏。正好相反,我们也许熟悉一首歌很长时间了,也并不知道全部歌词,只是零星知道歌词中的几句话而已。只有在对这首歌作进一步的了解时,我们才去找这首歌的歌词,实现从总体到一句一句对歌词的了解,并在阅读歌词时头脑里回想旋律,最后再回到歌曲上来。在对这首歌的了解过程中,自始至终有着歌所具有的情绪色彩存在,而不是歌词意义与旋律特点的叠加。

17. 有一些哲学家喜欢谈论"直觉",这也是在表达某种整体性。人先有"直觉",然后才有"知觉"。"直觉"与情感结合在一起,对事物不加区分,因而"部分"的问题还没有出现。只是到了"知觉",才对整体加以区分,出现了"部分"。但是,杜威认为,还是用"经验"这个词更好。原因在于,"直觉"一词带有某种神秘性。

18. 杜威引用了丁尼生的诗:"经验是一座拱形纪念碑,光芒从这里/闪现,没有到达过的世界的边缘/随着我的行动而永远永远地后退。"经验是一个更大的整体的一部分,它的范围不断扩大,边缘不断地后退。事物从经验进入到知觉,正是经历了这个过程。我们喜欢日出和日落时的风景,对此感到兴奋,与此有相似之处,从经验到知觉的过程中,会出现许多令人兴奋的风景。这种明暗交替之时的风景,最适合展现。

19. 回到媒介上来。每一件艺术作品都离不开媒介,或者是声音的听觉媒介,或者是色彩和线条的视觉媒介,或者是语言媒介。杜威甚至还将人的冷热感觉包括在内。他强调媒介间的相通,我们使用不同的感觉器官来接触艺术品,但这里面有相通的一面。我们看到一个人的图像,能感到它像一个活人一样在与我们对话。在原始社会,这方面的感觉会更强烈。将图仅仅看成是图,是人对图像观念发展的结果,最初的图是有着巨大的魔力的,而这种魔力,就包括了多种感觉器官的感受。

20. 媒介具有专门性,对某个专门器官起作用,并使这个专门器官的作用发挥到极致。例如绘画、音乐和诗,三种不同的媒介,分别具有专门化的特点。首先是对相应的器官充分起作用,然后才是经由一种媒介而通向其他的媒介,起到其他媒介才有的功能。例如,看到音乐的色彩,感到绘画的冷暖,读到诗歌的雄伟壮丽。但最初的路径不是如此。应该是先有整体再作区分。

21. 所谓"媒介"(medium)是介乎其间的意思,"手段"(means)也是如此。当我们说"手段"时,有两种情况。一种是单纯外在的手段,指我们通过某种手段达到某种目的,而只要能达到目的,手段就可以放弃。我们辛苦劳动获得一份工资,如果宣布不需要劳动就可以获得工资,我们就会很高兴免去了这种劳累。通过刻苦学习才能获得一张毕业证书,如果宣布不学习、不考试也可发一张毕业证书时,我们就不再那么刻苦学习了。这时,手段只是像爬上楼用的梯子,用完就没有用了。

22. 但是,另外还存在着一种内在的手段,即被吸收进结果之中的手段。在艺术作品中,我们处理和使用各种材料,将这种原始的材料变成艺术品,材料就存在于艺术品之中了。颜料变成了绘画,声音变成了音乐,语词变成了诗歌,这时,手段就成了媒介。前面所举的例子,其实也可这么理解。我们工作为了一份工资,也不仅仅为了一份工资。我们学习需要一张毕业证书,也不仅仅是为了那一张纸。

23. 内在与外在,也是区分真假艺术品的标志。一物有一物的效果,换成另一物,效果就不同。让物的效果发挥出来,就是艺术品,而用一物造出另一物的效果,就不是艺术品。这一点在生活中很常见。杜威所举的例子是,在木板上刷漆,造成石头的效果。其实,这种现象比比皆是。我们用水彩画画,是为了造成水彩而不是油彩的效果。有人试图故意用水彩去造成油彩的效果,那是展示绝技,而不是艺术。绘画能画得像照片一样,钢筋水泥建筑仿木结构建筑,男人唱歌能唱出女声,女人唱歌能唱出男声,这些都是作伪,是在显示绝技,而不是艺术。

24. 意义还存在于工作本身和学习本身的活动之中。假如一个人买彩票得到一亿元,这是他的人生的结束,还是开始?如果说,他从此不需要去挣钱,于是他就可以什么事也不干,那就是他人生的结束。如果说他从此可用这笔钱做一些有意义的事,那就是他人生的一个新的开始。

25. 旅行也是如此。我们到某处去,是为了去处理某种事务,这时,如果说这件事取消了,不必去了,我们就很高兴。但是,如果我们去的目的不是去处理某件事,而是游玩,这时,由于某种原因无法去了,我们就会很不高兴。从这里就可看出,有一种为了外在目的的旅行,有一种为了旅行的旅行。当旅行是为了某种外在的目的时,旅行只是旅行。当旅行是为了旅行本身时,旅行就成了旅游。它的意义就不是外在的,而是内在的。

26. 手段与目的的关系,涉及一个重要的"善"与"美"的关系问题。一个人做善事,只是为了得到好报或为了逃避惩罚,这本身就不可爱。一个屠夫和恶棍也会去信佛,如果是真心的,放下屠刀,立地成佛,这也能被认可。但如果只是为了逃避惩罚,放下屠刀,并不心向佛,而只是口头向佛,以此逃避惩罚,将佛当成手段,就不能真的成佛。

27. 一个人一生谨慎,做事"得体"而"妥帖",这可能是为了一个外在的目的而一本正经和装模作样。这就是一种生活哲学,单调无味。在《红楼梦》中,"世事洞明皆学问,人情练达即文章",这样的对联让贾宝玉感到讨厌(《红楼梦》第五回),因为功利主导,与人生目的不符。但是,对于一些人来说,这也可以代表着一种审美观。这里的手段与目的是否相符?具有不同生活哲学的人,有着不同的看法。

28. 与其抽象地谈论美与善的关系,还不如谈论不同的人生态度。一个人为人处事过于现实,就使生活变得索然寡味。总是在功利的追求之中,会使这个人自己感到生活很累很无趣,使别人觉得这个人看上去猥琐。生活还是要有对过程本身的享受和欣赏,这是生活本身的诗意。

29. 这不是一种超越生活本身的空洞的"理想"。生活需要有精神性,这不是说,要有生活之外的精神性,而是要有生活之内的精神性。这种精神性渗透在生活的过程之中。人们常喜欢说"仰望星空",这本身的意义是模糊的,需要阐释和澄清。脱离实际的空洞的理想,会带来各种导向,有正面的,也有反面的。理想必须与现实结合。

30. 杜威接着提到科学著作和商业活动。这种叙述很有启发意义。依照康德的思路,科学、实用和审美三分,理论家们致力于说明它们之间的区别。杜威则正好相反,他认为,科学著作也有审美的性质。科学家在研究过程中,不仅有对规律的追求,也有着对美的追求。有时,美能够引导他们走向真,他们甚至有可能在美的引导下提出一个关于符号的等式,而这个等式后来得到了验证。

31. 同样,商业活动不能被看成是一批唯利是图的人在利益驱使下的活动,它本身有着某种游戏性,对于身处其中的人来说,它也具有审美的性质。在商业活动这一在圈外人看来具有纯粹功利性的活动中,对于圈内人来说,一种"审美性"也会从中生长起来,会使从事这一行业的人乐此不疲,不只是为获利本身,而是对获利过程感到愉悦。

32. 在艺术中,媒介不是外在的,不仅仅是载体,而是内在于艺术品之中。对于绘画来说,色彩是载体,它成为艺术媒介,是由于它在艺术中价值被集中。色彩在普通经验中也具有价值,但那是有限的,在艺术中,它被集中起来,就成了艺术媒介。

33. 杜威在这里谈到了手的运动,这有着特别的意义。手的运动可以外在于绘画。在绘画作品中,我们可能只看到画面,而看不到颜色和手的运动。但是,笔触可以成为一幅画被感知时的审美效果的一部分。我们在绘画中看到人的身体的运动,以及这些运动背后的人的精神状态。

34. 这是一种身体意识。绘画需要色彩,音乐需要声音,文学需要语词,这都是由于身体意识。如果灵魂不被束缚在肉体中,这一切就都不需要,然而这是不可能的。灵魂不能直接向人显现,必须通过媒介。发泄情感不是表现,是由于它没有试图使用媒介。

35. 杜威认为,对媒介的敏感是艺术创作与审美感知的核心。从另一方面说,如果只是再现某种场景,艺术创作与审美感知都只是服从于场景本身,媒介不是作为媒介而被感知,而服从于对场景的再现,这不是审美欣赏。一幅画还要有媒介感,其他门类的艺术也是如此。

36. 媒介在艺术家与感知者之间起着中介的作用。列夫·托尔斯泰曾谈到过这一点。他是站在艺术家一边的,说艺术家如何创作出作品的。他有着强烈的媒介意识,说艺术家捕捉材料,使它们变成媒介。我们每一个人,都在某种程度上是艺术家,我们这些非艺术家,所缺乏的是实施力,也缺乏使表现单纯化的能力。集中、强烈、充满热情,充分利用材料,使它们变成媒介,这是艺术家所特有而我们普通人所缺乏的。

37. 关于色彩问题,在艺术史上具有重要意义。杜威所举的例子是,德拉克洛瓦说一些艺术家是在着色而不是用色。德拉克洛瓦作为一位反对古典主义的浪漫主义画家,强调色彩的作用,反对将画看成是素描基础上的着色,而将色彩看作有独特的表现力。这一论述对于论述中国绘画也具有重要的意义。唐代盛行画家在画完一幅画以后,让"工人"去"刷色",在作品中,颜色还不是具有表现力的部分。"没骨画"是一种让色彩具有表现力的尝试,但"没骨画"又掩盖了"笔触"的作用。到了清代和近代的中国画,实现了这两者的结合。在留有笔触的绘画之上,让色彩起点染的作用,成为画的聚焦点。在欧洲绘画史上,像梵高那样将色彩与笔触结合在一起,充分发挥色彩的表现力,具有重要的历史意义。

38. 杜威反对那种艺术即幻觉或错觉的理论,即用单一的媒介来创造效果。在二维的空间中制造三维的效果。他提到了著名的宙克西斯画葡萄的故事。其实,在中国古代艺术史上,也有种种关于画家如何制造逼真图像的故事。艺术家由于这种神奇的能力而受到赞赏。对此,杜威认为,这是一种"对真理的不明智与误导的表述"。

39. 艺术不应被定义为制造幻觉的力量,这是由于如果这样的话,媒介就被当成是没有自身审美价值的外在传达载体。一盘音乐唱片的质量由它的录制技术水平来衡量,但是,一幅绘画所要做到的,不是对眼睛的欺骗。这一点,许多人都说过。例如,诺曼·布赖森在《视觉与绘画》一书中,曾运用这个故事对贡布里希的幻觉说进行了批判。但是,杜威在提到这个故事时,说出的意思却要深一层。他认为,我们日常的知觉是借助于多种渠道而实现的。艺术设法不借助多渠道的帮助而实现一种集中的知觉。将绘画的结果称之为幻觉,只是完成了一种视觉的对应性,因而不具有艺术性。艺术的媒介一方面使得表现更加突出,但这决不像幻觉说所认为的那样,将艺术的表现与物质的现实混淆。杜威在这里强调说,"一物的意义不在于它在物质上是什么,而在于它表现了什么"(234页)。

40. 类似的情况在戏剧中也存在。杜威注意到了戏剧演出时观众将演出与真实的幻觉的区分,提出有教养的观众能得到对戏剧真实性的感觉却不将它混同于真实,而无教养的看戏人则将它与真实混同起来,以至于要加入到戏剧中去。这就是朱光潜曾说的:不将戏当作戏来看。但是,杜威采用了与布洛的"心理距离说"不同的解释。布洛提出要与实际人生形成"心理的距离",从而去除切身的利害感。杜威则强调对象不是以其自身,而是以其审美的表现来被观众所知觉。他认为,一幅关于树或者石头的画,可能会比真正的树和石头给人更加真实的感觉,但观赏者不会将它当作真实的树或者石头。

41. 再次回到本章的基本问题上来:各门艺术有不同的实质,也有共同的实质。例如,各门艺术都有媒介,但媒介不一样。不同的媒介之间有着一些共同的实质,这是艺术之所以是艺术的原因。一片景色需要一种组合,使之相互间协调。构成一个艺术整体需要强调和间隙,在这种节奏性的运动中构成一个整体。在绘画中,相互的作用有益于整体的显示。

42. 在艺术作品中,部分与整体的关系是一个很重要的关系。部分是整体的一部分,但部分不是过渡,它本身也要精彩而能抓住我们的注意力。我们在读一些审美上廉价的小说,就被情节所追赶,没有什么可让我们驻足。当今的一些网络小说也是如此,它们被迅速地读过,不留下一些文字让我们玩味,而是让读者跟着情节奔跑。这是这种小说被人们诟病的原因。

43. 从另一方面看,拿着一把尺子去量度作品,也令人乏味。读古诗看是否遵守了格律,看戏要看是否合规范,杜威认为,这也会"使知觉变得贫乏"。但是,用同情的理解的方式,看出作者是如何处理一些个性化的问题,以一些出人意料的方法,解决了一些具体的难题,会使人会心地表示赞赏。

44. 在艺术作品的本质或艺术作品所共有的东西之中,还有一样非常重要,这就是时间和空间,更为确切地说,是时一空,这两者是联系在一起的。这里值得注意的是,在生活中,时一空不是空的容器或形式结构,而是本质性的。一物的时空,就是它本身的存在,既占据着空间,也占有时间。我们不是将一物放进时一空之中,此物就是它的时一空。由于艺术品是人创作的,因此,在艺术中,一人或一物与它的时一空之间,就有一个构成过程。艺术家要使人或物与它的环境和氛围谐调,成为一体。

45. 杜威引用詹姆斯的话,提出时与空的一体化,认为音乐不只是有时间,也有空间,有着空间的体积上的变化。同样,绘画也有着时间,而不是仅有空间。这种空间时间观,是一个重要的艺术主题。西方美学史上有莱辛的《拉奥孔》,后来有种种新的关于拉奥孔的研究,都涉及时空问题。时间与空间的连续和分野,是一个极具生发性的研究课题。表现性动作研究,可以归结到这种研究之下。

46. 物体具有运动性。静态是相对的,运动才是绝对的。世间的一切事物都处在运动之中。所有的空间概念,如上下左右前后,都是向上、向下、向左、向右、向前、向后。人也是如此,有朝向,有过程,并因此而形成定向和方位。关于时间,杜威曾说过,这不是时钟的"滴答"所显示的机械时间,我们对时间的感觉不同,时间成为生命过程。

47. 从时间的角度来看科学与艺术的区别。科学关心一些与我们保持一段距离,却又具有规律性重现的现象,这不是经验本身,而只是经验的条件。与此不同,艺术将经验表现出来,对事物进行选择,去除无关紧要的东西,将重要的东西压缩与强化。这是说,科学研究事物为什么会是如此,按照规律会如此,而艺术则研究我强烈地感受到是如此。

48. 我们对空间和时间的感觉,也与我们的生命活动有关。将我们关在笼子里,会很难受。我们的居住条件,具体说来,就是居住的空间,以及相应的采光、空气、周围环境,都在影响着我们。居住环境不好,心情也不会好。我们要"自由呼吸的空间",这句具有比喻意味的话,是在说当我们需要活动时,有地方可活动。同样,时间也是如此。强迫我们在最短的时间里做出某件事,不给更多思考时间,与不给空间也是同样的。当然,所有这一切,都不是无限的,居住空间大一些好,但不是无限大,完成一项任务的时间长一些好,但也不是遥遥无期。

49. 关于中国绘画,杜威说出它的两个特点:第一,没有中心,不需要一个框架而可以向外扩展;第二,全景性的卷轴画提供了一个世界,而原来应该成为边界的地方,却成为往下看的诱因,使画面本身有了时间性。这种对中国画的观察,有助于反思西方绘画的特点。

50. 更进一步,我们常常用使用于一种媒介的形容词来形容另一种媒介。我们说声调高与低、长与短、尖细与浑厚,等等,这不是比喻的用法,而正是对这种声音本身性质的描绘。声音本身具有广延性,这是声音的性质。实际上,时与空不可区分,只有在理性的抽象中,它们才可以被分开。

51. 进一步说,我们日常生活中所说的小溪在歌唱,风在怒吼,以及各种各样的、大量的现象都被称为"通感"。对此,杜威不会这么说。对他说来,这不是各种感官所获得的感受的联通。他认为,在最初的经验中,没有作出这种性质上的区分。这种后来被认为分属于空间和时间的感受,是理性的区分。因此,并不是先分别有不同的感受,再将它们连通起来,而是先有混成一体的感受,然后才有区分。

52. 空间有三个属性:场地、广延和位置。我们所居住的房屋大小,是我们居住的空间。在一个地方活动,有活动空间。空间是权力,有一个大房子、大办公室、大办公桌,都能成为权力地位的象征。同样,艺术也是如此。一幅画、一座雕像被挂在什么地方,这是重要性和希望被引起关注的体现。第二,广延性,指人或物本身的体积。在艺术中,体积是艺术的一部分。大幅画不等于小幅画的放大,大雕像不是小雕像的放大。艺术品要以它本来的体积存在。第三是形成位置的间距。人与人、人与物、物与物之间都有着朝向和距离,这决定了事物间的性质,也决定了艺术的性质。太近和太远不行,朝向也具有重要性,这表明了事物之间的关系。

53. 时间也有三个属性:转变、持久、日期。杜威对此没有详述,应该也有很多内容可讨论。一个人或一件事所占用的时间,它本身所持续的时间,时间对此人和此物在此时此地的意义。这些问题都是应该再进一步讨论的。

(作者单位:扬州大学文学院)

学术编辑:李素军

审美主义批判：尼古拉斯·沃尔特斯托夫的艺术社会学及其难题

章 辉

内容提要 沃尔特斯托夫把审美主义定位为现代西方美学的宏大叙事，他破除了现代美学审美无功利的幻象，提出了界定艺术品的意义的一系列概念，但沃尔特斯托夫并没有忽视艺术的审美特质。在否定了审美主义之后，沃尔特斯托夫致力于艺术社会学研究，但基于研究方法和思路的学理缺陷，他在这一问题上没有得出具有普遍性的美学结论。

关键词 审美主义 无功利注意 社会实践 审美特质

在中西学界，人们普遍认为康德是西方现代审美主义的缘起。所谓审美主义指的是这种观点，即审美特质是美的艺术的共同的最重要的特征，并认为美学研究就是致力于寻找艺术品的审美特质，强调审美愉悦和审美价值是我们投入艺术的最重要回报。但是，美国当代美学家尼古拉斯·沃尔特斯托夫（Nicholas Wolterstorff，1932—）在其研究中破除了现代美学的这一神话，其对艺术的非审美的社会意义的发掘开拓了艺术哲学研究的新方向，值得中国美学界借鉴和参考。

一、现代美学的神话

在《重思艺术》（2015）这本书中，沃尔特斯托夫认为，美学领域过去三百年的主导框架就是现代美学的宏大叙事，即早期现代世界中产阶级中兴起的把无功利的审美注意作为投入艺术品的主要方式。这种投入方式导致了现代艺术界的出现，即公共博物馆、音乐厅、艺术批评家、艺术史家、艺术品流通的市场体系等等。沃尔特斯托夫指出，过去的两个半世纪,艺术哲学家没有在理论上说明人们在纽约圣帕垂克教堂聆听音乐的情景,没有说明为什么人们会手持蜡烛。阿多诺和门罗·比尔兹利的理论对于理解发生在这个教堂里的事情即人们参与纪念性的音乐都没有什么用。人们投入纪念性的艺术,比如悼念性地参与战争牺牲者的艺术,不是去看其审美特质,而是亲吻纪念碑,抚摸名字,泪水长流,这是他们参与这种艺术的方式。即是说,参与艺术的方式是多样的,看其审美特质只是现代美学的宏大叙事。艺术哲学家没有关注艺术的其他层面,就是现代美学的这一宏大叙事所导致的,现在是把艺术意义从宏大叙事中解放出来的时候了。

沃尔特斯托夫追溯了现代美学宏大叙事的起源,他援引学者艾布拉姆斯(Abrams)的论文说,发生在 17 和 18 世纪艺术领域里的最大变化是,在欧洲中产阶级中,沉思(contemplation)是投入艺术的最重要方式。在早期现代社会,出现了两个特征,一是大规模的具有大量休闲时间的中产阶级的出现,二是市民社会的出现。这些公民自由地投入艺术活动之中,他们的活动不再由教会资助。艾布拉姆斯发现,在 18 世纪之前,艺术哲学集中在艺术的创作实践。美学家和文艺理论家热衷于给诗人、音乐家、建筑家等提供建议,比如亚里士多德的《诗学》。但是在 18 世纪早期,理论著作的重点从艺术家的创作转移到公众的艺术投入。[1] 这个时候,艺术生产的资助人也发生了变化,资助人体系为市场体系所替代。沃尔特斯托夫援引学者拉里·谢丽(Larry Shiner)的《艺术的创造》一书中的论述:在艺术的旧体制中,资助人或委托人要求艺术家给特殊场合或语境创作艺术品,他们常常规定了艺术创作的题材、尺寸、形式、材料或乐器。即便在创作者有大量自由的情况下,他们在创作的时候仍然要遵循委托人的特殊要求。与此相反,在纯粹的市场体制中,作家、画家和作曲家提前创作好作品,然后通过商人或代理人,售卖他们的作品给或多或少匿名的购买者。特殊订单或某种使用语境的缺席给人们留下了这种印象,即艺术家是完全自由地遵循他们自己的倾向去创作。[2] 根据克里斯特纳(Kristeller)的研究,构成了现代美学根基的五大艺术,是在 18 世纪中

---

[1] M. H. Abrams, *Doing things with texts*, New York: W. W. Norton, 1989, p. 137.
[2] L. E. Shiner, *The invention of art: cultural history*, Chicago: University of Chicago Press, 2001, pp. 126 – 127.

叶才集合成为美的艺术,被赋予共同特征,区别于自然科学和其他的理论事业,也区别于机械性的艺术如家具制造和金饰制作等。虽然各种艺术的存在历史与人类文明一样悠久,但我们集合它们,赋予它们在我们生活和文化中一个位置则是相当晚近的事情。中世纪的人们往往不是把绘画联系到音乐而是与这样的活动如刺绣和金饰工艺联系在一起。他们也把音乐联系到数学,这就把我们的注意力集中在创作上。创作一幅画更多地类似于制作金饰工艺而非创作音乐作品。如果我们的焦点是在沉思,把绘画、音乐、雕塑、诗歌和建筑集合在一起就是可能的。① 这就产生了现代的美的艺术的概念。

18世纪人们讲审美沉思是无功利的。什么是无功利呢?虽然许多美学家费了很多笔墨讨论这个问题,但迄今无满意答案。沃尔特斯托夫借用现代言语行为理论,这个问题就很好理解了,其实就是按照我们的意图去区分行为。我们做出某种行为是为了引出其他的行为或事件,比如我大声叫唤是为了警告或吓唬你。但我们所做的有些行为是为了其自身,是以它们本身为目的,无功利的沉思就是如此,它就是我们的目的。如果仔细查看一幅画,其目的是要看给它的标价是否合适,我的沉思就不是无功利的。但沃尔特斯托夫认为18世纪美学家的沉思这个概念不合适,因为这个术语有一种消极的被动的含义,但投入艺术的活动并非总是被动消极的。他认为术语"注意"(attention)或者"全神贯注"(absorbed attention)比较合适,因为艺术欣赏活动是投入性的、热情的、集中注意力的。② 沃尔特斯托夫说,首先,出神的沉思对于我们常规的艺术投入方式来说太过消极。不仅仅是我们投入作品之中,作品也投入我们;我们行动在其上,它也对我们产生影响。其次,超越性的沉思无法解释为什么人们在音乐会上手持蜡烛,为什么他们说一段音乐就如赐福,为什么他们描述一个审美经验为治疗,为什么人们在越南战争纪念碑寻找和亲吻那些名字。第三,把艺术视为沉思而非行动,其结果是把创造的真实的细节和社会环境失落于理论视野之外。第四,宏大叙事把我们导向这种观点,即艺术史上的所有发展都是走向"艺术成为其自身"的进步,因此获得了

---

① Paul Oskar Kristeller, *Renaissance Thought and the Arts: Collected Essays*, Princeton, NJ: Princeton University Press1990, p. 165.

② Nicholas Wolterstorff, *Art Rethought*, Oxford: Oxford University Press, 2015, p. 12.

其历史性的终极目的。① 这一历史进步论对于许多美学家具有巨大的吸引力,但这种历史目的论的预设是虚假的。

沃尔特斯托夫指出,随着无功利注意成为普遍性的艺术欣赏方式,18世纪出现了艺术界去支持这种行为。这个时候,艺术成为商品被出售,同时也是为了社会区隔,为了满足人们的鉴赏力。为了满足这些要求,艺术被脱离其意图的语境,被剥离了它们的多样性的、宗教的、社会的和政治的功能,被给予了单独的和统一的新角色:只是被当作诗歌去阅读,被当作音乐去倾听,被当作一幅画去欣赏。基于市场化和中产阶级的出现,出现了美的艺术的现代体制和各种实践,比如在音乐,有世俗音乐会、音乐批评和音乐史写作,出现了"作品"(work)概念,以及其精确的符号、完整的乐谱、作品编号等,这是为了音乐作品的借阅和传播之便。英国18世纪美学家艾迪生在《观察家》杂志中谈想象的乐趣的文章中多次提到"有礼貌的人(polite person)"这一概念,这个概念不是今天的有好的行为方式的意思,而是有文化的人,是艾迪生时代的中产阶级,他们要有艺术的趣味和鉴赏力。通过获得趣味,一个商人和他的妻子,虽然出身低微,就能够变成文化人。艾迪生认为,文化精英在业余时间阅读文学作品提高趣味和鉴赏力,能够获得想象的愉悦。敏锐的鉴赏力就是"心灵带着愉悦体味作者的高妙和怀着厌恶感受作者的缺陷的一种能力"②。美学家伯克说:"鉴赏力,……它分别由感官的初级快感的知觉,想象力的次级快感,以及关于各种关系与人的情感、方式与行为推理官能的结论三部分组成。"③由敏锐的鉴赏力所获得的想象的乐趣,如何培养这种鉴赏力,这种鉴赏力对于中产阶级文化能力的意义等是18世纪英国美学家的重要问题,这一问题最终成为康德美学的主题。

现代美学的宏大叙事指的是,对于艺术品的无功利注意是艺术的目的。为什么现代艺术哲学家认为投入艺术的模式是无功利的注意呢?这是因为他们普遍接受这种观点,即当艺术品被作为无功利注意的客体投入之时,艺术就会成为其本身,即不是为其他目的而存在。

---

① Nicholas Wolterstorff, *Art Rethought*, Oxford: Oxford University Press, 2015, Chapter3.
② 马奇主编:《西方美学史资料选编》,上卷,上海人民出版社1987年版,第467页。
③ 伯克:《崇高与美:伯克美学论文选》,李善庆译,上海三联书店1990年版,第17页。

早期浪漫主义文学和美学已经开始关注现代社会,既赞美现代社会,又批评它,艺术家给我们一个形象去替代社会现实,这就含蓄地批评了现代资产阶级社会的碎片化、理性化和控制性的特征,艺术品就有了内在的潜力以作为社会变革的代理人。艺术不是要把我们从这个堕落的世界超度到一个更好的世界,而是承担着拯救式的弥赛亚式的使命去改变当前的堕落世界,艺术是社会先锋派。基于这种信念,艺术哲学家认为,只有这样的艺术品,才能充当社会的他者和超越者(socially other and transcendent)。生产和沉思这样的作品的行为,都是这种投入方式。如此,艺术哲学家就不会理论化其他的投入艺术品的方式,不会去关注纪念性的艺术、崇拜性的艺术、社会抗议艺术、劳动号子等。参与艺术品是为了这种行为,这就预设了这种行为本身是值得的,它有内在的而不仅仅是工具性的价值。宏大叙事强调无功利性的审美注意。但对于最近的艺术品,这些论点不可用,因为波普艺术、现存品艺术、概念艺术、装置艺术、身体艺术等等,它们并非社会他者和超越者,许多这样的作品没有审美意义,也不意图有审美意义。而且,宏大叙事暗示,在无功利地投入艺术品时,我们必需把它作为注意地看、听或读的对象去投入,这个观点正确吗?回答是否定的。沃尔特斯托夫反驳说,我复制一幅画只是因为我喜欢这么做,我朗诵一首诗只是因为我喜欢朗诵它,我演奏一曲肖邦的小夜曲只为了演奏中的愉悦,我边工作边唱歌只是因为我喜欢边工作边唱歌。可见,除了把它们当作高度注意力的对象而投入之外,还存在着很多无功利地投入艺术品的方式。① 即是说,在无功利地投入艺术品之时,我可能并没有注意地看、听或读。在历史进程中,人类演奏音乐、朗诵诗歌、讲故事、边劳动边唱歌,是为了这么做的时候所获得的快乐,高度注意并非唯一的投入艺术品的方式。宏大叙事还暗示,当我们无功利地投入艺术品时,艺术品成为其自身。但是这种观点也是有问题的。历史上,存在着许多无功利地投入艺术品的方式,许多方式流入历史尘埃之中,但是崇拜性艺术、纪念性艺术、社会抗议性艺术、奉献性艺术(devotional art)、背景性音乐都没有消失。唯一接近消失的是劳动号子,这是因为劳动方式变化了。在这些艺术中,我们并非无功利地投入艺术品,并非审美地注意它们,但它们仍然是艺术品,在过去三百年

---

① Nicholas Wolterstorff, *Art Rethought*, pp. 66 – 70.

间,它们仍然在繁荣发展之中。宏大叙事的最后一个暗示是,对于艺术品的无功利的注意、制作和呈现是为了实现其成为社会他者和超越者的功能。沃尔特斯托夫认为,这种观点也是存在疑问的。艺术品的创作常常既是为了无功利的注意,也是为了产生某种效果。只有很少的艺术创作完全是社会他者和超越者。[①]

二、艺术的社会意义

除了沃尔特斯托夫,美国当代其他美学家也注意到现代美学宏大叙事的局限。阿诺德·柏林特在《艺术与介入》(1991)和《重思美学》(2004)中批评了传统的把审美投入理解为无功利沉思的观点,他认为艺术所需要的不是消极的沉思,而是感知者的积极参与,他称为"欣赏性的投入"。柏林特还指出,欣赏性的投入从传统的美的艺术延伸到流行艺术、民间艺术和最近的艺术的革命性发展之中。在《超越美学》(2001)和《三维度的艺术》(2010)中,美学家诺埃尔·卡罗尔也提出,在参与美的艺术之时,我们并非只是感知其审美特质,还参与其道德视角、政治意义、文化意义等。艺术哲学家除了艺术的审美意义还要关注所有这些维度中的意义。卡罗尔和柏林特都反对传统艺术哲学的霸权。卡罗尔还出版专著研究大众艺术(1998)。即是说,艺术品的审美意义并没有耗尽它的所有意义,当我们以强烈的注意投入其中的时候,其多种含义会呈现出来。

沃尔特斯托夫认为,审美主义的宏大叙事不能解释艺术界的最近发展,要从理论上总结这些发展,我们需要新的框架,也需要新的框架去理论化我们投入艺术品的除了把客体作为审美注意的对象的方式之外的其他方式。沃尔特斯托夫提出新的理论框架乃是用社会实践方法(social practice)来寻找艺术的意义。他的核心论点是我们能够以许多方法投入艺术品之中,能注意地倾听勃拉姆斯的第四交响曲的一个演奏,能够静静地站在一个纪念性的艺术品前面,工人在铁轨上工作的时候可能会唱歌。这些实践包括以某种不同的社会性的方式去创作、演奏、投入作品。即是说,宏大叙事只是投入艺术品的方式之

---

① Nicholas Wolterstorff, *Art Rethought*, pp. 71 – 75.

一,在历史上、现实中,作家和欣赏者投入艺术品的方式是多样的。有些投入作品的方式还是传统的,比如以合适的技巧阅读一首十四行诗不同于以合适的技巧听一曲海顿交响曲,后者所需要的技巧也不同于听一首爵士乐或摇滚乐所需的技巧。① 沃尔特斯托夫的主张是,不把艺术品看作个人性的人工制品,而是看作社会实践,即创作的实践、演奏和表演的实践以及投入的实践。沉思性地投入艺术品的审美特质也是社会实践之一,把艺术品作为纪念性的东西去投入则是另外的社会实践。我们要放弃这种观点,即相比其他的投入方式,沉思艺术品的审美特质对于我们的社会繁荣做出了更重要的贡献。这就要打破审美的霸权,为此,沃尔特斯托夫提出了三个概念,即行为意义、作者意义和社会实践意义。如果某个人有了一个主体理由(agent-reason)去做他所做的事情,但我不知道他要做什么事情,不知道他这么做的理由,我就不知道他的行为意义(act-meaning)。某个行为的行为意义就是主体试图去做某种事情以及他这么做的理由,领会某个行为的行为意义就是去领会关于主体的这两种事情。当我去领会某个人的行为的行为意义的时候,我就理解了那个行为。领会某个人制作某个物体的行为的行为意义,即是领会它的作者在制作这个物体的时候试图去做什么事情以及他这么做的原因。制作那个物体的行为的行为意义给予那个物体以特定的意义,这种意义可以称为作者意义(maker-meaning)。要领会物体的作者意义,我必须领会制作那个物体的行为的行为意义。关于社会实践意义(social practice-meaning),比如,法国拉斯科洞穴的壁画,我们不知道它们为何而存在,不知道它们在其最初的部落生活中具有什么样的功能,不知道部落人是如何投入其中的,因此,我们不知道这些绘画的社会实践意义。某个作品的社会实践意义,指的是当被观众以某种既存的社会实践去投入的时候它所具有的意义。人们投入某个既定的艺术品的方式是会发生变化的,比如拉斯科壁画、中世纪基督教的圣像,当时的人们和现在的观众投入其中的方式是不同的,艺术品的社会实践意义就会发生变化,因为作品的社会实践意义是相对于它所被投入的社会实践的。某些物品,先前是人们崇拜的对象,现在则是在博物馆里作为审美沉思的对象。在这个层面,社会实践意义不同于作者意义,后

---

① Nicholas Wolterstorff, *Art Rethought*, p. 97.

者不是相对的,它是基于当时的社会环境,创作艺术品是为了某种特定的功能,但这种功能不可能实际上永远如此。一个为了某种社会功能的物体可能被完全不同的社会功能所挪用。因此,社会实践意义不同于作者意义。①

值得注意的是,沃尔特斯托夫说的行为意义和作者意义关系到作者的意图,可以合并为一类。社会实践意义关注的是艺术意义的社会性和语境性。某个艺术品是美的艺术只有在某个特殊的社会中才是可能的,在我们社会是一个美的艺术品,在其他的社会则可能不是。比如一个非洲面具,用于仪式,在我们的博物馆里则是一个美的艺术品;另一方面,斯特拉文斯基的音乐《春天的仪式》的录音则可能被其他的部落用于求雨。此外,沃尔特斯托夫认为,还存在着其他意义,比如,某个文学文本的词汇和句子在这种语言中有自己的意义,可称为字面意义(verbal meaning),这些句子常常被作者应用于去行使言语行为理论说的言外行为,如断言、要求、质疑等,可称为句子的言外意义(illocutionary meaning)。另外,虚构应该被理解为邀请我们去想象某个特定的复杂的事态或世界,这可称为作品的投射世界的意义(projected-world meaning)。艺术品常常象征某种事情,这样我们就有了象征意义。虽然作者意义和社会实践意义不同于其他类型的意义,但它们并非互不相关。作者意义常常包含言外意义、投射世界的意义和象征意义。一首诗的字面和言外意义对于诗歌之于其读者的社会实践意义很关键,就如一幅再现性的绘画的投射世界的意义之于它的欣赏者的社会实践意义那样。沃尔特斯托夫考察了投入艺术品的五种社会实践,即投入纪念性艺术、崇拜性艺术、社会抗议艺术、促进性(enhances)艺术和艺术反思性(art-reflexive art)艺术。在这些投入中,对象都非作为审美注意的客体。纪念性艺术核心的组织性行为是制作、表演或奉献某个作品作为纪念性艺术给某个人或过去的某个事件。纪念性艺术品的功能是表达、保存、推进和塑造公众的记忆,表达敬意是本质性的。在投入崇拜性艺术和纪念性艺术时,表达尊敬或不敬与做出某种行为之间有某种契合,比如为了对某个伟人表达尊敬,就以其名字命名某栋建筑;某个男孩为了表达对父亲的愤怒,用脚踩踏他的父亲的夹克;人们踩踏美国的星条旗表达对美国的厌恶。形

---

① Nicholas Wolterstorff, *Art Rethought*, pp. 110 – 113.

象、遗物和符号都是人们表达尊敬和不敬的替代物。对劳动号子而言，歌曲的节拍要契合工作的节拍，歌曲的韵律也要契合工作的韵律。或者是工作本身并没有韵律，歌曲的韵律必须能够影响工作。在有些类型的工作中，个体工人要合工作的节拍，这种情况下，歌唱必须有一个韵律去满足这种功能。如果歌曲契合了工作，另外一个要求是，歌曲的表现性特征要契合工作的本质和工人典型的情绪。边工作边歌唱能够使得工作做得更好。如果歌唱的节奏契合了个体劳动的行为，歌唱就常常给工人以力量，它加强了工人的共同的投入感，他们感到是在一起的。歌唱混淆了工作和游戏之间的区别，推进了工人对于工作的经验，无论工作本身是否是愉快的。歌唱还减缓了工作的烦闷，使时间过得更快。①

　　20世纪的艺术发展中，无法应用审美主义的宏大叙事的一个艺术现象是沃尔特斯托夫所说的艺术反思性艺术（art-reflexive art），这指的是出现在某种艺术体制中的艺术品，它们在当时的艺术潮流中是对某些意识形态的否定。艺术反思性艺术与艺术中的其他运动一起消解了宏大叙事，特别是其中的浪漫主义组成部分即认为艺术是社会的他者和超越者。反思性艺术的第一个案例就是杜尚的《泉》，它的社会实践意义不同于美学意义。面对《泉》，人们要问，这是一个艺术品吗？这个作品并无风格革新，没有风格性的意义，在杜尚眼里，它也没有美学优点，它就是对当时的艺术意识形态的挑战。如果这个作品被接受为艺术品，那么只接纳具有审美风格的艺术品的艺术史就走向终结了。在1917年，视觉艺术品的界定标准之一是，这种作品是视觉想象和手工技巧的创造性产物，《泉》没有满足这一标准。这个小便器的最初作者是穆特（R. Mutt），杜尚只是把它搬到了展览馆。现在这个作品和大量的复制品在各个博物馆展出，人们不再质疑它的艺术品身份，因为意识形态——人们的艺术观念已经改变了，人们不再认为成为艺术品的必要条件是某个物体必须是由艺术家自己所做。浪漫主义遗产这就破产了，《泉》和其后继者摧毁了它。《泉》模糊了艺术和日常生活世界的边界，而传统艺术理论坚持艺术自律，主张艺术自由地遵循其自己的审美风格的内在逻辑。沃尔特斯托夫认为《泉》开启了艺术反思性艺术和现成制品艺术的传统，沃霍尔的《布里洛盒子》不是

---

　　① Nicholas Wolterstorff, *Art Rethought*, pp. 261–263.

波普艺术而是反思性的艺术品。《布里洛盒子》由一系列盒子组成,每一个都由沃霍尔和其助手制作。普通的盒子是由纸板制作的,沃霍尔的则是由夹板制作,其形象由颜料和丝网印刷制作完成。沃霍尔最初的展览是许多盒子相互堆积构成的,后来沃霍尔又监制了许多其他的布里洛盒子。以艺术批评家艾德蒙德·怀特(Edmund White)的话说:"安迪对于每一种艺术定义都提出了挑战……艺术流露了艺术家的手的踪迹,安迪则诉诸丝网印刷法;一个艺术品是一个独特的物体,安迪则制作多个这样的物体;画家要描绘,安迪则制作影像;艺术分离于商业和实用,安迪则用坎贝尔罐头和美钞制作艺术品;绘画可以在与摄影的比较中去界定,安迪则重复利用快照;某个艺术品是某个艺术家签署的,是他的创造性选择的证据,是他意图表达的东西,安迪则在任何东西上签名;艺术是艺术家人格的表达,契合于他的话语,安迪则在巡回演讲中使用替身。"[①]不仅仅20世纪的艺术发展消解了宏大叙事,而且在大约过去50年,宏大叙事的霸权作为理论框架也被其他理论诸如女性主义理论、新马克思主义艺术理论、心理分析艺术理论以及宗教神学艺术理论所挑战。这些理论无一例外地拒绝了艺术品是社会他者和超越者的观点,它们的贡献在于要我们注意美的艺术品的作者意义和社会实践意义而不限于它们的审美意义。

不仅现代艺术哲学家,而且当代分析美学家也常常忽视了艺术的社会实践意义。沃尔特斯托夫在一篇文章中注意到分析美学忽视艺术的意识形态性,缺乏关于艺术品的权力结构和政治维度的意识。他指出,尽管艺术哲学和政治哲学在过去40年来很活跃,但美国分析美学忽视了艺术与政治的关系,而欧洲大陆哲学并非如此。在美国的其他人文研究诸如文学研究、电影研究、文化研究、艺术史研究等领域,人们也在热烈地讨论艺术、政治和哲学的关系。那么,为什么分析哲学家忽视了艺术与政治的关系呢?沃尔特斯托夫指出,分析哲学家的特点之一是,他们不去反思为什么他们会问那些问题、使用那些概念。他们对于其知识的、社会的和政治的立场无反思,认为这些是无关的。哲学,在他们看来,不是视角性的而是客观性的,它是从任何地方看起来事物是怎么样的。作为哲学家,分析哲学家少有政治观点,他们对

---

① Nicholas Wolterstorff, *Art Rethought*, p. 288.

于当代社会缺乏政治分析。比如比尔兹利,在《美学:批评哲学的诸问题》(1958、1981)中反对意图论和效果论。假如某幅画处理了重要的政治主题,具有政治效果,那么你知晓它的审美特质了吗?比尔兹利的回答是没有。假如你被告知某部小说的主题是种族主义,你因而知道了它的审美特质了吗?回答也是没有。就这样的思路,像剥洋葱,最后是纯粹的审美特质。比尔兹利的观点是,政治内容无关于作品的审美特质。沃尔特斯托夫把比尔兹利和马尔库塞做了比较,后者强调艺术的政治意义。比尔兹利和马尔库塞分歧的地方是我们投入审美维度的益处上。比尔兹利跟随康德,认为投入艺术是为了获得特殊的愉悦,这是我们在经验物体的审美特质的时候所获得的。马尔库塞接近黑格尔,主张我们投入的对象,是审美优异的有机统一体,这个统一体的功能是批评社会现实。沃尔特斯托夫说,沉思性地、审美地投入布鲁克纳(Anto Bruckner,1824—1896,奥地利作曲家)的第八交响曲,其价值相比投入阿达吉奥(Adagio,法国前卫金属乐队)为纪念9.11恐怖袭击中的遇难者所做的曲子并不是更高级的。①

三、艺术的审美特质

沃尔特斯托夫解构了西方现代美学的审美主义宏大叙事的神话,但他并非完全忽视艺术的审美特质。相反,在《行动中的艺术》(1980)中,他对审美特质做了详细论述。沃尔特斯托夫说,在一个作品规范地呈现自身给某个人的时候,它看起来或听起来如此,我们用一个符号$表达它,那么$ness就是它的审美特质。比如一幅拉斐尔的画,规范地呈现自身给某个人,他看这幅画是宁静的,那么宁静就是它的审美特质之一。可感知物体的审美特质和审美方面(aspect)来自它看起来或听起来如何规范地呈现它们自身的时候,而规范呈现来自它被以其制作者所意图的方式去沉思。如果是自然物体或自然现象,则是一个常规的感知者在标准(standard)条件下去感知。审美特质在物体

---

① Nicholas Wolterstorff, "Why Philosophy of Art handle Kissing, Touching, and Crying", *The Journal of Aesthetics and Art Criticism*, Vol. 61, No. 1(Winter, 2003), pp. 17-27.

本身,在其构成部分和部分与部分之间的关系上,而不在这个作品与外在于作品的其他某种物体的关系或影响上。沃尔特斯托夫赞同比尔兹利的观点,他认为,有些关于艺术品的事实无关于其审美评价,它们既非审美优点也非审美缺陷,它们的不相干性是基于它们不属于物体的审美特征,而审美满足,是基于对某个物体的审美特征的沉思所获得的满足。具体来说,关于审美特质,如下要点是可行的:1. 某个作品所断言的命题是真实的,这一事实不是作品的审美优点;作品世界中的某些方面对于现实是真实的,这也不是作品的审美优点,但它们可能是作品的认知优点。也因此,如果作品所断言的命题是虚假的,如果作品世界的某些方面对于现实是虚假的,这都不是作品的美学缺陷。真实性不能对艺术家构成审美要求,原因是,物体的审美特质局限于物体在常规的呈现下看起来和听起来的特质。因此,对于现实是真实的不是物体的审美特质。比如,人文主义者可能判断多恩(John Donne,1572—1631,英国诗人)的诗歌所断言的命题是反人文主义的,但这不是作品审美评价的理由。即是说,一个作品的认知方面的优点和缺陷可能构成对其认知性的评价,它们也可能相关于其艺术评价,但它们不能构成审美评价。2. 一个艺术品有了令人满意的效果之于那些接触到它的人这一事实不能是作品的一个审美优点,它有了令人不满意的效果,这一事实也不能是审美缺陷。我们接触艺术品之后可能改变我们的性情、习惯和信念,我们的情感生活可能会变好,也可能变坏。但是既然一个作品的效果并非属于其审美特征,它们也就不能作为审美评价的理由,但它们可能相关于其艺术评价。3. 一个作品的缘起方面的特征,比如作品所创作的处境,不能构成其审美评价,但它们常常与对艺术家的评价相关。比如一个作品所展示的技巧方面的证据给予我们满足,但是既然缘起方面的特征不属于作品本身,它们就不是审美特征。这样的特征有:作品契合了艺术家的意图或者没有契合艺术家的意图;它是被有技巧地创作的或者被漫不经心地创作的;作品所说的东西是被真诚地说出的或被不真诚地说出的;作品是原创性的或者是非原创性的。4. 最后,有人喜欢这个作品这一事实不是作品的审美优点,因此不构成审美评价。相应的是,有人不喜欢这个作品也不能构成其审美缺陷,因为有人喜欢或者不喜欢不属于它的特征。比如我可能喜欢美学上比较欠缺的作品,它们在我身上产生了甜蜜的、还乡式的遐想。再比如看到鲁本斯的作品中的裸体的时候我可能感到恶心,同时我意识到这种不喜欢不是基于作品的审美特征。①

那么,艺术品有哪些特质可以视为美学特质呢?有没有一般性的特质类型呢?沃尔特斯托夫借用了比尔兹利的统一、强度和复杂三个概念,但做了某些修正。首先是统一,指的是艺术品的连贯(coherence)的模式或者是完整的(completeness)模式。无论哪种模式,作品的统一可以无数方式获得。对称性的建筑可以是审美地统一的,非对称的建筑也可能如此。当然了,作品的统一是程度性的。沃尔特斯托夫的观点是,对于任何物体,只要其统一达到一定程度,这个统一对于任何人就都是物体的一个美学优点;对于任何物体,只要其缺乏统一到一定的程度,它的不统一就是物体的一个审美缺陷。

其次是作品的内在的丰富的、多样的、复杂的,即它具有差异性的部分。很显然,内在的丰富,就如统一,是程度性的,它也可能以无数种不同的方式表现出来。非洲土著音乐的丰富性几乎完全归于节奏,而韦伯恩的音乐的丰富则是归于音高和音色的多样化。设想一个音调,从低弱到听不到升高到 80 分贝的不可听,这样的声音有巨大的统一,它是连贯的和完整的,但它的美学优点非常少,缺乏内在的丰富。对于任何物体,它的特征缺乏一定程度的内在的丰富性,这种缺乏对于任何人就都是一个美学缺陷。相反的是,对于任何物体,其特征具有内在的丰富性到一定的程度,就都是一个美学优点。但沃尔特斯托夫把一般的方面和具体的方面区别开。一般地说,统一和丰富是美学优点,但具体看,每个人的趣味和判断差异很大。沃尔特斯托夫的这一思路不同于比尔兹利,考虑到了审美趣味的个体差异性。沃尔特斯托夫得出结论说:特殊事物的统一对于每个人都是审美优点,虽然那些统一的具体确定(specific determination),可以称为事物的特殊统一,不是如此;并非说它们中的每一个对于所有人都是美学优点,比如,有些人会发现这个作品的由对称构成的统一就不是一个美学优点。类似的,具体事物的内在的丰富对于每个人都是美学优点,虽然那些内在丰富的具体确定,即事物的特殊的丰富性,对于每个人并非都是美学优点。

---

① Nicholas Wolterstorff, *Art in Action: Toward a Christian Aesthetic*, Grand Rapids: William B. Eerdmans Publishing Company, 1980, pp. 159 – 161.

很显然，前面两种类型的特质不能概括事物的所有美学优点，比如事物的生动、有力、雅致、精妙、柔和、幽默等，这些既非统一也非内在的丰富，这就需要提出第三种类型。那么，这六个特质能否归为一类呢？沃尔特斯托夫提出，每个作品都有一个复杂的契合性的结构，它契合外在于其自身的特质。比如福楼拜的作品《包法利夫人》很契合灰色，虽然灰色本身不是这个作品的特质。《包法利夫人》实际上不是灰色的，而是说，作品中所能够找到的东西密切地契合于灰色的特质。因此，艺术品如果有以上说的六种特质，是因为它们的特质里面有特殊的契合性强度（fittingness-intensity），即在某种程度上契合人的特质。当然了，这里就如统一和内在的丰富，人们的趣味差异很大，某些人喜欢雅致，某些人偏爱进取，有些人喜欢粗糙，有些人喜欢流畅。① 概括就是："统一以及特殊的统一；内在的丰富以及特殊的丰富；审美强度以及特殊的契合性强度，这些构成了我们眼中的事物的审美优点。"②

四、艺术社会学的方法局限

沃尔特斯托夫美学思想的核心主题是反宏大叙事。其实，20世纪的诸多文艺理论流派都是反宏大叙事的，特别是有马克思主义文艺理论传统和受到文以载道传统影响的中国当代文论，对于审美的关注并没有达到宏大叙事的程度。沃尔特斯托夫反宏大叙事的意义，一是揭示了宏大叙事的历史性，强调了艺术的其他维度，使艺术其他的非审美意义呈现出来，这是为康德所影响的中国当代美学有所忽视的。二是对于艺术的非审美性层面的分析，对于中国学界是一个借鉴。中国美学界对艺术的诸多意义的研究同样是很欠缺的。

诚然，艺术服务于多样化的、变化着的目的而非普遍的唯一目的。但是，即便是圣像艺术和纪念性的艺术，比如教堂里的大理石、纪念碑的石柱，其审美特质也是不容忽视的。大理石的石质象征逝者永恒，

---

① Nicholas Wolterstorff, *Art in Action: Toward a Christian Aesthetic*, pp. 164 – 167.

② Ibid., p. 168.

象征人们对逝者绵长的爱和敬意,是因为石头本身能够经历时间洗礼;同时,艺术家雕刻花纹和修饰,石头被打磨抛光,并非原生态的石头,这就被赋予了美的特质,特别是大理石的各种花纹,增加了纪念碑的艺术性。最典型的基督教堂如梵蒂冈的圣彼得大教堂,就是一个美的艺术品,它营造了巨大的空间、天顶壁画的精美、外墙装饰的繁复、雕塑的精妙、大理石花纹的色彩、花窗玻璃的多样、光彩透过穹顶的绚烂等等,即便只看其审美特质,把它作为审美欣赏的对象也并非不可。各个时代的教堂,不同风格如文艺复兴式、哥特式、巴洛克、洛可可、新古典主义等,这些命名本身依据的就是建筑的艺术风格,即美的模式的转换。欧洲的城堡和教堂,其社会实用功能是主要的,但其审美特质是显然的。比如中国的长城,其实际的功能并非审美,但我们今天完全可以只从审美角度看待它,这是一座具有审美价值的建筑。人们之所以称这些物体为艺术而不是交通信号灯那样的符号,是因为其审美特质。如果缺乏形式性的审美特质,我们不会称建筑为艺术。沃尔特斯托夫只谈各种艺术的社会实践意义,不谈宗教艺术、抗议艺术、纪念性艺术的审美特质,这是不妥的。

在论社会抗议小说的时候,沃尔特斯托夫提到我们对文学作品的情感反应,但他不谈文学作品的文学性,这在逻辑上是难以圆满的。如果小说的文学形式不吸引人,缺乏审美的形式,比如在语言、修辞、结构、细节、人物等方面缺乏匠心和技巧,我们首先就不会喜欢它,不会阅读它,其社会抗议内容就不能实现。对于艺术品的审美与其道德内容的实现也应如此看待。如诺埃尔·卡罗尔说的,虚构作者要求读者调动其知识库存,而且必须对作品做出合适的情感反应,比如悲剧作为悲剧意图激发读者的同情和恐惧。即是说,作品的审美成功依赖于激发特定的被设置了的反应。作品没有做到这一点就是失败,这种失败就是美学失败,美学失败进而影响到作品的道德内容的传播,因为如果作品缺乏审美特质,它就不吸引人,这就阻止了读者投入其中。[①] 既然我们称之为文学作品而不是新闻报告,它的首要特质就是文学性、审美性。缺乏审美特质,其社会抗议内容和道德内容就无所附着。因为沃尔特斯托夫把审美注意定位为现代美学的宏大叙事,抗

---

① Noël Carroll, "Moderate Moralism Versus Moderate Autonomism", *British Journal of Aesthetics*, Vol38, NO.4 October 1998.

议小说被定位为宏大叙事,这种小说的审美特质就失落在他的视野之外。但是,在分析作品实现其社会效果的时候,沃尔特斯托夫又不得不分析其叙事和结构、其对人物形象的塑造等等。① 他分析斯托夫人如何转变了读者对黑人的情感和态度,这里谈到了斯托夫人的描绘技巧,这就是美学分析。即是说,艺术的非审美内容依托于其审美特质,不对艺术品做审美分析是偏颇的,事实上也是不可能的。

在谈社会抗议小说的时候,沃尔特斯托夫分析了学界对《汤姆叔叔的小屋》这部小说的批评和斯托夫人激发情感、激起读者道德评价的策略,他还分析了德国画家珂勒惠支的绘画。这种研究思路的问题是,个案分析的力量是有限的,作为美学研究,沃尔特斯托夫本应该集中分析社会抗议艺术品的一般特征、社会价值、艺术价值等问题。关于社会抗议小说,美学上的问题应该是:1. 这类作品是否有审美特质?作品的审美形式与其社会抗议内容的关系如何?概括说来,就是作品的艺术价值和审美价值的关系问题。因为社会不公的内容完全可以用小册子和社会调查的非虚构的方式产生影响。文学作品产生的影响的大小,基于作品的感染力和形象性,这是其美学特质的效果。2. 社会抗议内容和作品所产生的时代的社会问题以及读者接受的关系问题。既然是虚构性的作品,读者为什么要相信它?虚构为什么会激发读者的现实的情感反应?面对虚构的情感反应与现实问题所引起的情感反应的异同何在?3. 作品的抗议内容是否实现了其效果?如何实现其效果?这种实现是否有一般性的规律?社会效果的强烈是否是衡量艺术品的价值高低的标准?基于抗议内容而产生历史影响的文学作品,是否算作伟大的文学作品?这种作品中,其审美特质处于何种位置?这是一般的美学理论必须讨论的问题,但沃尔特斯托夫并没有论述这些问题,他对《汤姆叔叔的小屋》等作品的研究,并没有提供具有普遍意义的方法和结论。

在强调美的艺术传统,把六大艺术归为美的艺术的时候,我们常常忽视和忘记艺术的社会意义。哲学家长期忽视纪念性艺术、崇拜性艺术、社会抗议艺术以及工作性音乐作品,忽视了它们的社会实践意义。其中一个原因是,如沃尔特斯托夫所说,艺术哲学家不是这些社会意义的接受者。面对这些艺术品,他们欣赏的是其中的审美品质,

---

① Nicholas Wolterstorff, *Art Rethought*, p. 232.

而非看其社会实践意义,比如哲学家不会如工人那样边唱歌边工作。但是,艺术的确具有审美特质,艺术之所以是艺术,而非社会调查报告,是因为文学和绘画以其媒介特有的功能,塑造了具体的形象,这就是审美特质。艺术和文学的社会价值的实现是间接的,必须通过读者的阅读去实现,而吸引读者的,首先就是艺术品的审美特质。更主要的是,艺术的社会意义比如伦理意义、政治意义、医疗意义、信仰意义,都是间接的、潜在的,这些意义不能从文本本身的分析得出,必须做社会学的调查研究。艺术的社会道德的实现是不确定的,政治意义的实现依赖于具体的社会语境,信仰意义则依赖于读者的信仰和社会环境,这就需要对具体作品在各种语境中的效果历史做出分析,需要对读者做社会群体的调查和文化语境的分析。

总结沃尔特斯托夫的美学研究,一是对现代美学的宏大叙事即审美主义的历史性分析和批判极具学理性和深刻性,破除了现代美学审美无功利的幻象。二是在否定了审美主义之后,提出了界定艺术品的意义的一系列概念,推动了艺术研究。三是沃尔特斯托夫并没有完全忽视对艺术品的审美特质的研究,在比尔兹利的基础上,他提出了新的审美特质论。四是在否定了审美主义之后,沃尔特斯托夫致力于艺术品的社会学研究,但是,他的研究方法和思路的学理性比较欠缺,导致他在这一问题上没有得出具有普遍性的美学结论。我们应该吸收沃尔特斯托夫的研究所长,在他所开拓的基础上,深入展开艺术的社会学研究。

【本文为湖北省人文社科重点研究基地课题"分析美学视域理论下的电影理论研究"(2019yskf01)的阶段性成果】

(作者单位:三峡大学文学与传媒学院)

学术编辑:李永胜

艺术真理:存在的扩充与主体性反思

梁晓萍　姚福康

内容提要　艺术与真理的疏离并不是历史的普遍现象,而是历史发展到某一特定阶段才出现的异化现象。为凸显艺术的真理维度,伽达默尔既从美学史的角度批判了康德以来的美学主观化倾向,又以现象学和诠释学的理论视域揭示了艺术真理的实际发生与存在方式。与追求确定性的科学真理不同,艺术真理拒绝做出任何终极承诺。在一个由艺术品和欣赏者共同造就的"游戏"空间内,艺术以"遮蔽—揭蔽"的结构召唤着主体的积极参与,并使欣赏者在对艺术真理的探问中以谦逊的态度突破原有的视域限制,最终实现二者共同的存在的扩充。在消费主义盛行的今天,伽达默尔关于艺术真理的探讨或将有助于增强人们正在丧失的倾听与接受能力,除不良审美习惯之弊,亦有益于恢复艺术作品诉说真理的应有身份,还艺术以荣光。

关键词　艺术真理　存在　主体性　游戏

艺术与真理的疏离并不是历史的普遍现象,而是历史发展到某一特定阶段才出现的异化现象,这种异化一方面与美学学科在康德那里获得独立①有关——康德从审美鉴赏判断的角度对审美进行了"别有用心"的改造,使审美成为主体占绝对优势的主客关系中的"合目的性"自由判断②,从而造成了"一种分离的、静观的、形式主义的审美模式"③;另一方面则由于现代自然科学的蓬勃发展对真理权利的垄

---

①　"要不是这部著作(《判断力批判》),美学就不能以现代形式而存在。"罗杰·斯克拉顿:《康德》,周文彰译,中国社会科学出版社1989年版,第132页。
②　"现在,如果问题是某一对象是否美,我们就不欲知道这对象的存在与否对于我们或任何别人是否重要,或仅仅可能是重要,而只是要知道我们在纯粹(直观或反省)里面怎样地去判断它。"康德:《判断力批判》上卷,宗白华译,商务印书馆1964年版,第40页。
③　赵奎英:《美学变革与"非对象性"美学建构》,《山东社会科学》2019年第11期。

断——科学家以"客观主义"为武器,只认可"符合论"真理,对客观事实之外的与价值判断相关的艺术真理则嗤之以鼻,而这种异化的结果就是艺术和真理决裂,二者之间原本亲密的血缘关系让位于某种貌似合法的各自为政。表面上看,美学与艺术似乎争得了它们的自主性,并且可以在一个"审美王国"里怡然自乐;现代自然科学也可以将自己的实证主义和客观主义贯彻到底,不必受艺术谜一样暧昧不明的存在方式的困扰,然而只要我们稍微回顾一下原始艺术的实际情形,这种当代的盲视就可以得到揭露。古代的宗教祭祀和巫术活动中,艺术经验具有一种根本的含混性,艺术经验与人们的信仰、认识和生活信念息息相关,艺术并不旨在创造一个虚幻的假象世界引人陶醉,它呈现出的世界就是当时人们所认为的"真实的世界"。这样的艺术就是与我们的生活世界紧密交织的艺术,而由之递交给我们的真理,在作为认识的真理之前,首先应当是一种存在的真理。伽达默尔正是遵循着这一方向进行他的探究,其深入探究的首要工作便是破除康德的主观性美学和席勒的审美区分思想,使我们获得一个更加开阔的诠释学视域。

一、对主观性美学的批判

伽达默尔关于艺术真理的思考始于对康德趣味判断的批判性反思。康德的美学从一开始就已经预设了一个先验目的:审美判断力的提出是为了填补前两大批判所带来的理论理性与实践理性之间的巨大鸿沟,也就是说,康德在美学中试图找寻的无非是由"自然"通往"自由"的主观先验法则,因此,我们无法期望美学在康德那里得到公正的对待。而在伽达默尔这里,美学领域内的艺术经验被提升到了某种典范的地位,它提供诠释学真理事件的基本模式,以至于我们可以将其扩展到精神科学乃至人的整个世界经验中去。如果说康德美学受制于英国经验主义和大陆理性主义的主—客二分模式以至于只能对审美经验做主观化处理,那么伽达默尔则挺进了现象学和存在主义的领地,具有更为开阔的视野,也产生了更加深刻的洞见,这突出表现在将原初的真理经验展示于我们面前。

针对康德关于"趣味判断"的理解,伽达默尔肯定其发现了审美经验的内部结构,即一方面,审美经验是个别的、私人的,具有非普遍性,另一方面,审美经验又超出个别性,努力向普遍性飞跃,因此审美趣味就不是某种纯粹私人的东西,而是有着自身的普遍的基础和标准。康德在这个问题上给出的答复是,趣味可以在人的主观性中找到它的先验的普遍必然性。具体言之,美的事物作用于人的认识能力,尤其是知性能力与想象力,两者的自由协调运动引起的快感就是所谓的审美快感,对所有人来说都是如此,这就是趣味的普遍性标准。但是这种普遍性只是主观的普遍性,丝毫不关涉客观对象,不能提供给我们任何关于对象的认识,这正是引起伽达默尔不满的地方,他批评康德对趣味概念所做的狭窄化运用,并援引了伟大的人文主义传统。按照人文主义的传统,趣味概念首先并不应用于审美领域,而是应用于道德和生活领域。一个具备好的趣味的人就是一个提升自己至普遍性从而摆脱了独断的人,一个能在不同的趣味之间保持分寸感并做出正确决断的人。在与"时尚"概念的对比中,我们可以进一步理解趣味的特征。"时尚"总是意味着普遍性对特殊性的强制,在这里自由是微乎其微的,我们追逐"时尚","时尚"淹没我们,唯有压抑自身诉求,以"时尚"的标准界定自身才能更好地融入"时尚"。然而,"趣味"现象并不否弃每个人特殊的"品味",精神的分辨能力在"趣味"现象中得到保存,尽管"趣味"和"时尚"都不能脱离一个社会共同体,但是"趣味"是自由的,"时尚"则是盲目的。因此,"趣味应归入这样一种认识领域,在这领域内是以反思判断力的方式从个体去把握该个体可以归于其下的一般性"[1]。根据伽达默尔的观点,趣味使我们置身于个体与共同体、个别与一般的关系之中,在这里个别的东西不是作为一般的东西的某种具体应用和例证;相反,个别的东西总是为一般的东西增添了新的因素并创造性地重新规定了一般事物。道德评价与法律裁决就是依据于这种趣味概念。预先给定的道德规范和法律条文只有经受具体情况的充分规定才能真正发挥作用,否则只会沦为僵硬而死板的东西。由此,康德对趣味概念的片面化运用就成为一件不言而喻的事情,尽管美学自主性的取得很大程度上应该归功于康德做出的努力,但是美学也为此付出了巨大的代价,它被封闭于主观性的领域,满足于某种"审美愉悦",从生活世界的汪洋大海中抽离而去。

---

[1] 伽达默尔:《真理与方法:诠释学 I》,洪汉鼎译,商务印书馆 2019 年版,第 60 页。

沿着康德主观性美学给定的路向,康德的后继者席勒继续强化着美学的自主性探究,并在内容方面固化了"审美区分"理论。什么是"审美区分"呢?所谓"审美区分"其实就是"区分审美"。概括言之,审美区分认定一部艺术作品往往不是"纯粹的",审美要素和非审美要素在其中并存,审美要素涉及艺术作品的形式外观的"美",而非审美要素包括艺术作品的其他方面,如社会与宗教的内容。审美意识关心前者而排除后者,然而这正是伽达默尔竭力反对的。

人活在理性冲动和感性冲动的张力之中,无论倒向哪一端都是对人性的某种扭曲和摧残,唯有游戏冲动可以实现人性的全面恢复,使人变成自由的人,这是席勒审美教育的初衷。我们应当肯定席勒将一个"审美王国"置于实在世界之外有其合理性,一个存在于幻想中的乌托邦正是凭借其与现实生活的对立才起到了某种强有力的批判作用,然而我们也应该警惕随之而来的危险,因为任何艺术都无法斩断其与生活的关联,它源于生活,高于生活,最终返回生活。在席勒那里却不是这样,他迷失并停留于"审美王国"。本应由现实提供的真正的道德和政治自由,如今只能在某个"审美王国"里得到虚假的兑现:美和艺术所带来的自由至多只是想象与情感的自由,而不是实在中的自由。康德关于"自由美"和"依存美"的划分已经让人察觉到"审美区分"的苗头,按照他的思路,自然美才是理想美的所在地,而艺术美由于一开始就被一个目的束缚着,因此只能居于某种次要的地位,艺术作品必须超出目的的限制使自己成为自由的文本,如无标题音乐和阿拉伯花纹向我们显示的那样。席勒尽管更多地返回到艺术的立场上来,但是在基本信念上依然与康德保持一致,强调艺术作品必须与它原本隶属的世界和目的内容严格区分。另一方面,审美区分还指艺术作品和它的表现区分,即一部戏剧和它的每一次演出要区别开来。诚然,我们可以理解文学作品与文学素材、戏剧作品与戏剧演出的审美区分,但实际情形常常是艺术的实际经验永远跑在理论辨析和抽象演绎的前面,更何况与艺术作品的照面决不是一次片段式的体验和恍惚即逝的陶醉,而是倾听艺术作品的招呼与陈述。审美意识的自主性在现实生活中具象化为博物馆、歌剧院和美术馆,审美意识自以为可以通过赋予作品审美质量并且将其同时陈列在一个个密闭的空间之内就可以实现它的理想,然而正是在那里,艺术作品过着屈辱和变质的生活。它的丰富内容缄默着,它的意义闭锁着,徒留形式外观供人欣赏,本雅明称之为艺术作品"光晕"的黯淡,这是它们在机械复制时代的宿命。伽达默尔以他自己的方式回应了这一现象,指出使"光晕"消失的罪魁祸首就是"审美区分"。奉行"审美区分"的主观性美学已然走进死胡同,它无力向我们呈现艺术作品的真理,这就意味着,仅仅把艺术作品理解为体验的对象是不够的,为此,我们应该把目光转移至艺术作品的存在方式。

二、存在的扩充:作为游戏和表现的艺术

经历审美区分的艺术作品被"纯化"的同时也遭遇了"异化",成为体验的交汇和主观心理的感受;与之相反,伽达默尔认为,只有用"游戏"概念才能为艺术正名。当然,这里的"游戏"概念已经脱离了康德和席勒所赋予它的主观性意味,经历了一种诠释学的改铸和变形。在伽达默尔的语境中,"游戏"与主体的情绪状态无关,而只是被用来描述艺术作品的存在方式。我们不妨以《庄子》中"庖丁解牛"的故事为例,庖丁解牛的过程可以被看作艺术创造的过程,整个过程所蕴含的音乐的韵律和美妙反映出庖丁艺术创作的自由感受,从某种意义上我们可以认为庖丁在"游戏",然而伽达默尔对这种情况不予考虑,因为它尚且停留在主观层面。伽达默尔是从本体论的立场,运用现象学描述的方法探讨游戏与艺术,因此审美意识与审美对象的二分法宣告破产,艺术根本就不能作为对象被递交到我们的审美意识之前,毋宁说,我们总是被卷入艺术的游戏事件中去。

一般认为,游戏者是游戏的主体,他除去游戏还进行着现实生活的其他活动,他可以任意地选择这个游戏或者那个游戏,他可以在游戏中获得某种精神的轻松感和自我表现,因为游戏通常被理解为某种儿戏的东西而不必认真对待。诚然,一个没有游戏者组成的游戏是不能想象的,上述情形似乎勾画出游戏者相对于游戏本身的优越性。然而我们想要追问的不是游戏的成员,而是游戏本体论的存在方式,因此我们必须考察游戏真正作为游戏生效时发生了什么。针对这个问题,伽达默尔富有创见地告知我们,游戏就是一种往返重复的活动,游戏就是"去游戏",它要求表现并且自身实现着这种表现。我们可以用一种主动见于被动的讲法来讲述游戏,即游戏就是被游戏。这样一

来,游戏和游戏者的关系被纠正,游戏本身才是游戏活动的主体。游戏借助游戏者实现它的自我表现,而游戏者的自我表现往往被看作对游戏的破坏,承认了这一点也就是承认了游戏的严肃性与神圣性。我们上文提到过游戏者似乎可以自由选择他想要加入其中的游戏,但是他一旦选定了一种游戏,就必须遵守游戏的规则和秩序,任何主观性的越度和妄为都是不被允许的。实际上,游戏必须被看作高于我们的"主管当局":一方面,游戏向游戏者显示出引人入胜、不可抗拒的魅力,因此,与其说我们进行某种游戏,不如说我们被卷入游戏之中;另一方面,游戏要求游戏者服从它的规则,游戏者似乎只有完成游戏交付给他的任务才算做出了正当的自我表现。需要指出的是,游戏的组成部分除了游戏者,还有观赏者。伽达默尔认为,游戏是自为表现和"为……表现"的统一,所以他引入了观赏者,并赋予观赏者相对于游戏者的优先地位,尽管两者都是游戏活动的参与者。

把观赏者纳入游戏的积极成果是什么呢?难道游戏不是构成了一个封闭的空间而观赏者只是立于游戏的对面观看着与己无关的事物吗?根据伽达默尔的观点,游戏具备"封闭—开放"的本质结构。游戏确实有一个自我划定的游戏空间并进行着自己的秩序安排,然而这种相对的封闭性并不导致自在存在以至于任何观赏者都只能在游戏的外围打转;正相反,游戏始终向观赏者开放,观赏者通过与游戏"共在"而成为游戏的参与者,游戏只有纳入观赏者才称得上是完整的。"为……表现"是如此根本地规定着游戏的存在方式,因此游戏只有在观赏者那里才能真正完成。"事实上,最真实感受游戏的,并且游戏对之正确表现自己所'意味'的,乃是那种并不参与游戏、而只是观赏游戏的人。在观赏者那里,游戏好像被提升到了它的理想性"①,如同我们无法想象一场不需要观众的戏剧一样,我们也无法想象不指向观赏者的游戏。

游戏概念已经揭示出了艺术作品的存在方式,然而我们还不能在艺术作品和游戏之间简单地划上等号。游戏虽然反映了艺术作品的本质结构,但由游戏到艺术作品还需要经历一种转化,转化的结果即游戏成为"构成物"。为此,伽达默尔区分了"变化"与"转化"。变化之后的事物依然是原来的事物,例如一个人经历童年、成年和老年,他依

---

① 伽达默尔:《真理与方法:诠释学 I》,洪汉鼎译,商务印书馆 2019 年版,第 161 页。

然是他自己。然而经历过转化的事物已经不再是原来的事物,好像原来的事物已经成为某种僵死的东西,现在的事物才是真实的存在。用"构成品"来称呼艺术作品,意在指明艺术作品自诞生之日起就与它的作者相脱离,作品现在拥有它的自主权。换言之,作者必须消失于作品之中以便让作品作为一个意义整体呈现出来。打破了作者禁锢的艺术作品开启了自身的历史,在不断地被欣赏与解释过程中实现其意义增殖。

如前所述,审美区分将艺术作品和它所属的世界割裂开来,也将艺术作品和它的表现区别开来。这种审美意识抽象活动的陋习必须接受艺术经验的纠正,纠正的要义就在于坚持艺术作品的表现论和审美无区分。与审美区分相对应,艺术作品的表现在两个层面上获得它的规定性。一方面,艺术作品本身就是对我们生活于其中的世界的表现,我们在艺术作品中不断加深着对世界与自身的认识,增强着与世界的亲熟性;另一方面,艺术作品在不同时空条件下的表现——如一部戏剧的反复上演——本就属于艺术作品的本质,这些不同的表现不能归结为主观意见的多样性,而应该从作品存在可能性的多样性这一角度加以理解。然而我们必须要追问,这里的表现究竟是一种怎样的表现?首先,我们可以确定的是,作者主观心理的表现已经不在我们的论题范围内,作为表现的艺术一定指向超出其作者的更多的东西。实际上,表现只有在存在论的角度上才能得到正确规定,即被表现的事物只有在它现在的表现中才完全存在,因此表现常常带来一种"存在的扩充"。绘画的例子尤其有助于我们的理解。伽达默尔指出,与绘画问题紧密相关的是一组似乎彼此对立的概念——"原型"与"摹本"。柏拉图的理念论认为,艺术离真理相去甚远,模仿现象界的艺术不过是在追随理念的投影,而真理则始终高高在上。如果艺术只是单纯的模仿,那么柏拉图的结论就是无可非议的,摹本相对于它的原型就是某种降格的存在。然而艺术并非仅为被动地模仿,伽达默尔为艺术的存在论价值进行了辩护:绘画和原型的关系其实不能简单归结为摹本和原型的关系;正相反,在绘画里甚至实现着一种等级关系的颠倒,与其说绘画是基于其原型的复现,不如说原型依赖于绘画而表现自身。我们没有必要也不能返回到绘画背后的原型,因为绘画所表现的事物就是绘画向我们展示的事物。伽达默尔诠释学美学的新柏拉图主义背景在这里应该被格外强调,如果艺术作品的表现是某种

"流溢"的结果,那么艺术作品就丝毫不意味着对存在的降格与削弱,正相反,它所带来的是存在的丰富与扩充。

三、耀现与吁请:艺术真理的生发

"艺术真理"这一说法不仅为艺术恢复了名誉,保证了它真理源泉的地位,此外,"真理"的概念在艺术经验中也得到了修正与澄清。艺术真理以及范围更加广阔的诠释学真理并不惧怕真理的"或然性"和"似真性",而是有意逗留其中。与追求确定性真理的精确科学不同,艺术开启真理的方向却并不做出终极的兑现与承诺,在艺术作品中,真理不再是可以被我们运用特定的方法、程序粗暴摘取的果实,而是一种探问,一种追求,一场赴约。比起狂妄地声称我们已经发现和掌握了真理,一种谦虚的表达显然更加符合艺术本真,即我们其实始终行进在真理之路上。

伽达默尔以柏拉图"光的形而上学"为依托来分析"美的本质",在他看来,"美"的丰富内涵和形而上学背景远非近代以来美学学科对它的狭隘用法所能穷尽。"光并不是它所照耀东西的亮度,相反,它使他物成为可见从而自己也就成为可见,而且它也唯有通过使他物成为可见的途径才能使自己成为可见。"①美具有光的存在方式,美与光一样,美是一种"显露",或者说美是"使……显露"出来的过程,因此单纯地从尺度和对称的角度谈论美是不够的。美在于以尺度和对称为基础的显露,因为伽达默尔把"耀现"归于美的本质属性。美的耀现迫使我们向它看去,与其说我们的目光自主地转向美,不如说美以它耀眼的光芒刺激我们的眼睛,邀请甚至强迫我们看向它。正是在美的耀现中,我们与真理不期而遇。真理生发事件仿佛是一种突发性事件,如同美的耀现突然降临我们眼前。伽达默尔把这种真理称之为"恍然闪现的真理":"恍然闪现的东西并不是被证明的,也不是完全确实的,而是在可能和猜想的东西中作为最好的而起作用……正如美也是一种经验,它像一种魔术或一种冒险一样在我们经验整体内部呈现出来并突出出来……同样,恍然闪现的东西显然也是某种使人惊异的东西,

---

① 伽达默尔:《真理与方法:诠释学 I》,洪汉鼎译,商务印书馆 2019 年版,第 677 页。

就如同一道新的光芒的出现,通过这种光就使被观察的领域得到了扩展。"[1]艺术真理就是伽达默尔所谓的"恍然闪现的真理",它排斥证明,具有直接性,因为它自身就是对自身的证明。任何理性的算计与证明都只能是事后的和迟到的,真理生发于"此",我们已然居于真理生发事件之中。同样地,我们还可以视之为一种"意义开启"。艺术向我们显露自身,向我们诉说着真理,它如同一个更高的当局从我们封闭的自我之中撕开一个豁口,而经验着艺术的自我也因之改变着的自我,获得崭新的意义,这就是伽达默尔所说的视域融合。

"视域"不是我们可以直接观看的东西,而是我们赖以进行观看的东西。纯粹地观看和认识的"零点"都是不可能的,从一开始我们就被我们的视域决定着,无论我们是否意识到这一点。然而视域的决定性并不意味着它的封闭性,相反,我们经常与我们的视域处于运动之中。艺术作品作为一个准主体也有它自己的视域,在艺术欣赏中,欣赏者的视域必然要与艺术作品的视域相接触,"视域融合"即艺术经验中真正发生的事件。但是,融合何以可能?艺术作品难道不正是由于它隶属于一个过去视域而表现出与我们当前视域的疏远和格格不入吗?视域的融合点应该在哪里取得呢?伽达默尔认为,视域融合实际上是一场发生于艺术作品与我们之间的对话,艺术作品与我们攀谈,并且向我们提问。然而,艺术作品的问题不是一开始就现成地摆在那里,我们必须把文本看作是对该问题的回答并努力重构该问题。问题的取得不完全由文本提供,还由我们的研究兴趣、我们的视域所引发。因此,艺术作品的问题同时也就是我们自己的问题,围绕着共同的问题,我们与艺术作品展开对话,聆听它的教诲,接受它的修正,也提出我们的质疑。无论怎样,我们已不再能保持原来的视域,艺术作品从外部突破我们视域的界限,开启了全新意义的视域融合。

尽管"视域融合"为我们描绘出真理生发事件的基本轮廓,但是我们依然要提防一种危险,即那种把"视域融合"认作某种可以一次性完成的活动的错误观点。为此,真理的"遮蔽—揭蔽"结构必须被强调以保证真理的不可穷尽性。美的"耀现"不等同于完全曝光,美的光芒始终与阴影相伴,一边显露,一边隐藏,如同一个令人捉摸不透的谜。只有在精确科学的方法论理想那里,我们才能看到一种对真理的过度曝

---

[1] 伽达默尔:《真理与方法:诠释学 I》,洪汉鼎译,商务印书馆 2019 年版,第 681 页。

光,然而这种过度曝光最终让真理沦为数据。数据是透明的,它没有什么可以隐藏,它是为人们所利用的工具。艺术中的真理事件则不然,与真理进行游戏也就是与可能性进行游戏,艺术作品开启一种意义可能性的同时也闭锁着其他的可能性。伟大的艺术作品往往具备无限的意义,历史的变迁丝毫不能减损它的价值;相反,它与每个时代攀谈,每个时代都分享它的真理。因此,我们不妨把真理看作一场盛大的游戏,它重复出现,并向不同时代、不同个体发出邀约。

伽达默尔的诠释学真理最终与黑格尔的绝对精神划清界限,同时与现代自然科学的"符合论"真理理想背道而驰。艺术真理生发事件不能由主体的权力意志吞并,主体无法像做科学实验那样把真理放在实验台上加以解剖,真理生发事件超出主体的控制范围,但是这难道不会导致一种真理的独白吗?伽达默尔的回答是:不会。实际上,艺术真理生发事件始终与人的展开状态和生存状况密不可分,人追求真理,如同深陷于一场热恋之中,真理是他的爱人。尽管伽达默尔常常把一种根本的制约性与有限性加在人身上,但他充分考虑到了人在真理问题中的关键作用,这就是主体性反思。

四、主体性的反思

接受美学常常被视为伽达默尔哲学诠释学的继承与发展,然而伽达默尔本人却一再与接受美学保持距离,并且对之进行批判。正是在对"接受者"这一概念的不同处理方式上,接受美学和哲学诠释学的深刻差异显示了出来。在接受美学那里,文本意义的多样性和无限性被过分夸大。"接受者"(文本读者)享有意义的决定权,他取代作者成为了艺术作品的主人。以尧斯为例,他把"期待视野"抬高至可以决定作品意义的地位。诚然,"期待视野"是"视域融合"在文学领域的具体化,然而问题在于尧斯将原本处于运动之中的视域对象化了。于是我们看到"主—客"二分的范式依旧在接受美学那里起着作用。尧斯大谈特谈的读者的"审美经验"最终被证明是"审美区分"的再度上演。在伽达默尔的哲学诠释学中,"接受者"概念负担着主体性反思的思想旨趣,它意指人在艺术真理生发事件中是作为真理的参与者和接受者起作用的,如同在游戏活动中欣赏者被卷入游戏并参与其中。康德哲学中反复出现的"构造"的主体在此让位于"接受"的主体。接受美学缺乏主体性反思,因此至多只能看作是哲学诠释学的畸形发展,而哲学诠释学则有着更高的思想旨趣,对真理问题的探究应当与主体性的反思相始终。

艺术经验中始终贯穿着一组根本矛盾,即艺术作品的真理与艺术欣赏者的矛盾,简单说来就是真理与人的矛盾。海德格尔的"实际性诠释学"曾经强调人的"被抛状态"以及人在存在与真理面前的"无能",甚至人最终只能对真理采取"泰然任之"的态度。伽达默尔遵循着海德格尔"此在诠释学"的思维路径,认为"人的'此在'根据自己的存在对自我的领会,不是黑格尔的绝对精神的自知(Sich-W-issen)",指出"这不是自我筹划,毋宁说是人在自己的自我领会中懂得,他并没有成为他的自我和他个人的'此在'的主宰,而是处身于存在之物中间并如此地承受着"[①]。伽达默尔同意人的"被抛状态",但摒弃了海德格尔的消极语气,指出"被抛状态"并不总宣判人的被动无能,而是为人找到合适的位置,划清行事的界限。"被抛状态"也就是理解的"前有""前见"和"前把握",它们被统称为诠释学境遇。如果说欧洲科学的危机可以归结为理性的危机,那么伽达默尔对理性诊断的结果就是理性忽略甚至拒绝了自身的诠释学境遇。人的存在以及人的理性不可能是绝对自由的,往往受到各种各样的历史条件的限制,某种绝对理性的观念同历史人性相违背。"理性对于我们来说只是作为实际历史性的东西而存在,即根本地说,理性不是它自己的主人,而总是经常地依赖于它所活动的被给予的环境。"[②]理性是历史生成着的理性,它必须反思自己生根于其中的诠释学境遇,理性的权力其实不是一种可以任意宰割一切的权力,而是一种在限定范围发挥作用的效力。伽达默尔还特意援引了古希腊的"理论"概念:"希腊的形而上学还把 Theoria(理论)和 Nous(精神)的本质理解为与真实的存在物的纯粹共在……但是 Theoria(理论)并不首先被设想为主观性的一种行为,即设想为主体的一种自我规定,而是从它所观看的东西出发来设想的。Theoria(理论)是实际的参与,它不是行动,而是一种遭受,即由观看

---

① 伽达默尔:《美的现实性》,张志扬译,生活·读书·新知三联书店 1991 年版,第 97 页。

② 伽达默尔:《真理与方法:诠释学 I》,洪汉鼎译,商务印书馆 2019 年版,第 391 页。

而来的入迷状态。"①与艺术作品的照面往往需要一种主体性的退隐,"他者"的优先性必须得到承认,艺术作品无非是负载真理并且吸引我们参与其中的事物,主体与其说是由自身得到规定,不如说是从遭遇"他者"的经验中得到规定。真正的艺术作品从不迎合主体的需求,反而经常作为一个"他者"对主体发出询问、提出挑战。参与艺术作品的真理绝不是在一个安全范围内冷眼旁观,而是自觉地担负风险,与艺术作品保持张力。我们被艺术作品教导、改变并分享它的真理,如同尼采的酒神精神描述的那样:艺术的庆典常常是狂醉的、带有毁灭意味的,它使得人们从庸碌的日常时间脱离出来,进入一种神圣时间。人们经历个体化原理崩溃时的狂喜,主体性现在被一个广阔无边的世界溶解。在艺术的庆典中我们与真理"共在","共在"的人扬弃了自身的主体性,融入了广大无边的整体之中。"事实上,这样一种共在具有忘却自我的特性,并且构成观赏者的本质,即忘却自我地投入某个所注视的东西。"②从海德格尔的"被抛状态"到伽达默尔观赏者的"共在",主体性的反思俨然已经成为真理问题的一个重要主题。主体在艺术面前卸下武装,成为真理的接受者和倾听者。

　　如果不做进一步的规定,"接受者"转向难免出现问题:一味强调某种"主体弱小原则"实际上无益于真理的展开。按照伽达默尔的观点,谈论一种自在自为的真理毫无意义。真理的存在并不立于遥不可及的彼岸,以至于人只能毫无作为地等待真理的降临;相反,真理的处所应移至人的展开状态中,与人的生存发生紧密关联。比起海德格尔的"泰然任之","追求真理的存在"更适合用来描述人的处境。在游戏的例子中,尽管游戏活动的自主性被凸显以规避康德主观性美学的不良后果,但是游戏活动召唤甚至要求欣赏者的出现。舍弃欣赏者,游戏便失去它表现的空间和可能性,这对游戏来说是致命的。艺术作品的"他在性",只有在诠释学境遇得到承认的地方才能真正生效;也就是说,我们应该对自己的前见保有意识,并且赋予它合法的地位。"只有给前见以充分发挥作用的余地,我们才能经验他人对真理的主张,并使他人也有可能充分发挥作用"③,诠释学的真理就是这样立于他者

---

① 伽达默尔:《真理与方法:诠释学I》,洪汉鼎译,商务印书馆2019年版,第183页。
② 同上,第185页。
③ 同上,第423页。

和自我之间,立于陌生性和熟悉性之间,立于过去和现在之间。艺术品既不是可以受人支配的对象,也不是一场与人无涉的独白,胡塞尔的意向性理论被伽达默尔扩展到艺术经验中来,并且被放置在一个更加广阔的具有"生存论"意味的背景之上。意向对象和意向活动的交织被用来描述艺术作品和欣赏者的共同游戏,真理生发事件就在艺术的典范模式中向我们浮现。真理借助人展现其生生不息的力量,而人则在追求真理的过程中不断开辟出新的可能性,抵达新的境界。

五、余论

伽达默尔固然为我们描绘了一幅美好的人与艺术品一同"游戏"的画面,然而人类社会的现实发展也许未能如他所愿。如今,我们置身于一个"后诠释学"的时代,被伽达默尔赋予神圣价值的艺术品正在逐渐丧失其诠释学的深度。这体现了消费社会中人与艺术品的双重异化。一方面,在消费社会中,人的主体意识已经演变为一种幻觉,一种由社会意识形态塑造出来的虚假自我。人们被无意识地建构为似乎具备充分主体自由的消费者,实际上,却被纳入消费活动的一个环节,在不断膨胀的物欲下,沦为马尔库塞所谓的"单向度的人"。另一方面,艺术品变成消费品,它的使用价值让位于它的交换价值。西美尔曾经指认过货币对任何异质性的事物的"夷平"作用,一切都被量化和齐一化。艺术品同样无法逃脱这一命运,它获得"生存权"的代价便是牺牲其质性与内涵。人们消费艺术,而不是欣赏艺术,这里没有海德格尔津津乐道的"栖居",有的只是走马观花的"猎奇"。因此,伽达默尔借艺术品这一"他者"的力量来限制人的主体性未尝不是对主体的一种滋养与保护,正是在与艺术品的对峙和交流的过程中,我们的精神成长和存在的扩充才是可能的;反之,消费社会表面上的主体的自我膨胀其实不过是深层意义上主体消亡的征兆。

通过对艺术品和主体的双重思索,伽达默尔的诠释学美学弥合了艺术与真理之间长久存在的裂缝:艺术不仅诉说真理,而且艺术的真理价值应该始终高于它的体验式的审美价值。"艺术作品的存在不在于去成为一次体验,而在于通过自己特有的'此在'使自己成为一个事件,一次冲撞,即一次根本改变习以为常和平淡麻木的冲撞。一个从来不曾出现过的世界就在这种冲撞中敞开了。"①在艺术经验中,我们与一个否定性的"他者"相遇,同时被卷入真理生发事件之中。这里涉及的是一种张力,一种互动和游戏。艺术作品向我们开启它的真理,而我们作为追求真理的存在也不断开放着自身,这就是"视域融合"与"存在的扩充"。主体在这里反思到自身的限制,它不再妄图"把握"真理,而是"参与"真理,成为真理的接受者与倾听者。然而,在消费主义盛行的今天,人们正在丧失接受与倾听的能力,其结果是:一方面,艺术作品沦为迎合大众需求的消费品,助长着盲目的自我意识;另一方面,人们不再把艺术作品作为一个诉说真理的"他者",只是将其作为自我的投射或者无聊的消遣,艺术的神圣性已荡然无存。这是艺术的厄运,也是人类的厄运。或许,伽达默尔的诠释学美学尚不足以为我们提供一个解决问题的现成答案,但这丝毫不妨碍我们不断地与之进行"对话",并在其路标的指引下,使艺术与人类得以一步步摆脱厄运。

【本文为国家社科基金重大项目"美学与艺术学关键词研究"(项目编号:17ZDA017)的阶段性成果】

(作者单位:山西大学哲学社会学学院、山西大学音乐学院)
学术编辑:李永胜

---

① 伽达默尔:《美的现实性》,张志扬译,生活·读书·新知三联书店1991年版,第105页。